黄河宁蒙河段防凌调度
理论与实践

白涛　杨元园　吴成国　王战策　赵星 等　著

中国水利水电出版社
www.waterpub.com.cn
·北京·

内 容 提 要

本书首先介绍了黄河上游概况及防凌基本资料，重点对黄河宁蒙河段的凌情、冬季凌汛期控泄流量、凌情影响因子统计规律、槽蓄水增量致灾、河道形态演变、关键控制性断面过水能力、封河期断面控泄流量、危险河段防凌能力以及历史年份凌灾风险等进行了分析、研究与评价，为年度宁蒙河段防凌调度预案的制定提供技术支撑。

本书适合从事防凌减灾领域的研究及管理人员参考，也适合高等院校相关专业的师生参考。

图书在版编目（ＣＩＰ）数据

黄河宁蒙河段防凌调度理论与实践 ／ 白涛等著. --
北京 ： 中国水利水电出版社，2021.11
ISBN 978-7-5170-9522-4

Ⅰ．①黄… Ⅱ．①白… Ⅲ．①黄河－上游－防凌－调度－研究 Ⅳ．①TV875

中国版本图书馆CIP数据核字(2021)第061570号

书　　名	**黄河宁蒙河段防凌调度理论与实践** HUANG HE NING - MENG HEDUAN FANGLING DIAODU LILUN YU SHIJIAN
作　　者	白涛　杨元园　吴成国　王战策　赵星　等著
出版发行	中国水利水电出版社 （北京市海淀区玉渊潭南路 1 号 D 座　 100038） 网址：www. waterpub. com. cn E - mail： sales@ waterpub. com. cn 电话：（010）68367658（营销中心）
经　　售	北京科水图书销售中心（零售） 电话：（010）88383994、63202643、68545874 全国各地新华书店和相关出版物销售网点
排　　版	中国水利水电出版社微机排版中心
印　　刷	清淞永业（天津）印刷有限公司
规　　格	184mm×260mm　16 开本　15.75 印张　384 千字
版　　次	2021 年 11 月第 1 版　2021 年 11 月第 1 次印刷
印　　数	0001—1000 册
定　　价	**78.00 元**

黄河是中华民族的母亲河，孕育了 5000 年的文明史。与此同时，黄河又以水旱灾害频发而著名，特别是在桃汛、伏汛、秋汛、凌汛"四汛"中的凌汛灾害，被认为是黄河特有且最难预防的灾害之一，素有"伏汛好抢、凌汛难防""凌汛决口、河官无罪"之说。所谓凌汛，是指北方河流在冬季受西伯利亚和蒙古一带冷空气影响，气温降至零下以后河道开始流凌、封河，随着春季气温的升高，河道内的冰凌逐渐消融，在融化过程中受气温、水温、河道形态等复杂因素影响，冰凌堵塞河道形成冰塞或者冰坝，对水流产生阻力而引起的河道水位明显上涨的水文现象。凌汛期间，随着河道水位的持续上涨，冰塞或者冰坝易垮塌，溃决造成凌灾，极大地威胁河道两岸堤防的防洪安全和人民群众生命及财产安全。黄河上游宁夏—内蒙古河段（以下简称"宁蒙河段"）地处黄河流域最北端，零度以下的气温可持续 4～5 个月，最低气温达 −40℃。正是由于黄河流域所处的特殊地理位置，加之河道形态蜿蜒曲折，气温、流量及河道形态等多种因素影响，宁蒙河段每年 11 月至翌年 3 月出现凌汛，且常因局部河段流冰受阻，形成冰坝和冰塞，从而抬高水位，造成灾害，严重影响和威胁着沿黄两岸人民生命和财产安全。

20 世纪 60 年代到 21 世纪初以来，黄河上游先后建成了刘家峡、八盘峡、大峡、小峡、乌金峡、青铜峡、龙羊峡、李家峡、公伯峡、积石峡、拉西瓦、三盛公、海勃湾等水利枢纽工程。黄河上游梯级水库群的形成和联合调度运行，对黄河上游宁蒙河段的凌汛产生了重大影响。众所周知，水库不仅能够调蓄天然来水过程，且对河道内水温影响巨大，特别是梯级水库群的联合调度运行期间不同位置泄水孔的出流直接影响下游河道天然水温的变化规律。通过水库群联合调度运行，能够改善河道水温的分布特征，有利于凌汛期间的洪水控制和防灾减灾。因此，在黄河上游梯级水库群现有的格局背景下，开展黄河上游宁蒙河段的防凌调度理论与实践研究，充分发挥水库群联合调度优势，提高水资源利用效率和发电企业综合效益，以缓解宁蒙河段凌情、防治洪凌灾害，保障沿黄流域的人民生命和财产安全，已成为黄河流域亟须解决的重大科学问题。

为此，自 2003 年以来，西安理工大学水利水电学院水资源调控与生态保护团队先后承担和参与了水利部公益基金项目"黄河干流水库群生态调度模型及求解研究"、国家重大基础规划项目 973 专题"维持沙漠宽谷河道冲淤相对平衡的调控机理、目标和指标体系研究"等国家级课题，国家电网公司西北分部、黄河上游水电开发有限责任公司、青海电力公司等委托的"黄河干流水电站补偿效益分配方案与实施对策研究""黄河上游径流中长期水文预报及梯级防洪调度""黄河干流水库调节库容合理规模研究""龙刘段梯级水库中长期发电优化调度研究"等课题，围绕黄河上游梯级水库群联合调度开展了系统、深入的研究。2010 年团队主持了"黄河上游防凌期水库控制运用关键技术研究"系列研究项目。本书正是将近十几年黄河上游防凌调度研究成果经过系统总结和高度凝练而撰写完成的。

全书共分 11 章，主要内容如下：

第 1 章：绪论。介绍了研究的背景、目的及意义。对冰凌研究和防凌调度的研究进展进行了综述，总结了以往研究的不足和防凌调度研究的难点，概括了研究内容与思路。

第 2 章：黄河上游概况及防凌基本资料。介绍了黄河上游流域和水利工程概况，整理了关键控制水文站和宁蒙河段凌情的基本资料。

第 3 章：黄河宁蒙河段凌情分析。回顾与总结了黄河宁蒙河段的凌情，厘清了冰坝形成的主要原因和机理，提出了凌灾预防和控制的措施。

第 4 章：宁蒙河段冬季凌汛期控泄流量分析。分析了宁蒙河段凌情主要特点，筛选了影响宁蒙河段冰情变化的关键因素，总结和分析了刘家峡逐年凌汛期控泄流量过程，论证了增加刘家峡水库凌汛期控泄流量的可行性。

第 5 章：宁蒙河段凌情影响因子统计规律分析。统计了宁蒙河段气温、槽蓄水增量、封开河日期、刘家峡控泄流量的特征值；分析了气温对凌情的影响，建立了封开河日期预报模型，阐明了气温、槽蓄水增量、封开河日期、刘家峡控泄流量等因子的变化规律，获得了各因子的趋势性、持续性和周期性特征。

第 6 章：宁蒙河段槽蓄水增量致灾分析及其预测。识别了影响槽蓄水增量的主要因子，揭示了气温、上游来水及封开河变化的因素与槽蓄水增量的相关关系，建立了年槽蓄水增量的多元回归预测模型。

第7章：河道形态演变分析。系统梳理了宁蒙河段河道形态现状及其演变过程，分析了河道形态演变的影响因子及发展趋势，介绍了宁蒙河段水文站及堤防布设概况，确保防凌调度期间的安全过流。

第8章：宁蒙河段关键控制断面过水能力分析。量化了宁蒙河段关键控制断面水位流量关系；建立了各控制断面枯水期河道流量演进模型和各控制断面凌汛期冰流演进模型，揭示了各控制断面的流量演进规律；阐明了刘家峡下泄流量与下游关键断面水位的响应关系。

第9章：宁蒙河段封河期断面控泄流量方案研究。挖掘了刘家峡水库防凌库容的潜能，阐明了刘家峡不同控泄方案对梯级水电站发电效益的影响；通过多方案比较，推荐了兼顾防凌安全和发电效益的最佳调度方案。

第10章：宁蒙河段危险河段防凌能力分析。确定了宁蒙河段的危险河段，定义了危险河段特征水位，计算了各特征水位下的河段槽蓄水增量，反演计算了宁蒙河段不同特征水位下兰州断面、刘家峡水库的控泄流量。

第11章：宁蒙河段历史年份凌灾风险评价。识别、提取了凌灾风险因子，构建了宁蒙河段凌灾风险评估指标体系，建立了基于投影寻踪聚类思想的宁蒙河段凌灾风险综合评估模型，划分了凌灾风险等级，通过历时年份凌灾风险实例计算验证了结果的合理性和可靠性。

西安理工大学白涛、黄河上游水电开发有限责任公司王战策撰写了第1章；西安理工大学白涛、杨元园撰写了第2章；西安理工大学杨元园、合肥工业大学吴成国撰写了第3章；黄河勘测规划设计有限公司张永永、合肥工业大学吴成国、长安大学孙东永撰写了第4章；西安理工大学杨元园、河北工程大学郭志辉、新疆农业大学高凡撰写了第5章；西安理工大学白涛、新疆阿勒泰地区水利水电勘测设计院赵星撰写了第6章；西安理工大学杨元园、合肥工业大学吴成国、黄河勘测规划设计有限公司张永永撰写了第7章；西安理工大学白涛撰写了第8章；新疆阿勒泰地区水利水电勘测设计院赵星、黄河上游水电开发有限责任公司王战策撰写了第9章；西安理工大学杨元园、黄河水资源保护科学研究院孙晓懿撰写了第10章；合肥工业大学吴成国、西安理工大学白涛、杨元园撰写了第11章。全书由西安理工大学白涛统稿，黄强审稿。

全书的研究工作是在黄河上游水电开发有限责任公司谢小平教高、西安理工大学黄强教授的悉心指导下完成的，在此表示衷心的感谢。内蒙古农业大学刘廷玺教授、黄河水利委员会规划计划局王煜教高、黄河水利委员会水文局霍世青教高、黄河勘测规划设计研究院院长彭少明教高、西安理工大学王义民教授和畅建霞教授、西北大学蒋晓辉教授、长安大学张洪波教授、中国水利水电科学研究院张双虎教高等在研究过程中给予了长期指导和帮助。感谢学生武连洲博士、任康博士、武蕴晨博士、刘东博士、万家全博士、刘夏硕士、慕鹏飞硕士、姬宏伟硕士、黎光和硕士、喻佳硕士、李磊硕士、巨驰硕士、洪良鹏硕士、孙宪阁硕士、周雨虹硕士、苟少杰硕士以及姬世宝、李蓉蓉在全书的资料整理、修改修订和校核工作中的辛苦付出。

本书受到国家自然科学基金面上项目（52179025、51879213）、中国博士后科学基金资助项目（2019T120933，2017M623332XB）、陕西省自然科学基础研究计划项目（2019JLM－52，2018JQ5145）、陕西省水利科技计划项目（2017slkj－27）、新疆维吾尔自治区水利厅规设局项目（403－1005－YBN－FT6I）的资助，在此表示感谢。

受凌情演变、径流预报、气温变化等多因素影响，黄河上游水库群防凌调度极为复杂，且随着人类活动与气候变化、新的水利工程建成投产、水沙关系变化等新形势的发展，黄河上游的防凌调度将面临新的挑战，需要进行持续、深入、系统的研究，加之作者的阅历、能力、水平有限，书中难免存在错误和纰漏，恳请读者批评指正，可将有关意见和建议发送至电子邮箱：wasr973@gmail.com。

作　者

2021 年 10 月

目　录

绪　　论

1.1　研究背景

　　黄河是中华民族的母亲河，也是举世闻名的巨川大河。与其他大河相比，黄河具有许多独特的特点。她是世界上知名的泥沙含量最高、落差最大、河流流向最曲折的大河。黄河流域蕴藏的水电资源十分丰富，上游龙羊峡至青铜峡河段（简称龙—青河段），是黄河河口镇以上地区水资源优化配置的主要水源。该河段全长 918km，天然落差 1324m，河段内水量丰沛，径流稳定，沿程川峡相间，峡谷中落差集中，梯级开发条件良好，蕴藏着丰富的水力资源（可开发装机约 20930MW），是国家重点开发的十三大水电基地之一，已建和待建水电站共 25 座。黄河上游水电资源开发利用以发电为主，是西北电网的主要调峰电源，并兼顾供水、灌溉、防洪、生态、防凌等水资源综合利用任务。

　　黄河流域全长 5464km，落差 4480m，流经青海、四川、甘肃、宁夏、内蒙古等九省（自治区），东西跨越 23 个经度，南北相隔 10 个纬度，地形地貌相差悬殊、径流量变幅较大。冬季、春季受西伯利亚和蒙古一带冷空气影响，偏北风较多、气候干燥寒冷，1 月平均气温都在 0℃以下，年极端最低气温：上游 −25～−53℃，中游 −20～−40℃，下游 −15～−23℃。黄河上游宁蒙河段地处黄河流域最北端，其中，从宁夏石嘴山至内蒙古巴彦淖尔磴口县，河道流向为自西南向东北；从磴口县至包头市，河道流向基本为自西向东。因此，随着冬季气温降至 0℃以下，河道自低纬度向高纬度区域流进，会出现不同程度的冰情现象，对冬季河道水运交通、供水、发电及水工建筑物都有着直接的影响，尤其在河流中出现冰塞、冰坝等特殊冰情以后，会导致凌洪泛滥成灾。宁蒙河段由于河流自低纬度流向高纬度地区，下游气温往往比上游低，导致冬季下游封冻比上游早。春季开河时，上游比下游先解封，导致该河段凌汛期容易形成冰塞、冰坝等凌灾现象，且不同控制断面水位流量关系异常复杂。

受水力、热力及河道形态等诸多自然、人为因素综合影响，宁蒙河段凌情演变复杂多变。目前，由于上游龙羊峡、刘家峡（简称龙刘）水库的联合防凌调度利用，防凌期河道控泄流量成为人为可控的、用于缓解河段凌情的主要非工程措施，但由于近年来现行控泄方案对水库泄流水平的严格控制，限制了黄河上游水资源综合利用效率的提高及沿黄各省（自治区）电网电量结构的优化，对西北电网的安全运行产生了不利影响，也使得黄河上游梯级电站防凌与发电之间的矛盾进一步加剧。如以青海省为例，由于其特殊的区域优势，青海省是水能资源理论蕴藏量非常丰富的水电大省，水电装机容量占青海省总装机容量的80%以上。但长期以来，由于宁蒙河段防凌期水资源调度权、经营权的分离，导致夏季灌溉季节青海水电满发，电力电量出现富余。冬季，受黄河上游宁蒙河段防凌任务对河道水量的控制需求，水电出力大幅降低，导致青海出现缺电。随着近年来青海经济发展对电力需求量的逐年增加，缺电现象更加突出。其中，2007年，青海省外购电量13.28亿kW·h，外购电价为223.43元/(kW·h)；2008年，青海省外购电量12.41亿kW·h，外购电价为238.81元/(kW·h)。同时，缺电及高额电价差已对青海省社会稳定、人民生活水平提高及社会经济可持续发展都产生了严重的不利影响。

为此西安理工大学开展了《发挥黄河上游水电优势、缓解青海省冬季缺电对策研究》的课题研究工作。研究内容主要有：在总结青海省工业结构及电力消费结构特点的基础上，阐明了冬季缺电对青海省国民经济发展和社会稳定的不利影响；通过综合分析宁蒙河段历年封开河日期、封开河流量等凌情因子变化特点及规律，初步揭示了增加宁蒙河段封河流量的可行性和合理性，制定了防凌期龙刘梯级水库控泄方案；最终，提出了发挥黄河上游水电资源优势、缓解青海省冬季缺电的对策及措施。

2010年底，西安理工大学等单位开展了《宁蒙河段防凌期过水能力与刘家峡控泄方案风险分析研究》的课题研究工作。研究以宁蒙河段关键控制断面（石嘴山、巴彦高勒、三湖河口、头道拐）及危险河段为主要研究对象。首先，在对宁蒙河段典型凌灾年份凌情特征及河道形态演变分析的基础上，建立水位流量相关关系，阐明不同控制断面及危险河段过流能力变化特点；其次，通过分析宁蒙河段气温、槽蓄水增量、封开河流量等凌情因子变化特点，建立相关关系；最后，生成不同封开河流量及气温组合模式下的刘家峡水库不同控泄方案，建立凌灾风险综合评估指标体系及评估模型，计算不同控泄方案对应的凌灾风险，为年度宁蒙河段防凌调度预案的制定提供技术支撑。

1.2 研究目的及意义

黄河凌汛是黄河"四汛"（桃汛、伏汛、秋汛、凌汛）之一，正是由于黄河流域所处的特殊地理位置，加之河道形态蜿蜒曲折，气温、流量及河道形态等多种因素相互交叉影响，黄河上游宁蒙河段每年11月至翌年3月都会出现凌汛，且常因局部河段流冰受阻，形成冰坝和冰塞，从而抬高水位、造成灾害，严重影响和威胁着沿黄两岸人民生命和财产安全。黄河宁蒙河段凌汛，自 1990 年以来，特别是 1995 年以后出现了许多以前未曾出现过的新情况，如气温持续偏高但变幅剧烈、由于干旱等造成沿黄引水较多、槽蓄水增量偏大等，致使凌情变化更加复杂。龙刘梯级水库的联合运用，对宁蒙河段凌情有着较大影响。宁蒙河段 1951—1968 年发生冰坝、冰塞共 214 次，成灾 32 次，平均每年成灾 1.77 次；建库后 1969—2010 年发生冰坝、冰塞共 132 次，成灾 56 次，平均每年成灾 1.33 次。可见，水库的修建，改善了凌情，缓解了灾情。

凌情的发生、发展过程受热力、动力、河床演变及水利工程等多种因素影响，其中人力不可控制的热力因素起主导作用。由于宁蒙河段特定的地理位置、河道形态和水文气象条件，决定了该河段冰情的严重性和复杂性，在历史上曾被认为是人力不可抗拒的，故有"凌汛决口，河官无罪""伏汛好抢，凌汛难防"之说。黄河流域现有的防凌工程措施主要是破冰防凌、分水防凌和水库防凌三种，其中水库防凌在黄河上游宁蒙河段防凌工作起到了重要作用。水库防凌操作直接影响了防凌期河道流量，同时水库下泄的高温水流也使得一定距离内沿程河道的水温升高。特别是黄河上游龙羊峡及刘家峡水库的相继建成，对防凌期河道水量、热量都具有良好的调节效果。自 1968 年刘家峡水库运用后，1—2 月兰州站水温均在 2℃以上，河道无岸冰也无冰花，成为常年畅流河段；且青铜峡水库以下数十公里范围内不再封冻，近百公里内河段流凌日期推迟了 5～10d。刘家峡水库冬季发电泄水，由于水温升高使 100 多公里河段不再封冻，200 余公里河段封冻日期推迟。可见，上述因素对防凌期河道凌情变化均产生了直接影响，但水库运用只是对河段凌情起到了一定程度的缓解作用，黄河凌情并未完全消除。

此外，在全球气温升高的背景影响下，黄河上游宁蒙河段冬季凌情由于受水文、气象及河道等多种因素的耦合影响，呈现出一定程度的复杂性和多变性。为减小凌灾损失风险，宁蒙河段目前防凌工作的重心主要集中于人为可控的因素——河道水量之上，即试图通过不断减小防凌期上游刘家峡水库下泄流量，以使下游河道凌灾风险降至最低。然而，防凌期严格控制上游刘家峡水库下泄水量的防凌调度方式，极大地制约了防凌期龙刘梯级电站水能效益的发挥，也造成了青海省冬季电量供需不平衡的缺电现象日益突出。通过对宁蒙河段历史年份凌灾特征分析可知，河道控泄流量并不是影响河道凌情变化的关键因素，凌情的发展变化与防凌期河段气温极值及变幅剧烈程度有着密切联系。本书的研究正是基于对上述问题的不断认识，尝试通过分析宁蒙河段多种凌情因子的变化特点及相关关系，找出影响河道凌情变化的关键因素；通过分析不同因子组合模式、不同控泄方案对应的河段凌灾风险，阐明增加防凌期刘家峡水库控泄流量的可行性和合理性。综上所述，本书的研究可进一步丰富和发展宁蒙河段防凌调度工作的理论研究体系，对发挥黄河上游水电优势、提高黄河流域水资源利用效益具有积极的推动作用。同时，对缓解青海省冬季缺电现状，支撑青海省社会经济可持续发展，减缓黄河宁蒙河段的防凌压力，降低凌灾带来的生命财产损失，维护社会稳定、民族团结，具有重要的实际意义和应用价值。

1.3 国内外研究进展

冰凌研究和水库防凌调度涉及热力学、水文学、水力学、气象学、流体力学等多种学科，是一门新兴的边缘交叉学科。国内外冰水力学专家及学者围绕冰塞及冰坝的形成和演变机理、宁蒙河段河道形态变化、宁蒙河段凌情变化特点及凌情预报、上游水库调蓄对下游凌情的影响等方面做了大量深入细致的研究，取得了一定的成果。但冰情演变涉及水力、热力、几何边界条件和冰的物理性质等，冰塞变化剧烈且复杂，因此研究困难重重，试验研究和理论研究均有待充实，在某种程度上，甚至对河冰运动特性等局部问题都缺乏确定性的认识。

1.3.1 国外研究进展

在冰凌模型研究方面，1981 年，Petyk 建立了适用于稳定流的冰凌模型，但适用于不稳定流的冰凌模型直到 1990 年才出现。由沈洪道提出建立的 St. Lawrence 冰凌模型，将不稳定流与封河过程结合在一起进行模拟，被认为是冰情数学模拟的开拓性研究工作；1991 年，Ferrich 在 Connetiuct 河的冰情研究中成功地模拟了解冻；Hammar 和 Shen 应用二维紊动模型，考虑热力增长、二次结晶和絮凝，对渠道冰晶的演变发展进行了研究。

在冰凌预报方面，研究较多的是美国 Clarkson 大学沈洪道教授，依据热交换原理，对封河日期进行长期或短期预报，此方法需要的已知条件为：上游站初始水温，气温预报，河段平均流速预报及水温反映参数；Rodhe 在假定了空气和水面的热交换同它们之间的温度差成正比关系的基础上，建立了日均气温和冰的形成之间的数值关系，Bilello 把该公式引入到河流和湖泊冰的预报中，但 Rodhe 将气温的变化率看作一独立常数函数，并忽略了水体流动引起的热交换，所以不是严格意义上的理论计算；Adams 采用经验相关公式建立了圣劳伦斯河上游河段封河预报模型，该模型假定每隔半月气温为一定常数。

20 世纪 80 年代，关于河流开河日期预报多采用基于一定物理概念的数学模型，一般先利用冰水力学计算公式计算出气温变化的转正过程，然后考虑河道地形等边界条件，利用冰塞不等式理论以流量大小、气温高低和冰盖厚度进行判别。进入 90 年代以后，更多是采用了现代高新技术（如 3S 技术等）对河流冰情演变过程进行跟踪监测，结合中长期气候预报模型和热力、水力方程进行预报。进入 21 世纪以来，针对水流、冰塞模拟的研究主要以加拿大为主。2007 年，Mahabir 等基于逻辑模糊和神经模糊建立了冰流演进模型，且兼顾了气候变化模式和流域之间的相互联系，以加拿大阿萨巴斯卡河和海伊河为研究对象，阐明了冰塞与冰坝的演变与传递机理及凌汛洪水的规律；2012 年，Lindenschmidt 等以温尼伯和温尼伯湖之间的红河下游为研究对象，针对下游流经三角洲和沼泽地区河流冰塞模拟的难题，采用一维冰塞模型 RIVICE 模拟了红河下游的冰流演进过程，得到了满意的模拟效果；2017 年，Lindenschmidt 基于一维的全动态波浪模型提出了河冰模拟的开源模型，可用于关键断面的凌情生成、演变的全过程，采用加拿大麦克默里堡镇阿萨巴斯卡河沿岸的三个冰塞案例验证了模型的实用性；2018 年，Sun 提出了河道冰流模拟的堆叠集成树模型（SETM），以加拿大阿尔伯塔省阿萨巴斯卡河为例，预测了河道开河的时间和流量过程，较其他传统模型的预测精度提高了 13% 以上；2019 年，Lindenschmidt 等创新性地提出了冰塞、冰坝洪水的实时预测模型，揭示了冰塞洪水的随机特征和演变规律，以加拿大麦克默里堡镇阿萨巴斯卡河为例验证了模型的先进性；2021 年，Brandon 等以加拿大曼尼托巴省的红河下游为研究对象，采用数据驱动的冰塞灾害预测模型模拟了 2020 年开河期的冰塞洪水过程，验证了模型的有效性和可靠性。

1.3.2　国内研究进展

国内对黄河冰凌的研究主要起始于 20 世纪五六十年代，通过黄河水利工作者 50 多年的长期不懈努力，黄河冰凌的测报工作取得了较大进展，目前，已初步建立了较为完整的冰情预报方法体系。2000 年以来，黄河水利委员会开展了治黄基础研究专项《20 世纪下半叶黄河凌情资料复核整编及凌情特点分析》的研究工作，课题研究分多个子专题，首先在对半个世纪以来黄河凌情资料进行系统整编的基础上，对冰凌产生及发展的机理、凌情变化特点及相关关系、上游龙羊峡及刘家峡水库调蓄对下游凌情的影响等方面都进行了研究，取得了不少成果。

在宁蒙河段河道形态变化研究方面，1983 年，尤联元统计了我国一些河流的边界条件及其他因素对河型形成的影响，认为河底与河岸的相对可动性对于河床的稳定性具有较大影响，并认为河底的可动性与床沙中值粒径成反比；1994 年，梁志勇等认为，河道断面宽深比与来水过程的几何平均流量的某次方成正比，与流量过程的变化幅度成正比；1995 年，钱宁、麦乔威研究认为，对于黄河下游游荡性河段，当来沙量较小，河床发生强烈冲刷时，主槽横断面形态趋于窄深，滩槽高差加大；相反当来沙量大，河床发生堆积，则主槽横断面趋于宽浅，滩槽高差减小；2009 年，秦毅等对河道泥沙组成及运动形式进行了界定，研究了防凌期洪水的输沙特性及导致河道淤积的因果层次关系，并寻找能够随时表达断面形态冲淤变化的量化方法，为未知条件下河床冲刷过程以及河床形态等变化的预测提供技术支撑。大量实测资料和研究表明，黄河流域河道纵横断面的调整与水沙关系极为密切，在迅速变化的来水来沙条件下，河床的调整响应十分灵敏和强烈。2014 年，余明辉等对宁蒙河段河道岸滩特性及入黄泥沙来源进行了分析，结果表明：宁蒙河段河道摆动剧烈，塌岸现象频发，风沙、塌岸等当地沙是泥沙的主要来源；2015 年，范小黎等针对宁蒙河段各水文站不同时期的输沙率公式，探讨了黄河宁蒙河段的河道输沙率与水力几何形态、河道来水来沙条件、河道冲淤之间的关系；2019 年，刘子平探讨了黄河上游梯级水库防凌调度对内蒙河段河床演变的影响，对比分析了水库建成前后内蒙古河段凌汛期各个水文站流量与输沙率、河道比降与断面冲淤变化、水温等要素，研究表明，防凌调度使得内蒙古河段的水温升高，造成了巴彦高勒至三湖河口河段的严重淤积。

在冰凌形成机理与冰凌预报研究方面，1998 年，可素娟等针对 1997—1998 年度黄河内蒙古河段出现的"两封两开"、槽蓄水增量大、开河水位高的特殊凌情，分析了当年特有的水力及热力条件，并根据实地查勘情况，对如何减缓内蒙古河段凌情提出了建议；2000 年，可素娟等详细分析了 1986 年前后巴彦高勒河段水力条件、热力条件和河道边界条件三方面的变化，研究了冰塞的形成原因及条件，并利用冰水力学理论揭示了巴彦高勒河段冰塞形成机理；2001 年，康玲玲等利用宁蒙河段 1954—1998 年防凌期（11 月至翌年 3 月）逐月气温资料，研究了气温的时空分布规律、变化特点及其与宁蒙河段凌情的关系，建立了气温特征值与部分凌情特征量之间的关系式，分析了气温变化及其他因素对凌情的影响；2002 年，张学成等以物理机制和数学推导为基础，建立了黄河初始冰盖形成后冰盖厚度演变计算的数值模拟模型；2003 年，茅泽育等应用河流动力学和热力学等原理，建立了冰塞形成及演变发展的冰水耦合动态综合数学模型，并利用黄河河曲段原始实测资料进行了验证，同时对冰塞体厚度和水位的演变规律进行了研究分析；2005 年，路秉慧等提出黄河宁蒙河段凌情主要特点表现为流凌封冻期时间长，分开河期受气温和流量影响大，封冻冰盖厚度大，冰塞、冰坝等灾害频繁，封冻期河槽蓄水量大，开河期槽蓄水量集中释放形成高水位凌洪等；2006 年，杨中华系统全面地研究了黄河冰凌灾害的形成机理、演变过程、影响因素及成灾特点，分析了适合黄河冰凌灾害遥感动态监测的数据组合模式，研究了冰雪自动检测模型建立的原理和实现方法，对中巴资源卫星 02 星在黄河冰凌灾害监测中的应用进行了研究探讨；2007 年，姚惠明等统计分析了黄河宁蒙河段1950—2004 年流凌、封河、开河日期特征值，并对河道最大槽蓄水增量作了初步分析；茅泽育等采用 k-ε 紊流模型建立了冰盖下水流流动的垂向二维数值模型，根据量纲分析理论提出了流速分布规律的影响因素，并对冬季封冻河道的二点测流法精度进行了理论分析；2008 年，冯国华等系统分析了黄河内蒙古河段冰情演变过程的四个时期，深入研究了影响凌汛成因的热力、动力和河势三大作用因素及其与凌情演变之间的相关关系。2009年，冯国华将小波理论引入到冰情信息的时间尺度分析中，给出了冰情信息在时间尺度上的变化特性，采用数理统计相关理论对冰情信息自身及与水文气象要素的相关性进行了分析，为冰情预报模型的建立奠定了基础。2011 年，张傲姐采用多元线性回归模型和人工神经网络模型，对黄河内蒙古段的流凌日期、封河日期及开河日期进行预报，人工神经网络模型的结果更令人满意；2014 年，冯国娜建立了神经网络预报模型、多元线性预报模型和支持向量机预报模型，对石嘴山、三湖河口和头道拐的流凌、封河和开河日期进行预报，建立了凌汛洪水计算模型，采用 2008 年内蒙河段历史凌汛洪水，验证了模型合理性和可靠性；2017 年，罗党等提出了基于 VIKOR 扩展法的冰坝灾害风险评估方法，以宁蒙河段的巴彦高勒-头道拐 3 个河段为例，评价了各河段发生卡冰结坝的风险次序，为宁蒙河段的防凌防汛提供了支撑；2021 年，王仲梅等采用资料分析归纳法分析了宁蒙河段凌汛灾害影响四大因子，以气温、水位、流冰密度、冰厚为预警指标划分了 4 个预警等级，为科学制定应急预案提供了技术支撑；2021 年，王魁等以黄河内蒙古河段为例，采用改进的马斯京根法模拟了完全开河后的凌峰流量，验证了模型的可靠性。上述研究表明：宁蒙河段凌情的发生、发展及消亡演变过程，主要取决于河道形态（地理位置、走向及边界特征）、水文条件和气象条件以及人类活动等因素。

在上游水库调蓄作用对下游凌情的影响研究方面，20 世纪 80 年代，陈赞廷等论证了三门峡水库在黄河下游防凌工作中发挥的重要作用；1994 年，陈赞廷根据热量平衡原理及水力学理论，结合实际经验，建立了冰情数学模型，用来进行冰情预报和优化三门峡水库防凌调度；1997 年，魏向阳等分析了黄河下游凌汛成因，并对现有防凌措施进行了评价，重点对水库防凌作用进行了探讨；2001 年，李会安等分析了影响刘家峡水库防凌运用的主要因素，研究了刘家峡水库防凌库容与梯级出力的关系，借鉴逐步优化思想，提出了优化刘家峡水库防凌库容的方法，并建立了模拟优化模型，最后用实际资料对模型进行了检验；2002 年，蔡琳等研究了不稳定封冻河段和稳定河段冰下过流能力的经验公式，依据冰力学理论、河冰运行规律和水冰两相流连续方程及运动方程，建立了水库防凌调度数学模型，并应用典型年凌汛过程资料，证明了调度模型合理实用；2004 年，王进学对比分析了黄河宁蒙河段在刘家峡水库投运前后的凌灾情况，在刘家峡水库投运前的 1950—1967 年，宁蒙河段凌汛灾害引起堤防决口 8 次。刘家峡水库投运后，仅开河期发生 9 次小范围决口，未造成较大损失，由此分析了梯级水库联合运行对宁蒙河段防凌调度的巨大作用。2006 年，饶素秋等在总结刘家峡水库用于宁蒙河段防凌安全的经验与问题的基础上，通过预测大柳树水库下泄水温对宁蒙河段冰情的影响，分析了宁蒙河段近年来河道淤积、过流能力变化的情况，初步拟定了黑三峡水利枢纽实际下泄流量过程；2007 年，张志红等在总结寒冷地区水库防凌调度研究基础上，提出了凌汛期水库防凌调度原则及水库防凌调度运用方式，以便为寒冷地区水库防凌调度设计提供依据；同年，方立等就近年来刘家峡水库在黄河凌汛期的调度方式进行了归纳，力图使黄河凌汛期的水库调度方法系统化，为黄河防凌工作中新的水库调度方法的探索寻求理论基础。2009 年，贺顺德等从分析龙羊峡、刘家峡水库运行前后内蒙古河段的凌汛特点、水沙条件变化入手，全面分析了黄河内蒙古河段的防凌及防洪需求，初步提出了内蒙古河段的防凌防洪总库容。2014 年，畅建霞等建立了兼顾防凌、发电的多目标调度模型，以黄河上游 7 个梯级水库为调控主体，揭示了刘家峡水库防凌库容与梯级发电量之间的相互胁迫规律，提出了满足防凌和发电目标的综合调度方案；2017 年，冉本银等建立了基于投影寻踪聚类的黄河宁夏、内蒙古河段凌灾风险综合评估模型，对防凌期刘家峡水库不同控泄方案进行了凌灾风险评估计算，设置了防凌期刘家峡水库调度关键节点控制指标，推荐了防凌期刘家峡水库运用控制方案，为黄河上游梯级水库防凌调度决策提供了参考；2020 年，蒙东东建立了黄河上游宁蒙河段凌情预报分段多元线性回归模型，并构建了气温升高情景集，模拟了未来变化情况下黄河上游宁蒙河段封开河日期和气候适应性防凌流量，为应对变化条件下的防凌预案制定提供了参考；2021 年，马丽萍等利用"互联网＋防汛"的模式，开发了基于 MVC 设计模式搭建了黄河宁夏段防洪防凌调度综合平台，提高了水文情报会商的质量，保证了水文情报成果的精度，为防洪防凌调度的决策会商提供了依据。

上述研究表明，水库在黄河防凌中所起的作用巨大，合理的水库防凌调度可减少或避免凌情。宁蒙河段虽然凌情复杂、影响因素众多，但仍然存在一定规律，使得我们去研究，以便为防凌预案制定提供科学支持。

1.4　研究不足及难点

国内外在河流的凌汛方面已开展了大量研究，建立了反映河道形态特征的冰凌演变模型，揭示了冰坝形成机理及原因，构建了开封河日期预报模型，分析了凌灾影响因素等。但是，对如此复杂的凌汛、凌情及凌灾的研究大都是从某一点或某一方面开展研究，没有形成系统化的理论方法体系。尤其对黄河宁蒙河段的研究还不够深入，成果比较分散，大都停留在理论层面上，实践性和可操作性方面存在明显不足。

黄河上游宁蒙河段凌汛现象从发生到发展、再到消亡的演变过程是一项复杂的系统变化过程，且凌情的发展变化及成灾与否与防凌期河段气温的变化情况有着密切的联系，特别是开河期河段气温的骤升或者骤降过程。由于气温的不可控，导致人类在面对凌汛威胁时显得无能为力，人类的种种实践活动也不过是使得河段凌情演变向着更加有利的趋势发展，或者不断提高承灾体对凌汛灾害的抵御能力。我国的冰凌研究起步较晚，已有的研究缺乏对凌汛产生机理、演变机理、致灾机理及防御机理的系统认识。同时，随着气候变迁、水利工程的运用及河道的冲淤演变，黄河冰凌也出现了许多前所未有新问题和新情况。为此，应在现有的研究基础和现行水利工程控泄水平、现状气温及河道形态条件下，挖掘提高防凌期宁蒙河段过流水平的可行性和合理性。并在最大程度保证河道行凌及断面过流安全的前提下，从不同方案致灾风险分析角度出发，制定提高黄河上游刘家峡水库防凌期控泄水平的合理方案，以最大程度上发挥黄河上游水能资源的利用效益。总体而言，由于受多方因素的制约影响，牵涉利益多、研究难度大。主要表现在以下几个方面：

（1）资料收集量大、难度大。黄河上游宁蒙河段防凌研究所需的资料主要包括水文资料、气象资料、凌情资料、灾情资料、河道资料及堤防资料等，涉及范围广、收集难度大。同时，由于防凌期正值宁蒙河段一年当中气温最低的季节，天寒地冻的工作环境，也给冰凌资料的观测工作带来了一定的困难。本研究所需资料量十分巨大，目前有些资料缺乏观测，给项目研究带来了一定困难。

（2）凌情、凌灾受大量不确定因素综合影响、关系复杂。黄河冰凌的发展变化受河道条件、水力条件及热力条件的影响，制约因素和响应机制异常复杂。且冰凌的发展变化并不是单一因素影响作用的结果，而是受多个影响因素共同交叉作用的结果。冰凌影响因素包括确定性因素和不确定性因素、可控因素和不可控因素、可预测因素和不可预测因素及可量测因素和不可量测因素。其中，不确定性因素（如气温）导致了凌汛威胁及损失程度的随机性，不可预测及不可量测因素的模糊性也导致了冰凌研究的复杂性。不确定性因素导致了风险，有关风险的研究较少，也是个难点。

（3）项目研究涉及水力学、热力学及系统动力学等多学科交叉，极具挑战性。从流凌期冰花的缔结到流冰的形成、从冰花的下潜凝结到冰塞的形成、从开河期冰盖的融解到消亡，都是一个涉及水力学、热力学、气象学等多学科交叉的系统动力学演变问题。目前的研究成果缺乏从宏观上表征上述不同影响因素作用机制的系统动力学模型，这也是宁蒙河段防凌研究今后工作的重点。

1.5　研究内容与思路

本书拟在宁蒙河段凌情及河道形态演变特征等分析的基础上，对不同控制断面凌情因子变化特点及相关关系进行分析，研究宁蒙河段关键控制断面及危险河段防凌过流能力，设置防凌期刘家峡水库不同控泄流量方案集，对不同控泄方案对应的宁蒙河段致灾风险进行综合评价。最后，通过归纳总结增加宁蒙河段防凌期刘家峡水库控泄流量的可行性和合理性，制定宁蒙河段防凌预案。

本书针对黄河宁蒙河段防凌问题，从系统性和可实施性角度，设置了八部分研究内容，具体包括：宁蒙河段凌情分析、宁蒙河段凌情特征分析、宁蒙河段槽蓄水增量致灾分析及其预测、河道形态演变分析、宁蒙河段关键控制断面过流能力分析、危险河段防凌过流能力分析、宁蒙河段历史年份凌灾风险分析、危险河段防凌过流能力分析和宁蒙河段历史年份凌灾风险分析等，为年度宁蒙河段防凌调度预案的制定提供技术支撑。

2.1 黄河上游概况

2.1.1 黄河上游概况

黄河发源于青海巴颜喀拉山北麓海拔约 4500m 的约古宗列盆地，介于北纬 32°~42°、东经 96°~119°之间，南北相差 10 个纬度，东西跨越 23 个经度，集水面积 75.2 万 km²，流经青海、四川、甘肃、宁夏、内蒙古、山西、陕西、河南、山东 9 个省（自治区），在山东垦利县注入渤海，干流河道全长 5464km，流域面积 79.5 万 km²，河源至河口落差 4830m。流域内石山区占 29%，黄土和丘陵区占 46%，风沙区占 11%，平原区占 14%。

2.1.2 黄河上游地理位置

黄河上游，即从河源到内蒙古托克托县河口镇的黄河河段，位于第一阶梯（青藏高原）和第二阶梯（内蒙古高原），河段全长 3472km，落差 3463m，流域面积 38.6 万 km²，占全河面积的 51.30%，平均比降为 1‰；河段汇入的较大支流（流域面积 1000km² 以上）43 条，径流量占全河的 54%；兰州以上河段主要支流有白河、黑河、大夏河、洮河、湟水、大通河，形成了龙羊峡（唐乃亥）以上黄河、龙羊峡—刘家峡区间（洮河）、刘家峡—兰州区间（湟水）三大水系。上游河段年来沙量只占全河年来沙量的 8%，水多沙少，干流唐乃亥以上、洮河、湟水的上游，位于海拔 3000m 以上的青藏高原东北部的边缘地带，地形复杂，地貌类型较多，有著名的雪山、草地，人类活动较少，气候高寒阴湿，是黄河上游大洪水和径流的来源地，三大水系的下游河谷，位于海拔 1000～2000m 的西北黄土高原西侧，地形破碎，土质疏松，黄土覆盖层厚，林草生长缓慢，人类活动频繁，雨量稀少植被差，水土流失严重，是黄河上游主要泥沙来源区。

上游河道受阿尼玛卿山、西倾山、青海南山的控制而呈 S 形弯曲。黄河上游根据河道特性的不同，又可分为河源段、峡谷段和冲积平原三部分。

从青海卡日曲至青海贵德龙羊峡以上部分为河源段。河源段从卡日曲始，经星宿海、扎陵湖、鄂陵湖到玛多，绕过阿尼玛卿山和西倾山，穿过龙羊峡到达青海贵德。该段河流大部分流经于海拔 3000m 以上的高原上，河流曲折迂回，两岸多为湖泊、沼泽、草滩，水质较清，水流稳定，产水量大。河段内有扎陵湖、鄂陵湖，两湖海拔高程都在 4260m 以上，蓄水量分别为 47 亿 m³ 和 108 亿 m³，为中国最大的高原淡水湖。青海玛多至甘肃玛曲区间，黄河流经巴颜喀拉山与阿尼玛卿山之间的古盆地和低山丘陵，大部分河段河谷宽阔，间或有几段峡谷。甘肃玛曲至青海贵德龙羊峡区间，黄河流经高山峡谷，水流湍急，水力资源丰富。

从青海龙羊峡到宁夏青铜峡部分为峡谷段，该段河道流经山地丘陵，因岩石性质的不同，形成峡谷和宽谷相间的形势：在坚硬的片麻岩、花岗岩及南山系变质岩地段形成峡谷，在疏松的砂页岩、红色岩系地段形成宽谷。该段有龙羊峡、积石峡、刘家峡、八盘峡、青铜峡等 20 个峡谷，峡谷两岸均为悬崖峭壁，河床狭窄、河道比降大、水流湍急。该段贵德至兰州间，是黄河三个支流集中区段之一，有洮河、湟水等重要支流汇入，使黄河水量大增。龙羊峡至宁夏下河沿的干流河段是黄河水力资源的"富矿"区，也是中国重点开发建设的水电基地之一。

从宁夏青铜峡至内蒙古托克托县河口镇部分为冲积平原段。黄河出青铜峡后，沿鄂尔多斯高原的西北边界向东北方向流动，然后向东直抵河口镇。沿河所经区域大部为荒漠和荒漠草原，基本无支流注入，干流河床平缓，水流缓慢，两岸有大片冲积平原，即著名的银川平原与河套平原。

根据地理位置、气候特点及水文测站控制情况，一般也将黄河上游划分为 5 个区域：河源至龙羊峡区间（龙上区间）、龙羊峡至刘家峡区间（龙—刘区间）、刘家峡至兰州区间（刘—兰区间）、兰州至青铜峡区间（兰—青区间）、青铜峡至头道拐区间（宁蒙河段）。

2.1.3 龙羊峡、刘家峡水库在黄河流域发挥的重要作用

黄河上游梯级水库群中，龙羊峡、刘家峡水库具有多年调节和年调节能力。其中，龙羊峡作为黄河上游"龙头水库"，雄踞黄河干流梯级之首，控制流域面积 131420km²，占全河流域面积的 17.5%；刘家峡水库居中，也是黄河上游主要调节水库之一，水库于 1987 年投入运行至今已有 32 年。龙羊峡、刘家峡两库联合调度的新格局对沿黄流域防洪、防凌、发电、供水等多方面均产生了积极的影响。具体表现如下：

（1）龙羊峡、刘家峡两库联合调度防洪对象主要是龙羊峡、刘家峡水库本身及拉西瓦、尼那、李家峡、公伯峡、盐锅峡、八盘峡、大峡、青铜峡水电站及兰州市。防洪任务是在保证龙羊峡大坝安全度汛的前提下，使拉西瓦李家峡、盐锅峡、八盘峡、大峡、青铜

峡水电站和兰州市以及在建的水电站工程在遇到不超过其各自高防洪标准的洪水时保证其防洪安全。相关研究表明：龙羊峡、刘家峡两库联合调洪削减了各频率洪水洪峰流量，提高了各防护对象的防洪标准。其中，刘家峡水库由五千年一遇校核标准提高到可能最大洪水标准，兰州市防洪标准提高到百年一遇。

（2）龙羊峡、刘家峡联合调度有利于宁蒙河段防凌减灾，基本保证河段防凌安全。通过龙羊峡、刘家峡水库在流凌、封河和开河期的流量控制，充分满足了整个凌汛期（11月至翌年3月）宁蒙河段控泄防凌流量的要求，防凌保证率达到85%以上，显著减少了该河段凌汛灾害的发生频次，减轻了灾害的严重程度。

（3）在龙羊峡、刘家峡两库联合调度中，刘家峡按反调节水库运行，大大增强了供水能力，使沿黄省区缺水现状均得到缓解。龙羊峡、刘家峡两库联合调度相比无水库天然状态下，对沿黄各省（自治区）增加补水量27.85亿 m^3 左右，宁夏灌区灌溉保证率由33.52%提高至74.62%，内蒙古灌区灌溉保证率由31%提高至81.14%。同时，联合调度为缓解黄河下游断流作出了贡献，在20世纪90年代实施的黄河9次远距离调水过程中发挥了重要作用，对下游用水和利津断面恢复过流具有重大意义。

（4）龙羊峡、刘家峡两库蓄丰补枯作用显著，对于改善非汛期河道生态环境有一定积极作用。龙羊峡、刘家峡蓄水使龙—刘区间河段枯水期径流量占年径流量百分比由11%提高至23%，使下游兰州、河口镇、花园口以及利津断面非汛期水量较无水库天然状态下分别增加了45.91%、48.22%、18.27%和17.02%，为河段生态恢复提供有利径流条件；龙羊峡、刘家峡蓄水后龙—刘河段基本成为清水河段，水质有所改善，通过改变中下游来水的时空分布，增加了非汛期河道来水，对于改善枯水期中下游河道水质起到了积极的作用。

（5）龙羊峡、刘家峡两库联合调度提高了黄河干流梯级电站发电效益。相关成果表明，龙羊峡、刘家峡两库联合运行提高了黄河上游径流式梯级电站的年均发电量，降低了各电站在汛期的发电量，增加了在非汛期的发电量。龙羊峡、刘家峡两库联合运行可增加发电效益3%～5%；下游三门峡、小浪底发电量均有不同程度的增加。龙羊峡、刘家峡两库联合运行，保证了西北电网调频、调峰和电力电量平衡，增加了各已建以及待建电站的保证出力，为国家节能减排、再生和清洁能源的利用做出了巨大贡献。

2.1.4　宁蒙河段概况

黄河宁蒙河段位于兰州下游，西起甘（肃）宁（夏）交界的黑山峡，东至内蒙古准格尔旗马栅镇的小占村，河段全长1227km，其中宁夏境内长397km、内蒙古境内长820km。石嘴山以下河段河道宽浅，浅滩弯道较多，主流摆动游荡，是黄河流域纬度的最高段，也是冰凌灾害最严重的河段之一。宁夏河段从中卫县南长滩至石嘴山头道坎北的麻黄沟，河段长379km，具有水文站控制的河段为下河沿至青铜峡，河段长124km；青铜峡至石嘴山河段长194km，内蒙古河道自石嘴山至河曲，河段长780km，控制性河段为石嘴山至头道拐，河段长502km。

宁蒙河段所在区域属温带干旱半干旱的荒漠和荒漠草原带，年均降水量155～366mm，由东端托克托的400mm左右逐渐减少至西段乌达150mm左右，降水年际变化大，年内分布极不均匀，75％的降雨集中在 7—9 月，其他月份很少，表现出终年干旱少雨、日照长、积温高、蒸发大。流域内自产径流很少，仅 2.0 亿 m³ 左右，但过境的径流不少，据 1952—1985 年资料，头道拐多年平均来水量约 258 亿 m³，径流量主要集中在汛期 7—10 月。洪水同样以上游干流为主，区间支流发生的洪水，历时短，过程陡涨陡落，洪量不大。

2.2 黄河上游工程概况

2.2.1 水电站概况

黄河上游龙羊峡至青铜峡（简称龙—青段）位于上游段的中下段，河道全长 1023km，龙羊峡以上和青铜峡以上流域面积分别为 13.14 万 km² 和 27.05 万 km²，区间自然落差 1340m，规划利用落差 1115m，水能资源蕴藏量 11330MW，黄河上游水电基地名列中国十三大水电基地规划之八，被誉为黄河上游"水能富矿"。

目前，流域内已建大、中、小型水库 3100 座，总库容约 574×10⁸m³，修建引水工程 4600 余处，提水工程 2.9 万处。黄河上游已建成大型水利枢纽 20 余座（龙羊峡、拉西瓦、李家峡、公伯峡、积石峡、刘家峡、盐锅峡、八盘峡、小峡、大峡、沙坡头、青铜峡、三门峡、万家寨、小浪底等），在建枢纽 2 座（拉西瓦、积石峡）。在梯级水库中，有较大调节能力的水库 4 座（龙羊峡、刘家峡、三门峡、小浪底），总库容 304 亿 m³，调节库容 235 亿 m³，其他枢纽均为径流式电站。黄河上游干流梯级水电站分布如图 2-1 所示。

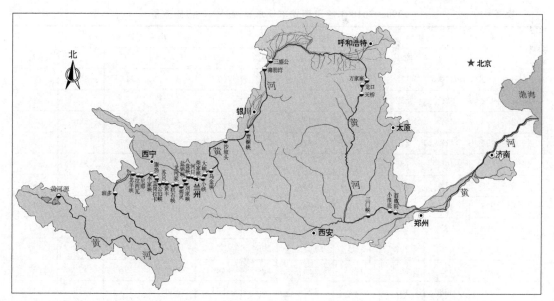

图 2-1 黄河上游干流梯级水电站分布图

与宁蒙河段防凌关系密切的水库主要有龙羊峡、刘家峡、青铜峡和万家寨。

2.2.1.1 龙羊峡

龙羊峡水库位于青海省，上距河源 1630km，集水面积 13.1 万 km²，多年平均天然径流量 203 亿 m³，占花园口天然径流量的 36.3%，水库总库容 247 亿 m³，调节库容 193.5 亿 m³，总装机 1280MW，是黄河上唯一一座有多年调节能力的水库，同时也是黄河干流梯级的"龙头水库"。龙羊峡水库主要技术经济指标见表 2-1。

表 2-1　　　　　　　　　　龙羊峡水库主要技术经济指标表

坝址以上流域面积 131420km²			
水文特征	多年平均径流量 202 亿 m³		多年平均输沙量 0.2308 亿 t
	千年设计		洪峰流量 7060m³/s
			45d 洪量 159 亿 m³
	万年校核		洪峰流量 10500m³/s
			45d 洪量 235 亿 m³
水库特征	设计洪水位 2602.25m		总库容 247 亿 m³
			调洪库容 43 亿 m³
	汛限水位 2594m		死库容 54.3 亿 m³
	死水位 2530m		
坝顶高程	2610m		坝型为混凝土重力坝
最大坝高	178m		坝顶长 375m

1990—2010 年凌汛期龙羊峡水库逐月入、出库流量见表 2-2。

表 2-2　　　　　　　1990—2010 年凌汛期龙羊峡水库逐月入、出库流量

年　度	入库流量/(m³/s)					出库流量/(m³/s)				
	11 月	12 月	1 月	2 月	3 月	11 月	12 月	1 月	2 月	3 月
1990—1991	320	175	149	161	231	216	399	315	409	485
1991—1992	580	252	187	173	275	511	480	650	435	438
1992—1993	657	331	248	267	317	528	446	625	646	664
1993—1994	418	218	163	181	231	511	592	577	541	575
1994—1995	400	187	137	131	204	722	318	668	386	349
1995—1996	428	229	180	203	264	484	642	528	630	489
1996—1997	450	223	186	194	230	585	571	619	649	679
1997—1998	339	190	147	148	201	585	703	690	671	627
1998—1999	420	207	142	151	205	555	314	436	468	437
1999—2000	332	161	123	113	204	448	469	395	370	267
2000—2001	308	151	114	121	169	561	438	377	319	342
2001—2002	446	214	161	194	225	529	523	529	572	600
2002—2003	547	245	189	181	226	586	607	639	596	534
2003—2004	362	195	144	168	190	623	521	438	493	456

续表

年 度	入库流量/(m³/s)					出库流量/(m³/s)				
	11月	12月	1月	2月	3月	11月	12月	1月	2月	3月
2004—2005	378	198	136	153	185	831	594	380	339	457
2005—2006	210	127	82	106	150	608	468	313	177	207
2006—2007	422	211	156	157	214	431	353	399	466	481
2007—2008	414	213	170	160	221	464	468	496	364	450
2008—2009	579	270	233	225	238	503	478	407	420	631
2009—2010	358	200	151	162	243	504	471	455	475	508
2003—2004	416	224	184	171	240	419	438	450	470	426

2.2.1.2 刘家峡

刘家峡水库位于甘肃省，距上游龙羊峡水库340km，控制流域面积18.2万km²，坝址处多年平均天然径流量270亿m³，占花园口天然径流量的48.2%，水库总库容57亿m³，调节库容41.5亿m³，属于不完全年调节水库，是黄河宁蒙河段防凌的主要调节水库。刘家峡水库主要技术经济指标见表2-3。

表2-3　　　　　　　　　刘家峡水库主要技术经济指标表

坝址以上流域面积181766km²			
水文特征	多年平均径流量270亿m³		多年平均输沙量0.87亿t
	千年设计		洪峰流量8720m³/s
			15d洪量91亿m³，45d洪量192亿m³
	万年校核		洪峰流量10600m³/s
			45d洪量229亿m³
水库特征	设计洪水位1735m		总库容57亿m³
			调洪库容15.55亿m³
	汛限水位1726m		
	死水位1694m		死库容15.5亿m³
坝顶高程	1739m		坝型为混凝土重力坝
最大坝高	147m		坝顶长204m

1990—2010年凌汛期刘家峡水库逐月入、出库流量见表2-4。

表2-4　　　　　　　1990—2010年凌汛期刘家峡水库逐月入、出库流量

年 度	入库流量/(m³/s)					出库流量/(m³/s)				
	11月	12月	1月	2月	3月	11月	12月	1月	2月	3月
1990—1991	567	634	607	582	652	903	622	553	526	453
1991—1992	713	346	668	412	394	769	530	496	486	369
1992—1993	600	701	568	699	578	745	600	552	541	500

年　度	入库流量/(m³/s)					出库流量/(m³/s)				
	11月	12月	1月	2月	3月	11月	12月	1月	2月	3月
1993—1994	590	608	642	682	732	805	550	519	532	489
1994—1995	623	723	720	680	686	794	616	581	538	498
1995—1996	644	352	469	513	490	750	494	384	345	400
1996—1997	463	468	134	398	312	571	326	292	266	261
1997—1998	574	471	410	352	378	583	311	291	288	300
1998—1999	571	567	579	613	618	754	531	487	449	588
1999—2000	672	634	686	635	598	735	559	513	423	442
2000—2001	699	581	486	525	497	678	440	428	312	364
2001—2002	679	666	408	414	503	720	444	401	330	372
2002—2003	631	497	375	225	260	587	400	293	261	233
2003—2004	672	634	458	542	557	699	439	404	331	364
2004—2005	541	535	545	429	501	737	488	448	425	351
2005—2006	705	577	498	514	702	866	492	462	429	582
2006—2007	588	537	517	520	633	691	490	419	389	435
2007—2008	607	557	516	568	501	766	485	448	397	391
2008—2009	606	631	475	611	609	649	455	448	356	676
2009—2010	758	678	546	490	548	752	478	462	391	470
2003—2004	567	634	607	582	652	903	622	553	526	453

1991—2010 年刘家峡封开河期控泄流量随时间变化见表 2-5。

表 2-5　　　　　　　　1991—2010 年刘家峡封开河期控泄流量　　　　单位：m³/s

年份	封河流量	开河流量	年份	封河流量	开河流量
1990	628	—	2001	447	305
1991	534	446	2002	404	304
1992	600	417	2003	441	304
1993	557	468	2004	488	233
1994	615	395	2005	492	299
1995	503	463	2006	491	303
1996	328	351	2007	485	307
1997	323	255	2008	453	308
1998	537	300	2009	479	273
1999	557	364	2010	491	284
2000	446	312	2011	—	295
					288

1990—2010 年刘家峡封河期控泄流量随时间变化过程如图 2-2 所示，1990—2010 年

刘家峡开河期控泄流量过程线如图 2-3 所示。

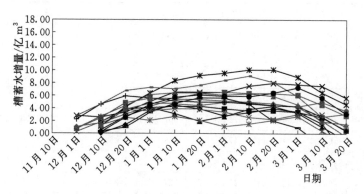

图 2-2　1990—2010 年刘家峡封河期控泄流量随时间变化过程线

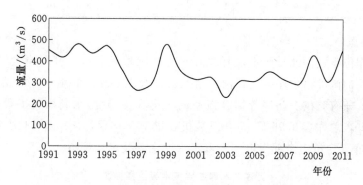

图 2-3　1990—2010 年刘家峡开河期控泄流量随时间过程线

2.2.1.3　青铜峡

青铜峡水利枢纽工程位于宁夏回族自治区黄河中游的青铜峡峡谷出口，下距银川约 80km，是一座以灌溉为主，结合发电、防凌等综合利用的枢纽工程。水电站装机容量 272MW，承担宁夏电网 50％以上的负荷，为宁夏地区的工农业发展创造了有利条件。青铜峡水利枢纽，是开发黄河水力资源的第一期工程之一，是低水头发电站，为日调节水库，水库设计库容 5.65 亿 m³。由于泥沙淤积，1981 年实测库容仅 0.56 亿 m³。1990—2010 年凌汛期青铜峡水库逐旬出库流量见表 2-6。

表 2-6　　　　　　　　　1990—2010 年凌汛期青铜峡水库逐旬出库流量　　　　　　单位：m³/s

年　度	11 月			12 月			1 月			2 月			3 月		
	上旬	中旬	下旬	上旬	中旬	下旬	上旬	中旬	下旬	上旬	中旬	下旬	上旬	中旬	下旬
1990—1991	—	—	—	—	—	—	553	559	545	550	504	497	463	430	480
1991—1992	716	784	592	585	538	442	480	537	546	471	519	504	455	401	341
1992—1993	685	687	625	659	631	585	588	477	502	580	555	567	496	473	571
1993—1994	831	821	694	685	583	591	590	550	542	576	603	543	447	428	598
1994—1995	787	757	668	683	636	626	632	582	580	542	578	576	502	466	547
1995—1996	725	711	589	450	551	507	442	418	426	391	402	410	393	395	451

续表

年　度	11月			12月			1月			2月			3月		
	上旬	中旬	下旬	上旬	中旬	下旬	上旬	中旬	下旬	上旬	中旬	下旬	上旬	中旬	下旬
1996—1997	542	536	397	406	337	319	335	311	302	283	287	283	271	269	267
1997—1998	—	—	—	—	—	—	302	304	309	349	321	325	298	318	302
1998—1999	691	733	641	593	588	541	534	471	490	508	476	433	386	539	714
1999—2000	476	426	386	539	711	567	582	538	478	486	472	444	375	344	625
2000—2001	718	622	557	469	474	455	459	481	461	391	359	360	345	343	424
2001—2002	734	692	555	533	496	448	456	422	423	393	368	351	339	336	447
2002—2003	703	637	463	465	473	375	327	335	338	321	312	284	266	257	244
2003—2004	855	624	594	531	512	501	475	448	414	397	378	351	345	321	455
2004—2005	846	775	556	561	583	579	509	517	506	510	510	479	368	337	479

2.2.1.4　万家寨

万家寨水库位于黄河北干流上段托克托至龙口河段峡谷内，其左岸为山西省偏关县，右岸为内蒙古自治区准格尔旗，是黄河中游八个梯级规划开发的第一个电站，以供水、调峰、发电为主，兼有防洪、防凌等综合效益的Ⅰ等大（1）型水利枢纽工程，控制流域面积 39.48 万 km²，总库容 8.96 亿 m³，总装机容量 1080MW，1998 年 11 月 28 日首台机组发电，2000 年底 6 台机组全部发电。万家寨水库主要技术经济指标见表 2-7。

表 2-7　　　　　　　　　万家寨水库主要技术经济指标表

坝址以上流域面积 394813km²			
水文特征	多年平均径流量 343 亿 m³		多年平均输沙量 1.47 亿 t
	千年设计	洪峰流量 16500m³/s	
		15d 洪量 102.08 亿 m³	
	万年校核	洪峰流量 21200m³/s	
		15d 洪量 125.51 亿 m³	
水库特征	设计最高蓄水位 977m	总库容 8.96 亿 m³	
		调洪库容 3.02 亿 m³	
	汛限水位 966～961m		
坝顶高程	982m	坝型：混凝土重力坝	
最大坝高	105m	坝顶长度：443m	

万家寨水库的防凌运用方式概括为如下几点：

（1）流凌期：要求出库流量相对稳定。

（2）封河期：建议下泄流量最好稳定在 50～600m³/s，以保证河曲河段和天桥库区较稳定的封冻冰面，防止产生冰花堆积现象。

（3）稳定封河期：要求下泄流量相对稳定。

（4）解冻开河期：在天桥库区及河曲河段解冻前，要求万家寨水库下泄流量在

$1000 \text{m}^3/\text{s}$ 以下。当河曲河段自然开河或天桥库区开闸排凌时，万家寨水库下泄流量最好保持在 $2000 \sim 3000 \text{m}^3/\text{s}$。

各水库、水电站主要性能指标见表 2-8。

表 2-8 　　　　　　　　　　黄河上游流域主要水利工程性能表

名　称	龙羊峡	李家峡	刘家峡	盐锅峡	八盘峡	大峡	青铜峡	万家寨
死水位/m	2530	2178	1696	1618	1576	1477		
正常蓄水位/m	2600	2180	1735	1619	1578	1480	1156	977
总库容/10^8m^3	247	16.5	57	2.2	0.49	0.9	5.65	8.96
水库调节性能	多年	日周	年	日	日	日	日周	日
保证出力/MW	589.8	581.1	489.9	204	107	143	90.9	
装机容量/MW	1280	2000	1160	396	180	300	302	1080
出力系数	8.3	8.3	8.3	7.9	8.5	8.3	8.4	8.4
平均发电量/($10^8 \text{kW} \cdot \text{h}$)	59.24	59	57.6	20.06	10.46	14.56	10.51	27.5
装机年利用小时/h	4612		4812	5824	5833	4880	3824	2546
投入运行年份	1987	1996	1969	1969	1977	1999	1967	2000
多年平均流量/(m^3/s)	650	664	877	877	1039	1040	1050	1308
控制流域面积/km^2	13.14	13.67	18.18	18.3	20.47	25.40	27.50	39.5
电站设计水头/m	122.0	122.0	100.0	38.0	18.0	24.0	16.0	
电站最大水头/m	148.5	135.6	114	39.5	19.5	31.4	22.0	
最大过机流量/(m^3/s)	1192	1200	1350	1400	1208	1400	1500	

2.2.2　河道内建筑物

2.2.2.1　引水建筑物

引水建筑物主要包括沙坡头引水水利枢纽（下河沿上游）、青铜峡引水干渠、三盛公引水干渠（巴彦高勒）等建筑物。

宁夏沙坡头北干渠供水工程是宁夏重要的水资源优化配置工程，对改善贺兰山东麓生态环境、促进特色农业发展、稳定解决银川西部工业和居民生活用水、保护银川地下水资源、推动沿黄城市带发展具有重要意义，是宁夏的重点工程建设项目。该工程由输水工程、调蓄工程两部分组成。输水工程自沙坡头水利枢纽至银川市银巴公路，全长 181km，由美利渠（34km）、跃进渠（79km）、西夏渠（66km）3 段渠道组成，其中美利渠、跃进渠需扩整改造，西夏渠为新建渠道。在银川西部建西夏水库作为供水调蓄水库，总库容 1825 万 m^3，日供水量 17 万 m^3。

青铜峡水利枢纽是以灌溉为主，兼有发电、防洪、防凌等效益的大型水利枢纽工程，位于宁夏回族自治区青铜峡市黄河中游青铜峡段峡谷出口处，拦河大坝为混凝土重力坝，高 42.7m，总库容 8.5 亿 m^3，装有 8 台发电机组，共 272MW。灌区分河西、河东两大系统，渠首引水能力共达 $600\text{m}^3/\text{s}$。河西总干渠从坝下引水，下分西干、唐徕、惠农、汉延四大干渠。河东总干渠分高低干渠。高干渠从坝上引水，低干渠由坝下引水，下接秦渠、汉渠。秦渠始凿于秦而得名，渠口在青铜峡北，引黄河水向东北流经吴忠市到灵武县。汉渠因相传始凿于汉而得名，渠口也在青铜峡北，引黄河水向东北流到巴浪湖。引水渠道控制面积近 5000km²，实灌面积 380 万亩。

三盛公水利枢纽工程地处内蒙古自治区巴彦淖尔市磴口县、鄂尔多斯市杭锦旗、阿拉善盟阿左旗接壤处；是黄河干流上游建设的主要工程之一，是全国三个特大型灌区——内蒙古河套灌区的引水龙头工程，灌溉面积达 870 万亩，是亚洲最大的一首制平原引水灌区，也是黄河上唯一的以灌溉为主的一首制引水大型平原闸坝工程。枢纽任务以灌溉为主。正常高水位高程 1055m，设计洪水位高程 1055.3m，校核洪水位高程 1056.36m。枢纽建筑物包括拦河闸、拦河土坝、北岸进水闸、左右岸导流堤、沈乌进水闸、南岸进水闸、库区围堤。设计灌溉面积为 1513.5 万亩，渠首电站装机 4 台，总容量为 2000kW。

2.2.2.2 黄河大桥

宁蒙河段内的黄河大桥主要包括叶盛黄河公路桥、石嘴山黄河公路大桥、乌海黄河公路大桥和包头黄河铁路大桥。

叶盛黄河公路桥位于宁夏回族自治区吴忠市与灵武县之间，是宁夏回族自治区设计施工的第一座黄河公路大桥，大桥全长 452.7m，两座引道桥共长 217m，引道全长 6.5km。

石嘴山黄河公路大桥位于宁夏回族自治区石嘴山市东郊渡口，是连接宁夏与内蒙古的交通枢纽。大桥全长 551.28m，桥头引道 1000m，桥面宽 12m，主桥 4 孔长 300m，孔跨度达 90m，是一座大跨度 T 形刚构桥梁。

乌海黄河公路大桥位于内蒙古乌海市，是国家"七五"期间重点建设项目。大桥主桥长 530.6m，上部结构为八孔一联预应力混凝土连续箱梁。

包头黄河铁路大桥是包神铁路的咽喉。大桥全长 856m，共有 14 个墩台、13 个孔，是一座单线铁路桥。

2.2.2.3 其他

河道内其他建筑物包括水文站、生产堤、浮桥以及乌兰布和、乌梁素海等应急分凌工程。

2.3 水文站资料

宁蒙河段防凌的重要控制断面包括下河沿、青铜峡、石嘴山、巴彦高勒、三湖河口、头道拐等 6 座水文站。各水文站分布如图 2-4 所示。

2.3.1 下河沿水文站

下河沿水文站位于宁夏回族自治区中卫市迎水桥镇沙坡头村，东经 105°03′，北纬 37°27′，如图 2-5 所示，属黄河干流重要报汛站，是甘肃省与宁夏回族自治区省界断面。下河沿水文站于 1951 年 5 月 1 日建站，集水面积 254142km²，距河口距离 2983km，多年平均径流量 294.0 亿 m³，约占黄河的 51%；多年平均输沙量 1.17 亿 t，

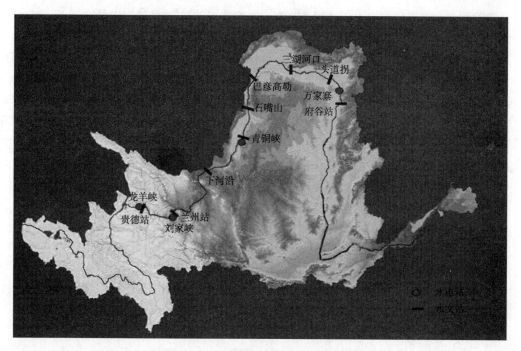

图2-4 黄河上中游宁蒙河段水文站分布

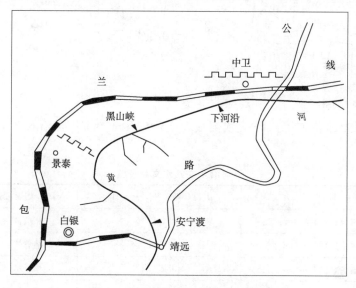

图2-5 下河沿水文站位置示意图

约占黄河的7%。径流主要来自黄河上游兰州以上,天然情况下洪峰呈矮胖型,常发生在7—9月。刘家峡、龙羊峡水库运用以后,该站径流特征受水库调节已发生了根本性的变化。径流年内变化除季节变化外,主要受发电、兰州以下工农业生产用水和宁蒙河段防凌需要调节水库出流而变化。汛期,受刘家峡至安宁渡区间洪水的影响,常出现比较小的洪水过程。泥沙量主要来自洮河、湟水、大通河、祖厉河。其中,祖厉河来沙占该站年输沙量的43%。2004年3月13日，随着黄河沙坡头水利枢纽投入运行，对该站水流含沙特性带来较大的影响。

该站测验河段基本顺直，略呈扩散状，如图2-6所示。河床为沙卵石组成，断面随来水来沙条件有冲有淤。基本断面上游2km处建有沙坡头水利枢纽；上游右岸300m、600m和1100m分别有山洪沟汇入，平时无水，遇大暴雨、山洪暴发时，对测验断面水流产生一定影响；左岸基上2km有美利渠引水口，年引水量约4.6亿 m³。当水位在1234.6m以上时，黄河与美利渠合流；右岸基上2km有复兴渠引水口，年引水量约1000万 m³，当水位在1235.7m以上时，黄河与复兴渠合流。

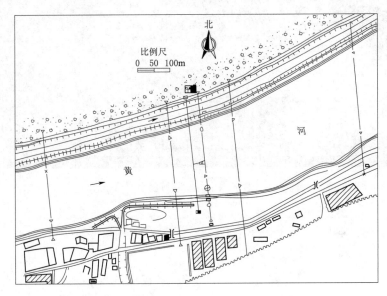

图2-6 下河沿水文站测验河段平面图

该站实测最高水位1235.19m，实测最大流量5740m³/s。下河沿水文站水文特征见表2-9。

表2-9 下河沿水文站水文特征值

项　目	出现日期/（年．月．日）	相应流量（水位）
实测最高水位：1235.19m	1981.9.16	相应流量：5770m³/s
调查最高水位：1236.02m	1904	估算流量：7800m³/s
实测最大流量：5740m³/s	1981.9.17	相应水位：1235.17m
建站以来最大流量：5780m³/s	1981.9.16	相应水位：1235.16m
实测最大流速：4.25m/s	1981.9.17	相应流量：5740m³/s
实测最大水深：9.7m	1981.9.17	相应流量：5740m³/s
实测最大含沙量：320kg/m³	1973.8.28	相应流量：709m³/s

下河沿水文站资料还包括2010年大断面测绘成果及、断面水位流量关系数据以及水位、流量等资料，如表2-10～表2-12和图2-5、图2-6所示。

表 2－10 　　　　　　　下河沿站 2010 年实测大断面成果表

垂线号	河底高程/m	垂线号	河底高程/m	垂线号	河底高程/m	垂线号	河底高程/m	垂线号	河底高程/m
左岸	1240.45	14	1231.23	28	1234.98	42	1226.88	56	1227.68
1	1240.43	15	1231.23	29	1233.78	43	1227.18	57	1227.58
2	1238.45	16	1231.23	30	1232.34	44	1227.28	58	1227.68
3	1237.63	17	1231.28	31	1231.38	45	1227.48	59	1227.88
4	1235.89	18	1231.32	32	1230.68	46	1227.68	60	1228.28
5	1235.71	19	1231.36	33	1229.78	47	1227.98	61	1229.88
6	1232.68	20	1231.38	34	1229.08	48	1228.08	62	1230.68
7	1232.48	21	1233.13	35	1228.88	49	1228.18	63	1231.1
8	1232.08	22	1234.66	36	1227.18	50	1228.18	64	1231.8
9	1231.76	23	1235.63	37	1226.58	51	1228.28	65	1232.45
10	1231.48	24	1235.62	38	1226.68	52	1228.38	66	1232.69
11	1231.28	25	1234.59	39	1226.68	53	1228.38	67	1233.17
12	1231.25	26	1234.55	40	1226.73	54	1228.18	68	1235.16
13	1231.23	27	1234.98	41	1226.78	55	1227.93	右岸	1235.74

注　河床由砂砾石组成。

表 2－11 　　　　　　　下河沿站水位流量关系（2009 年实测）

水位/m	流 量/(m³/s)									
	0	1	2	3	4	5	6	7	8	9
1229.80	320	323	325	328	330	333	336	338	341	343
1229.90	346	349	352	355	358	361	364	367	370	373
1230.00	376	380	383	387	390	394	398	401	405	408
1230.10	412	416	419	423	426	430	434	437	441	444
1230.20	448	452	457	462	466	470	475	480	484	488
1230.30	493	498	502	506	511	516	520	524	529	534
1230.40	538	543	548	553	558	562	567	572	577	582
1230.50	587	592	597	602	607	612	618	623	628	633
1230.60	638	643	648	654	659	664	669	674	680	685
1230.70	690	695	700	706	711	716	721	726	732	737
1230.80	742	748	753	758	764	770	775	780	786	792
1230.90	797	802	808	814	819	824	830	836	841	846
1231.00	852	858	864	870	876	882	888	894	900	906
1231.10	912	918	925	931	937	944	950	956	962	969
1231.20	975	982	988	994	1000	1010	1010	1020	1030	1040
1231.30	1040	1050	1050	1060	1070	1080	1080	1090	1100	1100
1231.40	1110	1120	1120	1130	1140	1140	1150	1160	1170	1170
1231.50	1180	1190	1200	1200	1210	1220	1230	1240	1240	1250
1231.60	1260	1270	1280	1280	1290	1300	1310	1320	1320	1230

续表

水位/m	流量/(m³/s)									
	0	1	2	3	4	5	6	7	8	9
1231.70	1330	1340	1350	1350	1360	1370	1380	1390	1390	1400
1231.80	1410	1420	1430	1430	1440	1450	1460	1470	1470	1480
1231.90	1490	1500	1510	1520	1530	1540	1550	1560	1570	1580
1232.00	1590									

2.3.2　青铜峡水文站

青铜峡水文站全称黄河水利委员会青铜峡水文站。该站建于1939年5月，位于宁夏回族自治区青铜峡市青铜峡镇，东经106°00′，北纬37°54′，如图2-7所示。集水面积275010km²，距河口距离2859km。

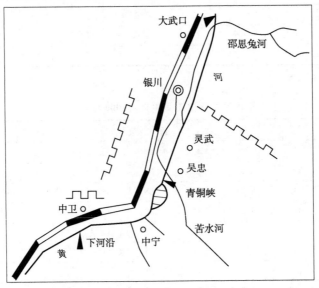

图2-7　青铜峡水文站位置示意图

该站基本水尺断面位于青铜峡水利枢纽下游700m处，距下游黄河铁桥180m，测验河段顺直。河床由砂卵石组成。断面下游铁桥全长225m，有六墩两台，体积庞大，河道缩窄，使主流集中。经1964年、1967年、1981年等几次大水的冲淤变化，对河段有较大的再塑作用，断面更加规则、稳定。

表2-12　　　青铜峡水文站2010—2011年凌汛期流量、水位日统计表

日期	11月		12月		1月		2月		3月	
	流量/(m³/s)	水位/m	流量/(m³/s)	水位/m	流量/(m³/s)	水位/m	流量/(m³/s)	水位/m	流量/(m³/s)	水位/m
1日	824	1230.88	553	1230.44	534	1230.41	659	1230.98	398	1230.04
2日	1050	1230.86	618	1230.48	524	1230.49	524	1230.32	398	1230.09

续表

日期	11月		12月		1月		2月		3月	
	流量/(m³/s)	水位/m	流量/(m³/s)	水位/m	流量/(m³/s)	水位/m	流量/(m³/s)	水位/m	流量/(m³/s)	水位/m
3 日	1190	1231.44	597	1230.42	470	1230.22	462	1230.18	390	1230.08
4 日	1030	1231.36	669	1230.81	548	1230.58	457	1230.32	325	1229.81
5 日	1050	1231.44	597	1230.49	529	1230.45	484	1230.11	401	1230.2
6 日	1260	1231.57	592	1230.31	516	1230.41	434	1230.09	437	1230.38
7 日	1310	1231.65	669	1230.64	562	1230.7	520	1230.4	343	1229.87
8 日	1280	1231.63	582	1230.38	628	1230.74	484	1230.17	310	1229.7
9 日	1250	1231.57	567	1230.31	577	1230.54	488	1230.05	330	1229.86
10 日	1100	1231.59	607	1230.42	534	1230.28	538	1230.45	370	1229.99
11 日	1230	1231.56	633	1230.65	524	1230.53	452	1230.09	367	1230.05
12 日	1240	1231.57	529	1230.39	502	1230.41	475	1230.28	370	1230.04
13 日	1030	1231.29	577	1230.59	553	1230.75	475	1230.3	338	1229.87
14 日	894	1230.97	543	1230.21	577	1230.61	452	1230.12	325	1229.83
15 日	900	1231.01	607	1230.49	553	1230.41	493	1230.3	330	1229.81
16 日	982	1231.27	607	1230.43	748	1230.8	470	1230.14	394	1230.32
17 日	674	1230.76	582	1230.63	543	1230.79	488	1230.33	373	1230.3
18 日	602	1230.47	520	1230.22	700	1230.65	466	1230.25	355	1230.06
19 日	470	1230.2	567	1230.25	643	1230.81	441	1230.12	315	1229.76
20 日	520	1230.37	558	1230.52	654	1230.81	470	1230.19	341	1229.89
21 日	659	1230.9	538	1230.31	534	1230.47	484	1230.23	320	1229.91
22 日	502	1230.28	612	1230.6	534	1230.3	480	1230.25	448	1230.5
23 日	553	1230.58	502	1230.4	623	1230.58	484	1230.38	346	1230.03
24 日	638	1230.8	587	1230.54	612	1230.58	390	1230.09	364	1229.76
25 日	572	1230.54	520	1230.29	612	1230.49	405	1230.11	493	1230.27
26 日	602	1230.6	567	1230.5	548	1230.47	423	1230.13	597	1230.26
27 日	520	1230.32	502	1230.16	553	1230.44	416	1230.14	558	1230.2
28 日	592	1230.42	529	1230.28	618	1230.52	390	1230.05	852	1231.23
29 日	618	1230.76	562	1230.5	582	1230.52			1010	1231.26
30 日	577	1230.68	506	1230.33	520	1230.36			1040	1231.46
31 日			602	1230.63	520	1230.47			1240	1231.58

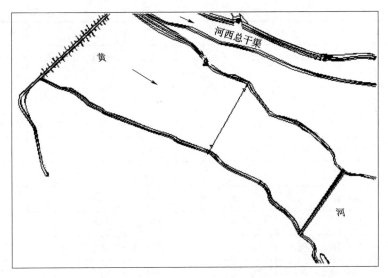

图 2-8　青铜峡水文站测验河段平面图

　　青铜峡西总干渠、东总干渠渠首位于青铜峡水利枢纽坝上，渠道分列该站左右岸。西总干渠最大引水量达 $550m^3/s$，东总干渠最大引水量达 $80.0m^3/s$。两渠年均引水量约 40 亿 m^3。

　　青铜峡水文站多年平均径流量为 260.1 亿 m^3（不包括东总、西总渠道断面），约占黄河的 45%；多年平均输沙量 1.44 亿 t，约占黄河的 9%。径流主要来自黄河上游兰州以上，天然情况下洪峰呈矮胖型，洪水历时长达 30 天以上，常发生在 7—9 月。青铜峡、刘家峡等大型水库运用以后，特别是 1986 年 10 月龙羊峡水库运用以后，该站径流受上游水库调节发生了根本性的变化，主要表现在以下几个方面：①水库运用后年均输沙量（1.01 亿 t）明显较建库前（2.32 亿 t）减少；②径流年内分配发生变化，汛期减少，非汛期增加；③每年 4—6 月、11 月灌溉期，出现枯水，经统计，95% 以上年份最低水位和最小流量出现在此期间；④受青铜峡水库闸门启闭的影响，日内呈两峰两谷，水位日变幅达 2m 左右；⑤测验河段冰凌消失；⑥含沙量的变化不仅受下河沿站来沙的影响，还要受青铜峡水库拉沙的影响，含沙量的变化有时十分剧烈。

　　该站实测最高水位 1138.87m，实测最大流量 $6230m^3/s$，其他水文特征见表 2-13。2010 年青铜峡水文站实测大断面成果见表 2-14。

表 2-13　　　　　　　　　　　　　　青铜峡水文站水文特征值

项　　目	出现日期（年.月.日）	相应流量（水位）
实测最高水位：1138.87m	1981.9.17	相应流量：$5710m^3/s$
实测最大流量：$6230m^3/s$	1946.9.16	相应水位：1139.42m
建站以来最大流量：$7039m^3/s$	1946.9.16	相应水位：1139.68m
实测最大流速：4.66m/s	1958.6.26	
实测最大水深：8.7m	1981.9.17	相应流量：$5710m^3/s$
实测最大含沙量：$391kg/m^3$	2003.7.24	相应流量：$627m^3/s$

表 2 – 14　　　　　　　　**2010 年青铜峡水文站实测大断面成果表**

测站编码：40102100　　　施测日期：3 月 23 日　　　断面名称及位置：基本水尺断面　　　测时水位：1133.98m

垂线号	起点距/m	河底高程/m	垂线号	起点距/m	河底高程/m	垂线号	起点距/m	河底高程/m	垂线号	起点距/m	河底高程/m
右岸	0.0	1140.94	11	90.0	1130.83	22	200	1133.08	33	310	1134.01
1	32.0	1140.70	12	100	1130.78	23	210	1133.08	34	320	1135.41
2	40.0	1140.55	13	110	1130.78	24	220	1133.03	35	330	1136.52
3	46.0	1137.26	14	120	1130.68	25	230	1132.58	36	340	1140.73
4	48.0	1137.19	15	130	1130.93	26	240	1132.48	37	350	1140.48
5	50.0	1135.89	16	140	1131.23	27	260	1132.48	38	360	1140.70
6	52.5	1134.56	17	150	1131.78	28	270	1132.68	39	370	1140.90
7	52.7	1133.98	18	160	1132.28	29	280	1132.68	40	380	1140.02
8	60.0	1131.83	19	170	1132.58	30	290	1133.13	41	390	1140.44
9	70.0	1130.98	20	180	1133.03	31	300	1133.48	42	400	1140.84
10	80.0	1130.98	21	190	1133.18	32	309	1133.98	左岸	424	1141.10

注　河床由砂砾石组成。

2.3.3　石嘴山水文站

石嘴山水文站全称黄河水利委员会石嘴山水文站。该站建于 1942 年 9 月 4 日，位于宁夏回族自治区石嘴山市惠农区，东经 106°47′，北纬 39°15′，如图 2 – 9 所示。集水面积 309146km²，距河口距离 2665km。

该站测验河段顺直，顺直段长约 2200m，水流方向自西南流向东北，如图 2 – 10 所示。基本水尺断面上游 1540m 为测流断面（兼浮标中断面），上游 1580m 为吊船缆道，浮标上、下断面距离浮标中断面各 100m。测流断面上游 710m 为石嘴山黄河公路大桥，站房位于左岸，距河边约 100m。

测验河段左岸滩地系沙土，河心及左半河河床为砂质组成；右岸岸坡为沉积性页岩，右半河床为砂砾石。断面冲淤变化较为复杂，有时表现为涨冲落淤，有时表现为涨淤落冲，最大冲淤变化在 30% 以上，稳定性较差。当流量在 2500～3000m³/s 以上时开始漫滩，槽宽 300～320m，漫滩后最大河宽约 450m。

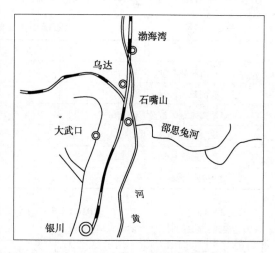

图 2 – 9　石嘴山水文站位置示意图

该站处于干旱区，年降水量只有 180mm 左右，主要集中在 6—9 月，且多以暴雨形式出现；多年平均径流量 285.1 亿 m³，约占黄河的 49%；多年平均输沙量 1.21 亿 t，约占黄河的 8%。径流量主要来自黄河兰州以上，沙量主要来自青铜峡以上，因上游有青铜峡、

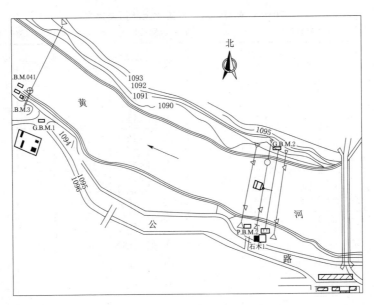

图 2-10　石嘴山水文站测验河段平面图

银川灌区，区间水沙加入少、引出多。大洪峰历时长，峰形矮胖。1987年龙羊峡、刘家峡水库运用以前，进入冬季测验河段都会稳定封冻，1987年以后，测验河段变为不稳定封冻。该站水位流量关系变化主要受洪水涨落、冲淤变化及区间退水影响，畅流期关系线多呈临时曲线，冬季变化比较复杂。

　　该站实测最高水位1092.35m，实测最大流量5820m³/s，其他水文特征见表2-15，2010年石嘴山水文站实测大断面成果见表2-16。

表 2-15　　　　　　　　　石嘴山水文站水文特征值

项　　目	出现日期（年.月.日）	相应流量（水位）
实测最高水位：1092.35m	1946.9.18	相应流量：5820m³/s
实测最大流量：5820m³/s	1946.9.18	相应水位：1092.35m
建站以来最大流量：5820m³/s	1946.9.18	相应水位：1092.35m
实测最大流速：3.53m/s	1963.9.2	相应流量：1740m³/s
实测最大水深：11.6m	1981.9.19	相应流量：5600m³/s
实测最大含沙量：94.1kg/m³	1986.6.30	相应流量：1550m³/s

表 2-16　　　　　　　**2010年石嘴山水文站实测大断面成果表**

测站编码：40102500　　　施测日期：3月25日　　　断面名称及位置：流速仪测流断面　　　测时水位：1086.59m

垂线号	起点距/m	河底高程/m	垂线号	起点距/m	河底高程/m	垂线号	起点距/m	河底高程/m	垂线号	起点距/m	河底高程/m
左岸	43.8	1093.82	3	91.0	1091.51	6	124	1091.24	9	159	1089.40
1	47.8	1092.10	4	103	1091.64	7	127	1090.31	10	184	1088.05
2	73.0	1091.91	5	122	1091.37	8	135	1089.84	11	188	1086.59

续表

垂线号	起点距/m	河底高程/m	垂线号	起点距/m	河底高程/m	垂线号	起点距/m	河底高程/m	垂线号	起点距/m	河底高程/m
12	200	1085.29	19	270	1083.79	26	340	1085.49	33	410	1086.29
13	210	1084.69	20	280	1083.79	27	350	1085.89	34	415	1086.59
14	220	1083.69	21	290	1084.19	28	360	1086.14	35	423	1087.25
15	230	1084.29	22	300	1084.59	29	370	1085.99	36	430	1088.66
16	240	1084.39	23	310	1084.79	30	380	1086.09	37	433	1090.44
17	250	1084.19	24	320	1084.59	31	390	1086.39	38	434	1091.46
18	260	1084.09	25	330	1084.99	32	400	1086.49	右岸	443	1091.86

注 河床由砂砾石和粉砂组成。

2.3.4 巴彦高勒水文站

巴彦高勒水文站全称黄河水利委员会巴彦高勒水文站。该站建于 1972 年 10 月，位于内蒙古自治区磴口县巴彦高勒镇南套子村，东经 107°02′，北纬 40°19′，如图 2-11 所示。集水面积 314000km²，距河口距离 2523km。

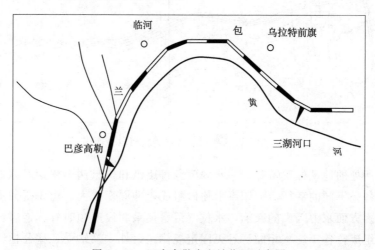

图 2-11 巴彦高勒水文站位置示意图

该站位于三盛公水利枢纽闸下 400m 处，测验河段基本顺直，高水时呈扩散状，沙质河床，复式断面，左岸闸下约 0.6km 以下有多处导流垛，闸下 3km 处新建磴口黄河公路大桥，如图 2-12 所示。基本水尺断面在拦河闸下 400m 处，测流断面在拦河闸下 360m 处。基本水尺断面 200m 以下有多处导流垛，无法设置比降断面。基本水尺断面为浮标中断面，浮标上、下断面距基本水尺断面各 100m。

测验河段左岸大堤有块石和水泥预制块护坡，右岸闸下 0.1~3km 内有一小土堤，每年在高水或冰期常被水冲垮。2003 年三盛公枢纽除险加固，因施工围堰弃物影响，测验河段水流散乱，有流向，低水时，河心有沙洲出现，给测验工作带来一定难度。畅流期水面宽 400m 左右，水位超过 1052.50m 以后，水流漫过右岸滩地与黄河古道连成一片，水面宽达 2.4km 以上。1990 年以来，由于河床不断淤积，河道过流能力不断减小，与 1981 年大水相比，同水位下流量减少 4000m³/s 左右。

该站地处干旱沙漠区边缘，多年平均年降水量 150mm，且主要集中在 6—9 月；多年平均年蒸发量 1510.8mm；多年平均年径流量 231.4 亿 m³，约占黄河的 40%；多年平均年输沙量 1.16 亿 t，约占黄河的 7%。洪水主要来自黄河干流兰州以上，其特点是历时长、涨落缓慢、峰型矮胖，多发生在 7—9 月；泥沙主要来自青铜峡以上。上游龙羊峡水库运用以来，受龙羊峡、刘家峡两库调节径流的影响，汛期基本无较大洪水发生。最高水位每年出现在冰期 12 月或 1 月。

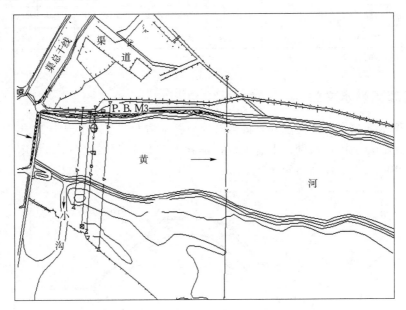

图 2-12 巴彦高勒水文站测验河段平面图

由于该站所处的地理位置特殊，一年内要经过凌汛和伏汛两个汛期，冰期和畅流期水位—流量关系各呈不同的特征。河床系由粉砂组成，冲淤变化大。由于受河床冲淤、洪水涨落、流冰等多方面水力因素的影响，水位—流量关系曲线由顺时针、逆时针绳套和临时曲线几种线型组成，各年均不相同，且无固定规律。另外，该站受三盛公枢纽闸门调节影响，水位陡涨陡落，变化较大。

该站实测最高水位 1054.40m，实测最大流量 5290m³/s，其他水文特征见表 2-17。2010 年巴彦高勒水文站实测大断面成果见表 2-18。

表 2-17　　　　　　　　　　巴彦高勒水文站水文特征值

项　目	出现日期（年.月.日）	相应流量（水位）
实测最高水位：1054.40m	1993.12.6	相应流量：550m³/s
畅流期实测最高水位：1052.16m	2003.9.6	相应流量：1360m³/s
实测最大流量：5290m³/s	1981.9.19	相应水位：1052.03m
建站以来最大流量：5290m³/s	1981.9.22	相应水位：1052.07m

续表

项　目	出现日期（年.月.日）	相应流量（水位）
实测最大流速：3.37m/s	1986.6.29	相应流量：2610m³/s
实测最大水深：13.2m	1981.9.21	相应流量：5030m³/s
实测最大含沙量：79.4kg/m³	1997.8.6	相应流量：647m³/s

表 2-18　　　　　　　　2010 年巴彦高勒水文站实测大断面成果表

测站编码：40102650　　　施测日期：4 月 13 日　　　断面名称及位置：流速仪测流断面　　　测时水位：1051.54m

垂线号	起点距/m	河底高程/m	垂线号	起点距/m	河底高程/m	垂线号	起点距/m	河底高程/m	垂线号	起点距/m	河底高程/m
左岸	0	1056.35	14	130	1050.14	28	310	1050.04	42	480	1052.43
1	18.5	1056.08	15	140	1050.14	29	330	1050.04	43	500	1052.20
2	22.0	1054.81	16	150	1049.74	30	340	1050.14	44	520	1052.34
3	24.6	1053.86	17	160	1048.84	31	350	1050.24	45	548	1053.24
4	36.5	1051.67	18	170	1050.04	32	360	1050.54	46	550	1054.04
5	37.0	1051.54	19	180	1049.74	33	370	1050.64	47	552	1055.08
6	50.0	1047.94	20	190	1049.84	34	380	1050.64	48	554	1054.72
7	60.0	1047.24	21	200	1049.74	35	390	1050.64	49	557	1053.2
8	70.0	1047.34	22	230	1049.74	36	410	1050.44	50	560	1052.48
9	80.0	1047.54	23	240	1050.04	37	430	1050.44	51	580	1052.12
10	90.0	1047.54	24	250	1050.24	38	440	1050.14	右岸	616	1052.89
11	100	1047.84	25	260	1050.34	39	450	1050.64			
12	110	1049.44	26	290	1050.34	40	455	1051.54			
13	120	1049.94	27	300	1050.14	41	460	1052.07			

注　河床由粉砂组成。

2.3.5　三湖河口水文站

　　三湖河口水文站全称黄河水利委员会三湖河口水文站。该站建于 1950 年 8 月 30 日，位于内蒙古自治区乌拉特前旗公庙镇三湖河口村，东经 108°46′，北纬 40°37′，如图 2-13 所示。集水面积 347909km²，距河口距离 2302km。

　　受地形影响，黄河在三湖河口站测验河段上游形成一大的转折。该站设在这一大转折（弯道）的下游相对稳定的河道上，如图 2-14 所示。自设站以来，测验河段始终处于变动之中。1990 年，内蒙古交通厅在该站基本水尺断面上游约 100m 处架设一座浮桥，由于浮桥的影响，2001 年迫使该站测流断面下移 220m。现测流断面仍不稳定，主流时左时右，摆动不定，且左右岸常有淘涮现象，断面流向偏角为 10°～40°。1990 年以来，由于河床严重淤积，河道过流能力减小，水位在 1019.99m（流量 1500m³/s）开始漫滩，与 1981 年大水相比，同水位下流量减少 4000m³/s 左右。基本水尺断面在测流断面上 220m 处。基线桩设置在左岸上游，基线长 475m。

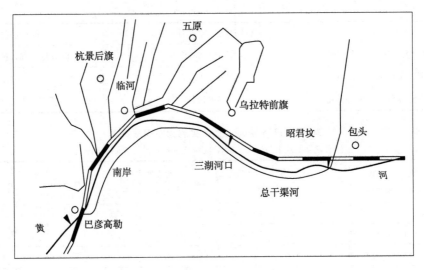

图 2-13 三湖河口水文站位置示意图

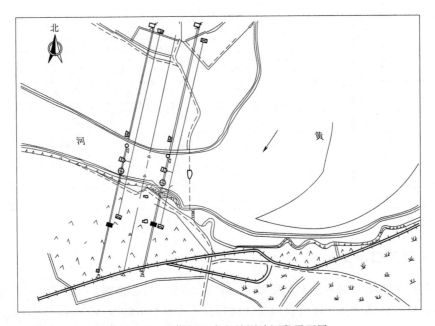

图 2-14 三湖河口水文站测验河段平面图

该站地处干旱半干旱地区，多年平均降水量 237.8mm，且主要集中在 6—9 月；多年平均蒸发量 1517.7mm；多年平均径流量 223.5 亿 m³，约占黄河的 39%；多年平均输沙量 1.08 亿 t；泥沙主要来自青铜峡水库以上，约占黄河的 7%。洪水主要来自黄河干流兰州以上，其特点是历时长、涨落缓慢、峰型矮胖，多发生在 7—9 月。黄河进入内蒙古河套平原后，由于地势平坦，大部分属于平原游荡性河段，水流变缓，含沙量沿程得到不断的调整，丰水大沙年和洪水期，该站输沙量小于上游，河道发生淤积，枯水小沙年和冰期含沙量大于上游。90 年代以来，河道淤积严重。上游龙羊峡水库运用以来，受龙羊峡、刘家峡两库调节径流的影响，汛期基本无较大洪水发生，20 世纪 90 年代以来，汛期最大流量都在 $2000\mathrm{m}^3/\mathrm{s}$ 以下，年最大流量常出现在 3 月中下旬的开河期。由于该站所处特殊地理位置，年内要经过凌汛和伏汛两个汛期，冰期和畅流期水位—流量关系各不相同，各成体系。由于受河床冲淤、洪水涨落、流冰量等多方面水力因素的影响，水位—流量关系曲线由顺时针、逆时针绳套和临时曲线几种线型组成，各年均不相同，亦无固定规律。

三湖河口水文站实测最高水位 1020.81m，实测最大流量 $5400\mathrm{m}^3/\mathrm{s}$，其他水文特征见表 2-19。2010 年三湖河口水文站实测大断面成果见表 2-20。

表 2-19　　　　　　　　　　　三湖河口水文站水文特征值

项　目	出现日期（年．月．日）	相应流量（水位）
实测最高水位：1020.81m	2006.3.3	相应流量：772m³/s
畅流期最高水位：1019.99m	2003.9.7	相应流量：1460m³/s
实测最大流量：5400m³/s	1981.9.22	相应水位：1019.94m
建站以来最大流量：5500m³/s	1981.9.22	相应水位：1019.97m
实测最大流速：3.47m/s	1967.9.21	相应流量：5380m³/s
实测最大水深：18.0m	1998.3.9	相应流量：2000m³/s
实测最大含沙量：51.2kg/m³	1956.8.16	相应流量：845m³/s

表 2-20　　　　　　　　　2010 年三湖河口水文站实测大断面成果表

垂线号	起点距/m	河底高程/m	垂线号	起点距/m	河底高程/m	垂线号	起点距/m	河底高程/m	垂线号	起点距/m	河底高程/m
左岸	-15.0	1020.43	17	425	1020.34	34	560	1016.17	51	778	1019.57
1	-2.5	1023.04	18	460	1020.58	35	570	1016.27	52	820	1019.77
2	8.8	1023.15	19	463	1021.48	36	580	1016.17	53	860	1019.73
3	17.8	1020.75	20	467	1021.07	37	610	1016.17	54	900	1019.66
4	25.0	1019.34	21	469	1020.34	38	620	1016.27	55	940	1020.16
5	72.8	1019.57	22	475	1021.66	39	630	1016.37	56	980	1020.17
6	105	1019.55	23	481	1020.50	40	670	1016.37	57	1020	1020.24
7	141	1019.64	24	482	1020.43	41	680	1016.27	58	1060	1020.61
8	178	1019.72	25	485	1021.92	42	690	1016.37	59	1120	1019.21
9	216	1019.71	26	490	1020.38	43	700	1016.37	60	1136	1020.66
10	252	1019.77	27	504	1020.76	44	710	1016.47	61	1156	1020.74
11	294	1019.89	28	508	1019.57	45	720	1016.67	62	1159	1021.24
12	330	1019.94	29	510	1020.17	46	730	1016.17	63	1162	1020.28
13	362	1020.18	30	520	1016.57	47	740	1015.67	右岸	1178	1020.86
14	395	1020.60	31	530	1016.37	48	750	1016.77			
15	407	1020.33	32	540	1016.27	49	760	1018.87			
16	420	1021.10	33	550	1016.27	50	770	1019.07			

注　河床由粉砂组成。

2.3.6　头道拐水文站

头道拐水文站全称国家基本水文站头道拐水文站。该站建于1952年1月1日，位于内蒙古自治区托克托县中滩乡麻地豪村，东经$110°04'$，北纬$40°16'$，集水面积$367898km^2$，距河口距离2002km，头道拐测验河段平面图与水文站位置如图2-15、图2-16所示。

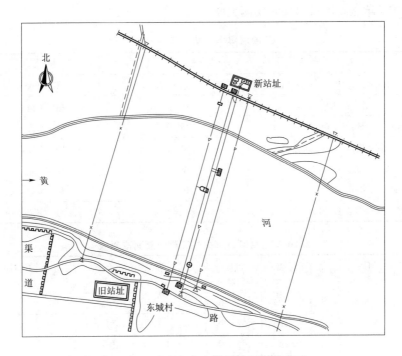

图2-15　头道拐水文站测验河段平面图

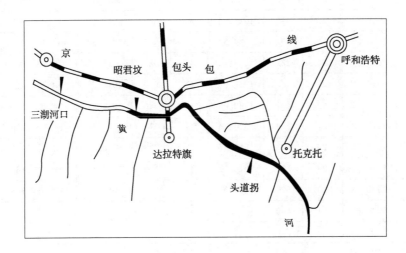

图2-16　头道拐水文站位置示意图

测验河段顺直长度有 1000m，因高崖作用，在右岸上游 1300m 处河道形成急弯，并有挑流作用，中、低水主流导向左岸，流向稍有偏斜，高水时受左岸上游控导工程作用，主流偏向右岸，断面流向顺直；断面下游左岸 1000m 处有一扬水站，对断面水位—流量关系稍有影响，断面下游 1400m 处架设一座浮桥，每年流凌期拆除，畅流期和稳定封冻期架起，对测验无大影响。

基本水尺断面位于左岸，浮标上、下断面分别设于基上、基下 50m；上、下比降断面分别设于基上、基下 400m；基上 10m 建有半自动吊箱缆道；基上 50m 建有吊船缆道。河床系由粉砂组成，断面冲淤变化较大，最大冲淤幅度在 7m 以上；主流摆动频繁，摆幅为 400～600m，稳定性差，水面宽最大 740m，最小 50m。

该站地处干旱半干旱地区，多年平均降水量 344.3mm，且主要集中在 6—9 月，多年平均蒸发量 1346.6mm。多年平均径流量 217.5 亿 m^3，约占黄河的 38%。多年平均输沙量 1.08 亿 t，约占黄河的 7%。

洪水主要来自黄河干流兰州以上，其特点是历时长、涨落缓慢、峰型矮胖，多发生在 7—9 月。泥沙主要来自青铜峡以上。上游区间有十大孔兑，属山溪性河流，平时无水，若区域突降暴雨，能产生一定洪水并携带大量泥沙进入黄河，在该站形成历时短的尖瘦沙峰。上游龙羊峡水库运用以来，受龙羊峡、刘家峡两库调节的影响，汛期基本无较大洪水发生，年最大流量常出现在 3 月中下旬的开河期。由于该站地处高纬度地区，一年要经过凌汛和伏汛两个汛期，凌汛期、畅流期水位—流量关系各不相同。由于受河床冲淤、洪水涨落、流冰等多方面因素的影响，水位—流量关系曲线由顺时针、逆时针绳套和临时曲线几种线型组成，各年均不相同，无固定规律。

头道拐水文站实测最高水位 990.69m，实测最大流量 5310m^3/s，其他水文特征见表 2-21。

表 2-21　　　　　　　　　　　头道拐水文站水文特征值

项　目	出现日期（年．月．日）	相应流量（水位）
实测最高水位：990.69m	1967.9.21	相应流量：5310m^3/s
实测最大流量：5310m^3/s	1967.9.21	相应水位：990.69m
建站以来最大流量：5420m^3/s	1967.9.19	相应水位：990.62m
实测最大流速：3.71m/s	1961.3.25	相应流量：2940m^3/s
实测最大水深：11.7m	1967.9.21	相应流量：5310m^3/s
实测最大含沙量：40.0kg/m^3	1989.7.23	相应流量：1050m^3/s

头道拐水文站资料包括大断面测绘成果、基本断面大断面图及水位面积关系、水位流量关系、凌汛期气温、水位、流量资料，见表 2-22～表 2-24。

表 2－22　　　　　　　　　2010 年头道拐水文站实测大断面成果表

垂线号	起点距/m	河底高程/m	垂线号	起点距/m	河底高程/m	垂线号	起点距/m	河底高程/m	垂线号	起点距/m	河底高程/m
左岸	0	989.57	15	260	988.25	30	450	985.42	45	620	983.82
1	26	990.03	16	280	987.64	31	460	985.32	46	630	983.72
2	30.4	991.58	17	310	987.94	32	490	985.32	47	640	983.92
3	32.7	991.55	18	320	987.45	33	500	985.12	48	650	983.82
4	39.7	989.16	19	345	987.62	34	510	985.12	49	660	983.82
5	55.7	989.16	20	350	987.42	35	520	985.22	50	670	983.72
6	56.7	989.69	21	360	987.32	36	530	985.12	51	679	987.62
7	61.7	989.62	22	370	987.32	37	540	985.02	52	680	988.08
8	128	989.89	23	380	987.22	38	550	984.82	53	700	988.24
9	156	989.35	24	390	987.02	39	560	984.72	54	730	988.65
10	175	989.35	25	400	986.92	40	570	984.52	55	750	988.46
11	180	988.54	26	410	986.52	41	580	984.32	56	762	989.86
12	190	987.56	27	420	986.12	42	590	984.22	57	764	990.02
13	210	987.77	28	430	985.72	43	600	984.02	右岸	768	992.65
14	240	988.21	29	440	985.62	44	610	983.92			

注　河床由粉砂组成。

表 2－23　　　　头道拐沿水文站 2010—2011 年凌汛期流量、水位日统计表

流量单位：m³/s；水位单位：m

日期	11 月		12 月		1 月		2 月		3 月	
	流量	水位	流量	水位	流量	水位	流量	水位	流量	水位
1 日	370	986.77	680	987.3	240	987.62	440	987.96	447	988.19
2 日	275	986.56	680	987.3	246	987.69	446	987.99	448	988.2
3 日	220	986.3	681	987.36	252	987.75	449	988.01	440	988.21
4 日	182	986.09	674	987.29	254	987.77	450	988.02	442	988.23
5 日	170	986.02	672	987.25	258	987.81	450	988.02	443	988.25
6 日	170	986.02	675	987.28	349	987.82	443	988.04	464	988.25
7 日	184	986.05	677	987.28	347	987.82	443	988.04	471	988.29
8 日	205	986.12	678	987.28	355	987.84	443	988.04	473	988.31
9 日	238	986.17	682	987.33	355	987.84	446	988.06	480	988.34
10 日	242	986.19	663	987.46	355	987.84	450	988.06	485	988.39
11 日	257	986.28	470	987.74	359	987.85	456	988.08	489	988.43
12 日	350	986.55	340	988.55	378	987.85	456	988.08	497	988.47
13 日	500	986.95	281	988.44	378	987.86	456	988.08	499	988.49
14 日	587	987.14	262	988.29	382	987.87	456	988.08	501	988.5
15 日	669	987.28	166	987.96	378	987.86	443	988.08	505	988.54

续表

日期	11月		12月		1月		2月		3月	
	流量	水位	流量	水位	流量	水位	流量	水位	流量	水位
16日	655	987.28	161	987.7	392	987.84	442	988.07	526	988.64
17日	650	987.25	160	987.67	393	987.82	442	988.07	534	988.7
18日	650	987.25	166	987.69	395	987.8	442	988.07	565	988.81
19日	669	987.3	169	987.76	397	987.78	442	988.07	707	989.06
20日	604	987.24	169	987.79	397	987.78	430	988.07	860	989.44
21日	595	987.21	208	987.75	377	987.78	435	988.08	1100	989.33
22日	582	987.19	205	987.72	385	987.81	445	988.11	1490	988.28
23日	535	987.16	205	987.72	387	987.82	448	988.12	1250	987.77
24日	450	987.05	206	987.73	387	987.82	460	988.14	1250	987.67
25日	373	986.91	206	987.74	395	987.84	441	988.15	1220	987.66
26日	425	986.91	214	987.69	404	987.87	442	988.16	1340	987.74
27日	585	987.19	210	987.65	419	987.91	443	988.17	1370	987.83
28日	600	987.27	208	987.62	421	987.93	447	988.18	1260	987.72
29日	620	987.3	206	987.6	423	987.93			1040	987.51
30日	668	987.28	205	987.59	428	987.95			880	987.3
31日			228	987.59	438	987.95			720	987.26

表 2-24　　　　　　　1990—2005 年头道拐站历年旬平均气温　　　　　　　单位:℃

年份	11月			12月			1月			2月			3月		
	上	中	下	上	中	下	上	中	下	上	中	下	上	中	下
1990—1991	3.7	3.3	−4.6	−7.5	−10.3	−7.7	−12.3	−7.3	−8.1	−7.0	−5.6	−5.3	−0.7	1.6	1.8
1991—1992	1.5	−2.9	−3.5	−5.3	−9.4	−12.8	−14.3	−11.2	−9.6	−11.1	−8.6	−2.6	−1.6	1.4	2.2
1992—1993	0.8	−2.9	−3.0	−4.3	−9.2	−9.8	−11.4	−21.4	−19.9	−10.0	−1.0	−8.0	−3.1	3.6	5.5
1993—1994	3.8	−2.2	−12.9	−10.5	−12.9	−10.9	−8.5	−9.6	−8.3	−8.2	−7.9	−5.9	−3.1	−2.6	2.7
1994—1995	5.3	1.9	−1.8	−3.9	−11.6	−15.2	−13.5	−14.2	−11.7	−9.5	−2.8	−1.9	−0.6	−0.4	5.5
1995—1996	1.1	0.3	−4.1	−6.5	−10.9	−11.2	−12.2	−13.4	−11.4	−11.3	−6.2	−7.8	−3.6	−1.1	1.7
1996—1997	2.7	−2.3	−4.9	−8.5	−7.4	−5.5	−13.0	−11.9	−7.5	−7.9	−6.8	−0.6	0.8	4.2	6.3

年份	11月			12月			1月			2月			3月		
	上	中	下	上	中	下	上	中	下	上	中	下	上	中	下
1997—1998	1.7	−2.0	3.3	−8.2	−7.6	−7.5	−9.3	−11.6	−15.4	−12.8	−0.9	1.8	2.7	0.8	3.8
1998—1999	3.7	−0.9	−1.5	−7.1	−4.9	−7.6	−7.9	−13.2	−6.4	−5.6	−5.1	−2.5	−1.0	3.9	3.6
1999—2000	3.2	−0.3	−4.3	−7.0	−9.0	−10.3	−11.1	−13.7	−18.8	−17.9	−9.0	−4.3	−1.9	1.0	4.8
2000—2001	−0.3	−5.2	−5.4	−5.2	−9.1	−8.8	−9.2	−12.7	−10.1	−5.5	−5.5	−1.0	−2.9	3.9	3.0
2001—2002	1.9	−0.8	−2.8	−8.4	−9.9	−15.4	−8.0	−5.4	−9.2	−5.9	−2.6	0.5	0.2	3.5	4.3
2002—2003	−0.9	−3.4	−4.2	−6.3	−6.2	−17.9	−20.9	−15.2	−13.6	−11.8	−8.6	0.1	−1.6	−0.2	4.3
2003—2004	0.0	−2.1	−3.0	−7.2	−11.5	−10.6	−9.1	−12.4	−16.6	−11.6	−2.0	−0.9	−3.3	1.4	3.5
2004—2005	3.6	−2.9	−4.5	−2.8	−5.3	−11.1	−16.9	−17.3	−11.7	−13.7	−11.8	−9.9	−3.2	−3.4	4.1

2.4 凌情资料

宁蒙河段凌情资料时限为 1990—2010 年，部分资料系列为 1951—2010 年，主要包括：宁夏、内蒙古河段历年封开河情况、河道形态、气候条件、区间槽蓄水量、区间气温、堤防以及凌灾（主要是冰坝）等资料。

2.4.1 历年封开河情况

宁蒙河段历年流凌日期、封河日期、首封地点及封河长度数据见表 2-25，多年平均流凌、封河、开河日期特征见表 2-26。

表 2-25　　　　　　1990—2004 年宁蒙河段历年封开河情况表

年 度	流 凌 日 期			封 河 日 期			开 河 日 期		
	最早 （月/日）	最晚 （月/日）	最早最晚差 /d	最早 （月/日）	最晚 （月/日）	最早最晚差 /d	最早 （月/日）	最晚 （月/日）	最早最晚差 /d
1990—1991	11/20	11/30	1/10	12/1	12/25	1/24	3/6	3/26	1/20
1991—1992	11/11	12/11	1/30	12/12	12/28	1/16	3/10	3/26	1/16

年 度	流 凌 日 期			封 河 日 期			开 河 日 期		
	最早 （月/日）	最晚 （月/日）	最早最晚差 /d	最早 （月/日）	最晚 （月/日）	最早最晚差 /d	最早 （月/日）	最晚 （月/日）	最早最晚差 /d
1992—1993	11/9	12/10	1/31	12/16	1/20	2/4	2/12	3/24	2/9
1993—1994	11/16	11/20	1/4	11/17	1/18	3/2	2/24	3/27	1/31
1994—1995	11/27	12/20	1/23	12/15	1/25	2/10	2/18	3/23	2/2
1995—1996	11/23	12/14	1/21	12/8	1/16	2/8	3/1	3/30	1/29
1996—1997	11/13	11/28	1/15	11/17	1/7	2/20	2/19	3/18	1/27
1997—1998	11/15	12/2	1/17	11/17	1/7	2/20	2/23	3/12	1/17
1998—1999	11/18	12/11	1/23	12/4	1/20	2/16	2/11	3/15	2/1
1999—2000	11/26	12/18	1/22	12/9	1/25	2/16	2/26	3/26	1/29
2000—2001	11/9	12/10	1/31	11/16	1/2	2/16	3/10	3/24	1/14
2001—2002	11/25	12/5	1/10	12/6	12/28	1/22	2/13	3/14	1/29
2002—2003	11/16	12/8	1/22	12/9	12/30	1/21	2/22	3/28	2/3
2003—2004	11/8	12/6	1/28	11/22	2/15	2/24	2/21	3/15	1/23
2004—2005	11/24	12/26	2/1	11/28	1/8	2/10	3/4	3/30	1/26
平均	11/16	12/1	1/15	12/1	1/4	2/4	3/4	3/27	1/23

表 2-26　　1950/1951—2004/2005 年度宁蒙河段流凌、封河、开河日期统计值

统 计	流 凌 日 期		封 河 日 期		开 河 日 期	
	开始	结束	开始	结束	开始	结束
平均	11 日	1—12 日	1—12 日	1 月 10 日	2 月 23 日	3 月 22 日
最早（年.月.日）	2003.11.8	2008.11.20	2000.11.16	2001.12.28	2006.2.5	1998.3.12
最晚（年.月.日）	2005.11.30	2006.12.28	1992.12.16	1995.1.25（2000.1.25 及 2006.1.25）	1992.3.10	2005.3.30

2.4.2　河道形态

宁蒙河段属于黄河上游二级阶地，黄河出青铜峡后，沿鄂尔多斯高原的西北边界流动，河流所经大部地区为荒漠和荒漠草原，河床平缓，水流缓慢，两岸有大片冲积平原，即著名的银川平原、河套平原。表 2-27 给出了黄河上游干流河道特征。从表 2-27 可以看出，内蒙河段比降小，三湖河口至昭君坟比降 0.11，昭君坟至包头比降 0.09，包头至头道拐 0.11，已接近黄河河口比降，具有与黄河下游相类似的淤积条件，即没有富余挟沙能力。历年中，巴彦高勒站、头道拐站大中型洪水的沙峰含沙量一般不足 10kg/m^3。由于河口镇以下，再次出现较大比降的峡谷，所以河口镇区域河底高程相当于宁蒙河段的局部侵蚀基准面。

表 2-27   黄河上游干流河道特征表

河 段	河长/km	河道平均宽度/m	滩槽差/m	河床组成	平均比降/‰	河 型
唐乃亥—贵德	189.6	240	5~10 以上	卵石	2.44	峡谷
贵德—循化	165.6	350	3~5 以上	砂、卵石	2.12	过渡峡谷
循化—盐锅峡	146.6	320	5~10 以上	砂、卵石	1.9	峡谷
盐锅峡—兰州	64.8	290	5~10 以上	砂、卵石	0.94	深峡谷
兰州—下河沿	362.1	300	3~10 以上	砂、卵石	0.79	过渡
下河沿—青铜峡	124	200~3300	3~5 以上	砂、卵石	0.78	过渡
青铜峡—石嘴山	196	200~5000	3~5 以上	粗沙	0.201	弯曲
石嘴山—巴彦高勒	142	200~5000	3~5 以上	沙质	0.207	平原弯曲
巴彦高勒—三湖河口	221	600~8000	1~2	沙质	0.138	平原弯曲
三湖河口—昭君坟	126	1000~7000	1~2	沙质	0.117	平原弯曲
昭君坟—包头	58	900~5000	1~2	沙质	0.09	平原弯曲
包头—头道拐	116	900~5000	1~2	沙质	0.11	平原弯曲

黄河内蒙古三盛公至托克托全长 516km，属平原性河道。其中三盛公至三湖河口段全长 216km，该段河床宽浅，曲折系数 1.16，河相系数 5 左右，汛期沙洲林立，河道横向变形幅度较大，冲淘强烈，基本属游荡性河道。三湖河口至托克托段，全长 300km，主河道弯曲，曲折系数 1.39，河相系数 9 左右，河湾年度间上提下挫较强，属弯曲性河道。总体上，由上游至下游河段横断面形态呈现由相对窄深变到相对宽浅的型式。详尽的河道形态资料可参见第 6 章。

2.4.3 气候条件

气候条件包括太阳辐射、气温、水温、湿度、云量等。河流冰凌是低温的产物，太阳辐射量的多少决定了大气温度，大气与河流水体的热交换，使水温升高或降低、冬季气温转负，负气温使水体失热冷却产生冰凌，冬季气温的高低决定了封冻的冰量及冰厚。春季气温转正，气温的高低不仅影响开河的速度，也能改变开河的形式。宁蒙河段近 20 年各控制断面年平均气温见表 2-28，气温特征值见表 2-29。

表 2-28   宁蒙河段近 20 年各控制断面年平均气温   单位：℃

起始年份	终止年份	石嘴山	巴彦高勒	三湖河口	头道拐
1991	1992	−2.9	−4.0	−4.9	−5.9
1992	1993	−3.1	−3.4	−5.0	−6.3
1993	1994	−2.8	−4.7	−5.5	−6.5
1994	1995	−1.4	−3.2	−3.7	−5.0
1995	1996	−3.5	−5.1	−5.6	−6.4
1996	1997	−1.2	−2.9	−4.3	−4.2

起始年份	终止年份	石嘴山	巴彦高勒	三湖河口	头道拐
1997	1998	−2.1	−3.2	−3.8	−4.6
1998	1999	−0.5	−1.9	−3.1	−3.5
1999	2000	−2.2	−4.5	−5.8	−6.6
2000	2001	−1.1	−2.9	−4.2	−5.2
2001	2002	−0.5	−2.5	−3.5	−4.0
2002	2003	−2.1	−4.3	−5.6	−7.2
2003	2004	−2.5	−3.8	−4.7	−5.8
2004	2005	−3.0	−5.3	−5.3	−7.2
2005	2006	−2.1	−3.7	−4.6	−5.5
2006	2007	−0.4	−2.4	−2.9	−4.3
2007	2008	−2.9	−1.5	−2.0	−6.2
2008	2009	−0.9	−3.1	−3.3	−4.6
2009	2010	−3.2	−5.3	−5.7	−6.9
2010	2011	−0.6	−1.7	−2.0	−6.2

表 2 − 29　　　　　宁蒙河段近 20 年各控制断面气温特征值　　　　单位：℃

月份	石 嘴 山			巴 彦 高 勒		
	极大值	极小值	均值	极大值	极小值	均值
11	22	−18	1.7	21	−22	0.5
12	12	−24	−5.1	13	−27	−6.7
1	10	−27	−8	9	−27	−10.1
2	18	−24	−3	18	−25	−4.8
3	28	−15	3.8	25	−19	1.8
平均	18	−21.6	−2.1	17.2	−24	−3.9
月份	三湖河口			头道拐		
	极大值	极小值	均值	极大值	极小值	均值
11	20	−20	−0.3	20	−23	−1
12	9	−26	−7.3	9	−32	−8.7
1	7	−28	−10.7	6	−33	−12.4
2	16	−25	−5.4	17	−33	−6.5
3	23	−19	1.3	24	−21	1.2
平均	15	−23.6	−4.5	15.2	−28.4	−5.5

根据 1951—2005 年凌汛年度统计资料，宁蒙河段 11 月至次年 3 月多年平均气温为 −5.5℃，多年平均封冻天数为 117 天，年度平均气温最低发生在 1967—1968 年，为 −10.1℃，封冻天数最长为 1969—1970 年，达 150 天，最短为 1989—1990 年，封冻时长为 76 天。

2.4.4　槽蓄水增量

每年凌汛期，因封冻冰盖等因素影响而滞留在河道中的河槽需水量，称为槽蓄水增量。宁蒙河段历年槽蓄水增量变化见表 2−30。

表 2－30　　　　　　　宁蒙河段历年槽蓄水增量变化表

年份	最大槽蓄水增量/亿 m³	年份	最大槽蓄水增量/亿 m³
1991	13.93	2001	18.70
1992	11.18	2002	12.85
1993	13.20	2003	11.85
1994	12.37	2004	12.77
1995	15.39	2005	19.39
1996	14.31	2006	13.00
1997	4.56	2007	13.00
1998	13.55	2008	18.00
1999	16.35	2009	17.00
2000	19.13	2010	16.20

2.4.5　堤防

根据宁蒙河段地理位置的不同，给出了宁夏黄河堤防情况的统计表（表 2－31）和内蒙古堤防情况的统计表（表 2－32）。

表 2－31　　　　　　　宁夏黄河堤防情况的统计表

河　段	工程名称	合计/m	左　堤				右　堤			
			起终点	长度/m	宽度/m	边坡	起终点	长度/m	宽度/m	边坡
下河沿至青铜峡	中卫	89.875	下河沿—胜金关	40.3	6	1：2	下河沿—马滩	49.575	6	1：2
	中卫	78.51	胜金关—渠口	41.085	6	1：2	马滩—向阳	37.425	6	1：2
	渠口农场	3.615	渠口—广武	3.615	6	1：2				
青铜峡至石嘴山	青铜峡	19.47	王老滩—中庄	11.346	6	1：2	曹河—郝渠	6.954	6	1：2
			唐滩—雷台	1.17	6	1：2				
	利通区	41.76	中庄—唐滩	23.724	6	1：2	郝渠—古城	18.036	6	1：2
	永宁县	30.116	雷台—政权	30.116	6	1：2				
	银川郊区	28.254	政权—通风西沟	28.254	6	1：2				
	贺兰	23.169	通风西沟—永乐	23.169	6	1：2				
	灵武	42.843					华三灵武桩号	0.896	6	1：2
							古城—下桥	41.947	6	1：2
	平罗	45.528	永乐—冬灵	45.528	6	1：2				
	陶乐	10.814					井湾—都思兔河	10.814	6	1：2
	石嘴山	34.12	冬灵—园艺场	34.12	6	1：2				

表 2－32　　　　　　　　　内蒙古黄河堤防情况的统计表（左堤局部）

桩号	堤顶高程 /m	堤顶宽度 /m	设计水位 /m	设计超高 /m	堤防边坡		地面高程/m	
					临河	背河	临河	背河
0＋800								
1＋500	1056.47	6.0	1053.30	1.6	1：3	1：3	1054.44	1051.44
10＋500	1053.61	6.0	1051.75	1.6	1：3	1：3	1050.48	1050.48
20＋500	1051.98	5.8	1049.70	1.6	1：3	1：3	1048.06	1048.06
30＋500	1050.39	6.0	1048.73	1.6	1：3	1：3	1047.60	1045.90
40＋000	1048.77	6.0	1047.21	1.6	1：3	1：3	1049.71	1046.00
50＋000	1046.57	6.0	1044.91	1.6	1：3	1：3	1043.14	1042.37
60＋000	1045.05	6.0	1043.05	1.6	1：3	1：3	1041.69	1041.37
70＋000	1043.16	6.0	1040.86	1.6	1：3	1：3	1039.04	1038.50
80＋000	1041.21	6.0	1039.13	1.6	1：3	1：3	1036.74	1037.61
90＋000	1039.33	6.0	1037.40	1.8	1：3	1：3	1036.74	1036.74
100＋000	1037.22	6.0	1035.15	1.8	1：3	1：3	1033.68	1033.68
110＋000	1035.86	6.0	1033.92	1.8	1：3	1：3	1032.26	1032.26
120＋000	1034.28	6.0	1032.30	1.8	1：3	1：3	1031.40	1031.40
130＋000	1033.38	6.0	1031.00	1.8	1：3	1：3	1029.13	1029.13
140＋000	1031.61	6.0	1029.51	1.8	1：3	1：3	1026.98	1026.98

2.4.6　凌灾资料

凌灾资料主要包括冰坝、冰塞以及冰体压力和流冰撞击等资料。本研究收集到黄河宁蒙河段 1991—2005 年主要冰坝和冰塞资料，详细资料参见第 3 章。

2.5　本章小结

本章列出介绍了黄河宁蒙河段及凌情的基本资料，包括水电站、水文站、河道内建筑物等资料，重点介绍了宁蒙河段的凌情资料，包括宁蒙河段历年封开河情况、河道形态、气候、槽蓄水增量等资料，为各个章节分析和研究提供了资料支撑。

3

黄河宁蒙河段凌情分析

在防凌期，受热力、水力、河道形态变化、人类活动等因素的影响，河道冰情在演变过程中造成漫溢、决口、冲毁河道建筑物等凌汛现象称为凌灾。根据成因凌汛灾害可分为三种类型，即冰塞灾害、冰坝灾害、冰体压力及流冰撞击灾害。冰塞是在河流封冻初期，大量冰花、碎冰潜入冰盖下使得河道过水断面束窄，从而使冰塞河段及其上游的水位壅高的现象；冰坝是在开河期，流冰在浅滩、弯道、卡口及解体的冰盖前缘等受阻河段堆积形成阻水冰堆体，横跨整个或大部分断面，显著壅高上游水位的现象；冰体压力是指面积较大的冰体作用于结构上的压力，流冰撞击是指面积较小的冰体作用于结构上的现象。

宁蒙河段凌汛洪水在发生频次和规模上远高于其他地区，往往造成较大灾害。本章通过对黄河宁蒙河段 1951—2010 年凌汛及凌灾的统计分析，对黄河宁蒙河段的凌汛特征进行剖析。通过对典型凌灾的深入分析，得出产生凌灾的主要因素，为后序章节的理论分析提供依据。

3.1 黄河宁蒙河段凌情回顾与总结

3.1.1 黄河宁蒙河段凌情概况

宁蒙河段 1951—2010 年期间发生冰坝、冰塞、冰体压力及流冰撞击等凌情共 346 次。其中，成灾 88 次，占 25.4%；未成灾 258 次，占 74.6%，成灾情况比例，如图 3-1 所示。

从凌情类型来看，发生冰塞 23 次，占 6.7%；发生冰坝 322 次，占 93%；发生冰体压力及流冰撞击次数 1 次，占 0.3%。冰塞、冰坝、冰体压力及流冰撞击相应比例，如图 3-2 所示。

冰塞造成的凌灾为 20 次，占凌灾总数的 22.7%；冰坝造成的灾害 67 次，占凌灾总数的 76.2%；冰体压力及流冰撞击造成的灾害为 1 次，占凌灾总数的 1.1%。由此可以看出，在

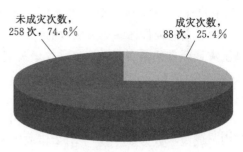

图 3-1　黄河宁蒙河段 1951—2010 年成灾比例

宁蒙河段，冰坝发生的频率远高于冰塞发生的频率。因此，冰坝是宁蒙河段凌灾主要表现形式。不同形式的凌灾比例，如图 3-3 所示。各断面区间凌灾的发生次数及其所占比例见表 3-1。

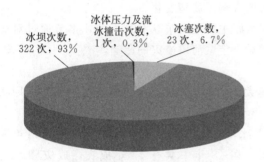

图 3-2　黄河宁蒙河段 1951—2010 年冰坝、冰塞、冰体压力及流冰撞击所占比例

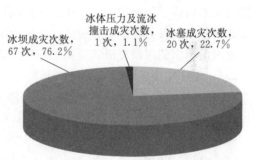

图 3-3　黄河宁蒙河段 1951—2010 年不同形式凌灾比例

表 3-1　黄河宁蒙河段 1951—2010 年各断面区间发生冰塞及冰坝的次数及其所比例

名称	冰塞				冰坝				冰体压力及流冰撞击			
	次数	所占比例/%	成灾次数	所占比例/%	次数	所占比例/%	成灾次数	所占比例/%	次数	所占比例/%	成灾次数	所占比例/%
下—石	11	47.83	9	45	29	9.01	9	13.43				
石—巴	4	17.39	3	15	34	10.56	11	16.42				
巴—三	3	13.04	3	15	53	16.46	16	23.88				
三—昭					41	12.73	9	13.43				
昭—头	1	4.35	1	5	165	51.24	22	32.84	1	100	1	100
头站以下	4	17.39	4	20								
全河段	23	100	20	100	322	100	67	100	1	100	1	100

注　所占比例表示各区间凌灾次数占全河段凌灾总次数的比例，下—石表示下河沿—石嘴山段，石—巴表示石嘴山—巴彦高勒段，巴—三表示巴彦高勒—三湖河口段，三—昭表示三湖河口至昭君坟段（目前昭君坟站已被包头站取代），昭—头表示昭君坟—头道拐段，头站以下表示头道拐下游段。

由表 3-1 分析可知，冰塞型凌灾最严重的区间是下河沿—石嘴山段，该区间冰塞成灾 9 次、占总河段冰塞成灾次数的 45％；未发生冰塞的区间为三湖河口至昭君坟段；冰坝型凌灾最严重的断面区间是昭君坟—头道拐，该区间冰坝成灾 22 次，占总河段冰坝成灾次数的 32.84％。未发生冰坝的区间为头道拐以下河段；冰体压力及流冰撞击仅发生 1 次，发生在昭君坟至头道拐段。

综上所述，1951—2010 年共 60 年中发生凌情 346 次，平均每年发生 5.77 次；在 60 年中，成灾年数为 30 年，平均 2 年成灾 1 次。可见凌情每年都会发生，而凌灾不是每年都会发生。即凌情是凌灾发生的必要条件，但不是充分条件。

3.1.2　水库运用前后宁蒙河段凌情变化

水库的运用对于凌情有着较大影响，一方面水库通过人为调控流量过程，可以改变凌情的水力条件、热力条件，在防凌工作中发挥积极的作用；另一方面水库的运用也改变了河道的天然属性，使河道形态发生变化，间接地影响了凌情变化。

黄河宁蒙河段上对防凌有较大影响的大型水库主要是龙羊峡和刘家峡，本节通过对比水库建成前后宁蒙河段凌情的变化，分析水库对于宁蒙河段凌灾的影响。

3.1.2.1　建库前凌情（1951—1968 年）

在 1968 年之前，黄河上游河段上没有修建大型的调节水库，河道基本属于天然运用状态。根据现有资料，本节选取 1951—1968 年作为建库前的时段对宁蒙河段凌情进行分析。

在宁蒙河段 1951—1968 年共 18 年中发生冰坝、冰塞等凌情共 214 次，平均每年发生 12 次；成灾 32 次，平均每年成灾 1.77 次；在 18 年中共有 13 年成灾，成灾频率为 68.42％。

1. 冰坝

宁蒙河段 1951—1968 年共发生冰坝 211 次，平均每年 12 次。其中，内蒙古河段发生冰坝 201 次，其最早出现在 3 月 2 日（1960 年，三道坎，石嘴山—巴彦高勒），最晚出现在 4 月 3 日（1951 年，白家圪旦，昭君坟—头道拐）。宁夏河段发生冰坝 10 次，其最早出现在 3 月初，最晚出现在 3 月 18 日（1967 年，石嘴山水文站基断下 8.5km，下河沿—石嘴山）。

2. 冰塞

黄河宁蒙河段 1951—1968 年共发生冰塞 3 次，平均每 6 年发生 1 次冰塞。其中，内蒙古河段未发生冰塞。宁夏河段发生冰塞的时间最早出现在 12 月（1964 年，三道坎上五个小汰，下河沿—石嘴山），最晚出现在 1 月 4 日（1968 年，华东、长滩枣园等 5 个公社沿河 10 个大队，下河沿—石嘴山）。

综上所述，在宁蒙河段 1951—1968 年建库前共 18 年中，平均每年发生 12 次凌情，成灾频率为 68.42％，冰坝的次数远远多于冰塞的次数，冰坝是主要凌灾形式。

3.1.2.2　建库后凌情（1969—2010 年）

1968 年刘家峡开始投入运行，本节选取 1969—2010 年作为建库后的时段对宁蒙河段凌情进行分析。黄河宁蒙河段 1969—2010 年共 42 年中发生冰坝、冰塞、冰体压力和流冰撞击等凌情共 132 次，平均每年发生 3.14 次，成灾 56 次，平均每年成灾 1.33 次；在 42 年中共有 17 年成灾，成灾频率为 39.53％。

1. 冰坝

宁蒙河段 1969—2010 年共发生冰坝 111 次，较建库前减少 100 次，平均每年发生冰坝不到 2.6 次，低于建库前年均发生次数。其中，内蒙古河段发生冰坝 101 次，最早出现在 3 月 3 日 (1975 年，乌达桥上，石嘴山—巴彦高勒)，最晚出现在 4 月 4 日 (1970 年，东八村，昭君坟—头道拐)。宁夏河段发生冰坝 10 次，其最早出现在 3 月 2 日 (1975 年，惠农农场二站，下河沿—石嘴山)，最晚出现在 3 月 15 日 (1974 年，阿左旗，下河沿—石嘴山)。

2. 冰塞

黄河宁蒙河段 1969—2010 年共发生冰塞 20 次，较建库前增加了 17 次，平均不到 3 年发生 1 次冰塞，比建库前有所增加。其中，内蒙古河段发生 13 次冰塞，均发生在 1 月初 (1982 年，榆树湾、马栅、下游北园，头道拐下游)。宁夏河段发生 7 次冰塞，其最早出现在 12 月 10 日 (1971 年，太滩南头和中南滩头，下河沿—石嘴山)，最晚出现在 1 月 14 日 (1969 年，中宁—余丁，下河沿—石嘴山)。

3. 冰体压力和流冰撞击灾害

黄河宁蒙河段 1969—2010 年共发生冰体压力及流冰撞击灾害 1 次，发生在 3 月下旬 (1982 年，包头公路大桥，三湖河口—头道拐)。

综上所述，在宁蒙河段 1969—2010 年建库后共 42 年中，平均每年发生 3.14 次凌情，成灾频率为 39.53%，冰坝的次数远远多于冰塞的次数，冰坝是主要凌灾形式。

3.1.2.3　建库前后凌情对比分析

通过对水库建成前后凌情及成灾情况统计、对比分析，建库前后的凌情及成灾次数对比结果见表 3－2 及图 3－4～图 3－9，水库建成前后频率变化见表 3－3 及图 3－10。

表 3－2　建库前后凌情及灾情次数对比表

时　间	建库前 (1951—1968 年)	建库后 (1968—2010 年)
年数	18	42
凌情发生次数	214	132
平均每年发生凌情次数	11.8	3.14
成灾次数	32	56
平均每年成灾次数	1.77	1.33
冰坝发生次数	211	131
平均每年发生冰坝次数	11.7	3.12
冰坝成灾次数	31	36
平均每年冰坝成灾次数	1.72	0.85
冰塞发生次数	3	20
平均每年发生冰塞次数	0.17	0.48
冰塞成灾次数	1	19
平均每年冰塞成灾次数	0.05	0.45
成灾年数	13	17
平均每年成灾次数	0.72	0.41

表 3 - 3　　　　　　　　　　　建库前后灾情频率对比表

项　目	建库前（1951—1968 年）	建库后（1968—2010 年）
总年数	18	42
成灾年数	13	17
成灾频率 $P/\%$	68.42	39.53
重现期/a	1.46	2.53

注　$P = \dfrac{n}{m+1} \times 100\%$，其中：$n$ 表示成灾年数，m 表示总年数。

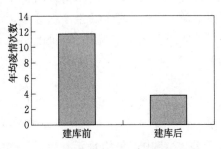

图 3 - 4　建库前后年均凌情次数对比图

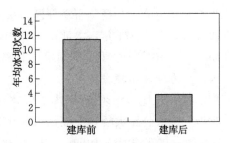

图 3 - 5　建库前后年均冰坝次数对比图

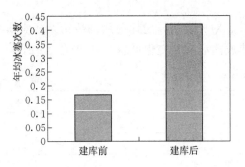

图 3 - 6　建库前后年均冰塞次数对比图

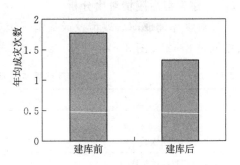

图 3 - 7　建库前后年均成灾次数对比图

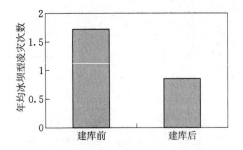

图 3 - 8　建库前后年均冰坝型凌灾
次数对比图

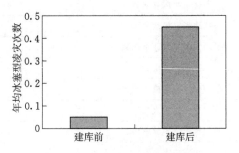

图 3 - 9　建库前后年均冰塞型凌
灾次数对比图

由以上图表分析可以看出：

（1）建库后较建库前相比，凌情年均发生次数从 11.8 次减少到 3.14 次；冰坝从 11.7 次减少到 3.12 次；凌情及冰坝年均发生的次数都大幅减少。

（2）建库后较建库前相比，冰塞年均发生次数从 0.17 次增加到 0.48 次。由于冰坝是宁蒙河段主要凌情表现形式，建库后冰坝的数量大幅减少，说明水库的运用改善了宁蒙河段的凌情。

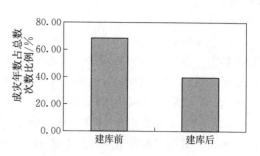

图 3-10　建库前后成灾频率对比图

（3）建库后较建库前相比，凌灾年均成灾次数从 1.77 次减少到 1.33 次；冰坝型凌灾的年均成灾次数从 1.72 次减少到 0.85 次；凌灾及冰坝型凌灾的成灾次数均大幅减少。

（4）建库后较建库前相比，冰塞型凌灾的年均成灾次数从 0.05 次增加到 0.45 次。由于冰坝型凌灾是宁蒙河段主要凌灾表现形式，建库后冰坝型凌灾的数量大幅减少，可见水库的运用改善了宁蒙河段的凌灾。

（5）建库后较建库前相比，凌灾发生的频率从 68.42％减少到 39.53％，减少了近 30个百分点，建库之后成灾频率大幅减少。

建库后较建库前相比，凌灾的重现期从 1.46 年减少到 2.53 年。

3.1.3　历史年份与近年宁蒙河段凌情比较分析

由于受自然和人为因素的影响，宁蒙河段凌情发生了一定的变化。本节分内蒙古和宁夏两个河段对历史和现状凌情进行分析，比较历史年份和近年的凌情。

3.1.3.1　黄河宁蒙河段 1951—1990 年凌情分析

1. 内蒙古河段

（1）冰坝。根据黄河内蒙古河段 1950—1951 年至 1989—1990 年度凌情资料统计，该河段 1951—1990 年凌汛期共发生冰坝 261 次，平均每年发生冰坝 7 次。其中，发生冰坝的时间最早出现在 3 月 2 日（1960 年，三道坎，石嘴山—巴彦高勒断面区间），发生冰坝的时间最晚出现在 4 月 4 日（1970 年，东八村，昭君坟—头道拐断面区间）。

（2）冰塞。内蒙古河段 1951—1990 年凌汛期共发生冰塞 8 次，平均每 5 年发生 1 次冰塞。其中，发生冰塞时间最早出现在 12 月（1989 年，五原韩五河头三闸进水渠，巴彦高勒—三湖河口断面区间），发生冰塞的时间最晚出现在 1 月份（1982 年，马栅下游北园，头道拐下游）。

（3）冰体压力和流冰撞击：凌汛期仅发生冰体压力和流冰撞击 1 次，发生在 1982年 3 月下旬，由于包头三叉口处冰坝溃决下泄，将下游包头公路大桥 2～3 号临时桥墩撞毁。

统计结果表明，黄河内蒙古河段 1951—1990 年发生冰坝的频率是发生冰塞频率的 35倍，远远高于冰塞发生的频率。该河段 1951—1990 年发生冰坝的最早与最晚时间相差 33天，发生冰塞的最早与最晚时间相差一个月左右，发生冰坝与冰塞的最早与最晚的时间间隔基本相近。

2. 宁夏河段

(1) 冰坝。宁夏河段 1951—1990 年凌汛期共发生冰坝 29 次，平均不到两年发生 1 次。其中，发生冰坝的时间最早出现在 3 月 2 日（1975 年，惠农农次二站，下河沿—石嘴山断面区间），发生冰坝的时间最晚出现在 3 月 18 日（1967 年，石嘴山水文站基断下 8.5km，下河沿—石嘴山断面区间）。

(2) 冰塞。宁夏河段 1951—1990 年凌汛期共发生冰塞 8 次，平均每 5 年 1 次。其中，发生冰塞的时间最早出现在 12 月 10 日（1971 年，大滩南头下 1km，下河沿—石嘴山断面区间），发生冰塞时间最晚出现在 1 月 14 日（1969 年，余丁、下河沿—石嘴山断面区间）。

统计结果表明，黄河宁夏河段 1951—1990 年发生冰坝的频率是发生冰塞频率的 3 倍，且发生冰坝的频率远远低于内蒙古河段发生冰坝的频率。该河段 1951—1990 年发生冰坝的最早与最晚时间相差 16 天，发生冰塞的最早与最晚时间相差 35 天。由 1951—1990 年宁蒙两河段发生冰坝的最早与最晚时间间隔对比可知，宁夏河段发生冰坝的最早与最晚时间较内蒙古河段缩短了 17 天，而发生冰塞的最早与最晚时间间隔均为一个月左右。宁夏河段的封冻时间、封冻长度均比内蒙古河段短是宁夏河段发生冰坝的时间和地点较为集中的主要原因。

黄河宁蒙河段 1951—1990 年各断面区间主要冰坝出现次数统计、冰塞情况统计、各断面主要冰塞出现次数统计见表 3-4、表 3-5、表 3-6。其中，昭君坟—头道拐断面发生冰坝次数最多，为 135 次，占宁蒙河段发生冰坝总次数的 50.7%；下河沿—石嘴山断面和巴彦高勒—三湖河口断面发生冰坝次数最少，为 29 次，占宁蒙河段发生冰坝总次数的 10%。宁蒙河段发生冰塞次数以下河沿—石嘴山次数最多，为 8 次，占发生冰塞总次数的 50%。各断面发生冰坝和冰塞的比例如图 3-11、图 3-12 所示。

表 3-4　　黄河宁蒙河段 1951—1990 年各断面区间主要冰坝出现次数统计表

名　称	下—石	石—巴	巴—三	三—昭	昭—头
出现次数	29	32	46	36	147
所占比例/%	10	11	15.9	12.4	50.7
出现年份	1952	1955	1951	1951	1951
	1953	1957	1952	1953	1952
	1954	1959	1953	1955	1953
	1955	1960	1955	1956	1954
	1957	1962	1956	1957	1955
	1958	1963	1958	1958	1958
	1959	1964	1959	1960	1959
	1962	1965	1960	1961	1960
	1963	1972	1961	1963	1961
	1964	1974	1963	1964	1962
	1967	1975	1968	1967	1963
	1968	1977	1984	1968	1968

名　称	下—石	石—巴	巴—三	三—昭	昭—头
	1972	1979	1985	1969	1969
	1974	1980	1987	1982	1970
	1975	1981	1988	1983	1971
	1980	1984		1984	1972
				1985	1973
				1986	1977
				1989	1978
出现年份					1981
					1982
					1983
					1984
					1985
					1986
					1987
					1988
					1989
					1990
总计：290 次冰坝					

表 3-5　　　　**黄河宁蒙河段 1951—1990 年主要冰塞情况统计表**

年　份	地　点	断面区间	发生时间
1964	三道坎上五个小汰	下河沿—石嘴山	12 月
1967	中宁—康滩、城关	下河沿—石嘴山	12 月 25 日
1968	华东、长滩枣园等 5 公社沿河 10 个大队	下河沿—石嘴山	1 月 3 日、1 月 4 日
1969	中宁—余丁	下河沿—石嘴山	1 月 14 日
1971	大滩南头下 1km	下河沿—石嘴山	12 月 10 日
	大滩南头下 2.6km	下河沿—石嘴山	12 月 10 日
	中南滩头	下河沿—石嘴山	12 月 10 日
	中南滩头下 2.6km	下河沿—石嘴山	12 月 10 日
1982	榆树湾	头道拐	封河期（1982 年初）
	马栅	头道拐	封河期（1982 年初）
	下游北园	头道拐	封河期（1982 年初）
1988	巴彦高勒下游	巴彦高勒—三湖河口	12 月 28 日
1989	五原韩五河头三闸进水渠	巴彦高勒—三湖河口	封河期
	磴口	石嘴山—巴彦高勒	封河期

年 份	地 点	断面区间	发生时间
1990	达旗大树弯	昭君坟—头道拐	封冻期
	准格尔旗马栅乡	头道拐	封冻期
总计：16次冰塞			

表3-6　　　　黄河宁蒙河段1951—1990年主要冰塞出现次数统计表

断面区间	下—石	石—巴	巴—三	三—昭	昭—头
出现次数	8	1	2	0	5
所占比例/%	50	6.2	12.5	0	31.3
出现年份	1964	1989	1988		1990
	1967		1989		1982
	1968				1990
	1969				
	1971				
总计：16次冰塞					

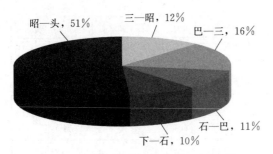

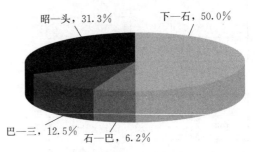

图3-11　黄河宁蒙河段1951—1990年
各断面冰坝所占比例

图3-12　黄河宁蒙河段1951—1990年
各断面冰塞所占比例

3.1.3.2　黄河宁蒙河段1991—2010年凌情分析

1. 内蒙古河段

（1）冰坝：内蒙古河段1990—2010年共发生冰坝32次，平均每年发生1.6次冰坝。其中，发生冰坝的时间最早出现在3月1日（1999年，万家寨，头道拐下游），发生冰坝的时间最晚出现在3月28日（1996年，包神铁路大桥上游，昭君坟—头道拐断面区间）。

（2）冰塞：内蒙古河段1990—2010年共发生冰塞4次，平均5年发生1次冰塞。其中，发生冰塞的时间最早出现在12月6日（1993年，三盛公闸下，石嘴山—巴彦高勒断面区间），发生冰塞的时间最晚出现在12月16日（2001年，乌兰木头河段，石嘴山—巴彦高勒断面区间）。

统计结果表明：黄河内蒙古河段1990—2010年发生冰坝的最早与最晚时间相差27

天，发生冰塞的最早与最晚时间相差 10 天。与历史年份相比，发生冰坝的最早与最晚时间间隔缩短了 6 天，发生冰塞的最早与最晚时间间隔缩短了 20 天。由于统计年份较短，没有特殊冰坝情况出现，故发生冰坝的最早与最晚时间间隔与历史同期相比有所减短。由于近年来温度不断升高，暖冬年份增多，导致了发生冰塞的时间比历史年份提前，故发生冰塞的最早与最晚时间有所缩短。

黄河内蒙古河段 1990—2010 年发生冰坝频率最高的断面区间是昭君坟到头道拐，该断面区间发生冰坝的频率由历史年份的 50.7％增加到 56.25％；发生冰塞频率最高的断面区间由下河沿—石嘴山的 50％变为石嘴山至巴彦高勒区间的 43％。该河段最早出现冰坝的位置在三道坎（石嘴山—巴彦高勒），1950—1990 年最早出现冰坝的位置在万家寨（头道拐下游）；最晚出现冰坝的位置均在昭君坟和头道拐断面之间。在历史年份中，万家寨水库运用以前，内蒙古稳定封冻河段下端在头道拐下游 40km 左右；1998 年万家寨水库投入运用后，头道拐至万家寨大坝河段形成全线封河。受万家寨水库回水末端的阻冰阻水作用及在水库坝上河段呈 S 形大弯、丰准铁路桥墩阻冰等不利条件的影响，库区河段形成冰塞、冰坝的几率有所增大。

由以上分析可以看出：与历史年份相比，内蒙古河段 1990—2010 年发生冰坝的频率由历史年份的平均每年 7 次降低为平均每年 1.6 次，发生冰塞的频率基本没有变化，近年和历史年份都是每 5 年发生 1 次。可见，近年来内蒙古河段发生冰坝的次数不断减少，发生冰塞的次数没有变化。龙羊峡、刘家峡的联合运用，合理的控制了下泄流量，水位相对较低，凌情总数量减少。可见龙刘水库的运用大大改善了内蒙古河段凌情，缓解了凌灾。

2. 宁夏河段

（1）冰坝：宁夏河段 1991—2010 年无冰坝发生（宁夏河段统计资料截至 1993 年）。

（2）冰塞：宁夏河段 1991—2010 年共发生冰塞 3 次，平均不到 7 年发生 1 次冰塞。其中，发生冰塞的时间最早出现在 1 月 21 日（1998 年，青铜峡库区中宁县枣园乡，下河沿—石嘴山断面区间），发生冰塞的时间最晚出现在 1 月 22 日（1993 年，中宁白马渠口农次，下河沿—石嘴山断面区间）。

资料统计结果表明，黄河宁夏河段 1991—2010 年无冰坝发生，发生冰塞的最早与最晚时间相差仅 1 天。1991—2010 年宁夏河段仅发生 3 次冰塞，且其中一次冰塞发生的具体时间未知，统计年份较短导致了发生冰塞的时间集中。

与历史年份相比，黄河宁夏河段 1991—2010 年发生冰坝的频率由历史年份的平均每两年发生 1 次减少为无冰坝发生，发生冰塞的频率由历史年份的平均每 5 年发生 1 次减少为平均每不到 7 年发生 1 次。可见，龙羊峡、刘家峡水库联合调度以后，宁夏河段凌情得到了缓解。黄河内蒙古河段 1991—2010 年各断面区间主要冰坝出现次数统计见表 3-7。其中，昭君坟—头道拐断面发生冰坝次数最多，为 18 次，占宁蒙河段发生冰坝总次数的 56.25％；下河沿—石嘴山断面没有冰坝产生。黄河宁蒙河段 1991—2010 年各断面区间主要冰塞出现次数统计见表 3-7。其中，下河沿—石嘴山断面与石嘴山—巴彦高勒断面均发生冰塞 3 次，各占冰塞总次数的 43％；巴彦高勒—三湖河口断面仅发生 1 次冰塞；三湖河口—昭君坟断面和昭君坟—头道拐断面没有冰塞发生。各断面发生冰坝和冰塞的比例见图

3-13、图 3-14 及表 3-7～表 3-10。1951—1990 年和 1991—2010 年冰坝和冰塞的频率变化见图 3-15、图 3-16。

表 3-7　　　　　黄河宁蒙河段 1990—2010 年主要冰坝情况统计表

年份	地　点	断面区间	结成时间（月-日）
1991	伊盟达旗	昭君坟—头道拐	3-22
	包神铁路大桥下	昭君坟—头道拐	3-24
	包头官地	昭君坟—头道拐	3-24
1992	乌达铁桥至公路桥	石嘴山—巴彦高勒	开河期
	伊盟达旗召圪梁黄河弯道处	昭君坟—头道拐	3月中旬初
1993	巴盟乌前旗 白土圪卜河段	巴彦高勒—三湖河口	3-15
	包头官地至新河口河段	昭君坟—头道拐	3-16
1994	包头南海子和包神铁路桥	昭君坟—头道拐	3-21
	五原县 白音赤老工程处	巴彦高勒—三湖河口	3-20
	伊盟乌兰新建堤对应河段	昭君坟—头道拐	3-23
	包钢水源地和包神铁路桥	昭君坟—头道拐	3-22
1995	土右旗	昭君坟—头道拐	3-19
	乌前旗	巴彦高勒—三湖河口	3-21
	包头市郊	昭君坟—头道拐	3-21
1996	黄柏茨湾	石嘴山—巴彦高勒	3-5
	三苗树	巴彦高勒—三湖河口	3-21
	新西林次	昭君坟—头道拐	3-25
	包神铁路大桥上游	昭君坟—头道拐	3-28
1998	五原阜新大坝	三湖河口—昭君坟	开河期
	包头市郊南海子河段	昭君坟—头道拐	开河期
	托克托白什四子	昭君坟—头道拐	开河期
1999	万家寨库区	头道拐—万家寨库尾	3-1
	包头铁路大桥下游	昭君坟—头道拐	3-13
2000	五原县	巴彦高勒—三湖河口	开河期
	乌前旗	巴彦高勒—三湖河口	开河期
	包头市	昭君坟—头道拐	开河期
2001	伊盟达旗	昭君坟—头道拐	3-17
2004	杭锦旗道图段	三湖河口—昭君坟	3-14
	杭锦淖尔段	三湖河口—昭君坟	3-16
	三岔口	三湖河口—昭君坟	3-16
2005	中和西张四圪堵	三湖河口—昭君坟	3-25
2010	杭锦旗独卡拉奎素段	巴彦高勒—三湖河口	3-28
总计：32 次冰坝凌灾			

表 3－8　　　　黄河宁蒙河段 1990—2010 年主要冰塞情况统计表

年　份	地　点	断面区间	发生时间（月-日）
1993	三盛公闸下	石嘴山—巴彦高勒	12－6
	中宁—白马渠口农次	下河沿—石嘴山	1－22
1994	三盛公闸下乌海市王元地段	石嘴山—巴彦高勒	封河期
1998	青铜峡库区中宁县枣园乡	下河沿—石嘴山	1－21
	杭锦旗	巴彦高勒—三湖河口	12－10
2001	乌兰木头河段	石嘴山—巴彦高勒	12－16
2005	宁夏	下河沿—石嘴山	封河期
总计：7 次冰塞			

表 3－9　　　　黄河宁蒙河段 1990—2010 年主要冰坝出现次数统计表

断面区间	下—石	石—巴	巴—三	三—昭	昭—头
出现次数	0	2	7	5	18
所占比例	0	6.25％	21.87％	15.63％	56.25％
出现年份		1992	1993	1998	1991
		1996	1994	2004	1992
			1995	2005	1993
			1996		1994
			2000		1995
					1996
					1998
					1999
					2000
					2001
总计：32 次冰坝					

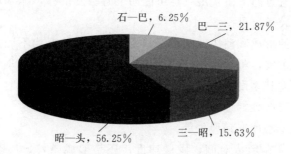

图 3－13　黄河宁蒙河段 1991—2010 年各断面冰坝所占比例

表 3 - 10　　　　黄河宁蒙河段 1991—2010 年主要冰塞出现次数统计表

断面区间	下一石	石一巴	巴一三	三一昭	昭一头
出现次数	3	3	1	0	0
所占比例	43%	43%	14%	0	0
出现年份	1993	1993	1998		
	1998	1994			
	2005	2001			
总计：7 次冰塞					

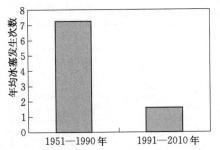

图 3 - 14　黄河宁蒙河段各断面冰塞所占比例

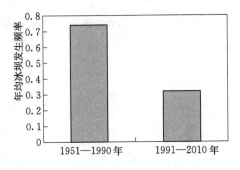

图 3 - 15　宁蒙河段历年与近年冰坝发生频率

综上所述，与历史年份相比，黄河内蒙古河段年均冰坝的次数从 7.25 次减少到 1.6 次，冰塞发生的次数没有变化。宁夏河段发生冰坝的频率由历史年份的平均每两年发生 1 次减少为无冰坝发生，发生冰塞的频率由历史年份的平均每 5 年发生 1 次减少为平均每 7 年发生 1 次。可见，近年来凌情得到了明显缓解，主要原因是龙羊峡、刘家峡的联合运用，合理的控制了下泄流量，下游水位相对较低，凌情总数量减少显著。龙羊峡、刘家峡水库的运用大大改善了宁蒙河段的凌情，缓解了凌灾。

3.1.4　凌情特征分析

（1）冰塞。冰塞既可向上游发展，也可能向下游缓慢推移，冰塞形成后，河道的过流能力减弱，持续时间较长（见图 3 - 16）。

（2）冰坝。冰坝的形成和溃决时间很短，发生时间和地点均不固定，形成后若未及时控制使其演变成冰坝灾害，将会造成严重的损失（见图 3 - 17）。在时间上，冰坝大多发生在河流解冻开河期，尤其多发生在"武开河"或"半文半武开河"时。在地点上，冰坝多发生在河流由低纬度流向高纬度的河段上，尤其多发生在河流急弯、狭窄段、水库回水末端、河流汇合口以及冬季冰塞河段处等。

冰塞与冰坝不论是在形成时间、发展速度，还是形成条件、形态特征都有明显的区别，详见表 3 - 11。

图 3-16　宁蒙河段冰塞

图 3-17　宁蒙河段冰坝

表 3-11　　　　　　　　　　　　冰 塞 与 冰 坝 特 征

项　目	冰　塞	冰　坝
形成条件	冰花在冰盖前缘下潜、堆积冻结	冰盖破碎、挤压、堆积，流冰在冰盖前缘上爬下插
发生时间	初封期	开河期
冰块组成	新生的浮冰花、碎冰块、水内冰屑在冰盖下冻结而成	冰盖解冻破碎的大冰块，挤压、堆积而成
形态	冰盖面以下沿纵向、垂向增厚冰盖，且中段后向上下游递减，长度为几千米	由头部和尾部组成，头部坡陡、位于下游，尾部自下而上由单层浮冰块组成、长度较冰塞短
壅水位	取决于冰塞长度、厚度、冰的空隙率和上游来流量	取决于坝头高度、冰块大小及凌峰流量，壅水位一般高于冰塞水位
洪峰和槽蓄水增量	初封期冰塞形成过程也是槽蓄水增量增加过程，无明显洪峰	解冻时槽蓄水增量释放，凌峰沿途增加，槽蓄水增量沿途减少
生消时间	气温、流量稳定，可持续1～2个月或整个冬季。气温明显回升和流量增大时，可在几天或十几天内消失	持续时间不长，短的几小时到十几小时，长的几天到十几天
消失方式	水流长时间冲刷，气温转暖融化，破裂、塌陷、消溶或开河时演变成冰坝溃决	受高水位冰水压力作用溃决，岸边残冰就地融化
造成灾害	壅水造成淹没损失或堤坝渗漏、塌陷	除壅水位淹没损失外，溃决冰块撞击水上建筑物，梯级冰坝连锁溃决威胁堤防安全，损失比冰塞严重
防灾手段	增加水力冲刷或降低水位，使冰塞下塌、破裂，再加大流量排冰或控制上游流量降低壅水位	爆破冰坝或控制上游流量或分流，以降低壅水位和减轻水压力

（3）冰体压力和流冰撞击。通常情况下，把面积足够大的漂浮冰体称为冰排，面积相对较小的称为流冰。大面积冰排受到的驱动力也大，它具有的能量足以使自身在结构物的迎冰面上连续破碎，而冰排则几乎不改变原有的速度继续向前运动，这时作用于结构上的现象称为挤压。小面积的流冰受到的驱动力也小，它具有的能量不足以使自身在结构物的迎冰面上破碎或完全破碎，所以只能滞留在结构物前，或绕流而过，作用于结构物上的现象称为流冰撞击。

3.2 冰坝形成的主要原因与机理研究

冰坝和冰塞同为凌汛期具有灾害性的冰情现象，但就其发生次数和引发灾害而言，冰坝发生的次数和引发的灾害远远高于冰塞。1990—2010 年冰坝及冰塞造成的损失统计见表 3 - 12、表 3 - 13。

表 3 - 12　　　　　　　　　1990—2010 年冰坝型凌灾部分损失统计

年　度	受灾人数 /人	淹没土地 /hm²	倒塌房屋 /间	损失粮食 /t	损失牲畜 /头	直接经济损失 /万元
1990—1991	—	4690	12	—	—	—
1991—1992	600	267	—	—	—	—
1992—1993	2679	8667	485	1062	—	696.7
1993—1994	340	4000	10	—	—	500
1994—1995	600	13667	258	—	—	2047
1995—1996	6000	5200	3000	7640	3100	7360
1996—1997	1830	6600	202	—	64	471
1997—1998	5405	3773	1708	—	—	3826
1998—1999	—	32	—	—	—	—
1999—2000	2478	—	—	—	—	1018
2000—2001	516	—	31	—	—	2149
2001—2002	—	—	—	—	—	—
2002—2003	—	—	—	—	—	—
2003—2004	—	—	—	—	—	—
2004—2005	—	—	—	—	—	—
2005—2006	—	—	—	—	—	—
2006—2007	—	—	—	—	—	—
2007—2008	—	—	—	—	—	6.9132
2008—2009	—	—	—	—	—	—
2009—2010	—	—	—	—	—	—
总　计	15624	40296	5706	8702	3164	18074.61

注　由于资料有限，表格中 2005—2010 年的损失情况没有详细列入，其余年份空白部分均表示没有灾害损失。

表 3 - 13　　　　　　　　**1990—2010 年冰塞型凌灾部分损失统计表**

年　度	受灾人数 /人	淹没土地 /hm²	倒塌房屋 /间	损失粮食 /t	损失牲畜 /头	直接经济损失 /万元
1990—1991	—	—	—	—	—	—
1991—1992	—	—	—	—	—	—
1992—1993	—	—	—	—	—	—
1993—1994	9460	8000	1750	—	—	4000
1994—1995	1258	943	—	—	—	1676
1995—1996	—	—	—	—	—	—
1996—1997	—	—	—	—	—	—
1997—1998	3082	267	—	—	—	—
1998—1999	—	—	—	—	—	—
1999—2000	—	—	—	—	—	—
2000—2001	—	—	—	—	—	—
2001—2002	—	—	—	—	—	—
2002—2003	—	—	—	—	—	—
2003—2004	—	—	—	—	—	—
2004—2005	—	14667	—	—	—	4000
2005—2006	—	—	—	—	—	—
2006—2007	—	—	—	—	—	—
2007—2008	—	—	—	—	—	—
2008—2009	—	—	—	—	—	—
2009—2010	—	—	—	—	—	—
总　计	13800	23877	1750			9676

注　表中空的地方表示无灾害损失。

由表分析可知：冰坝型凌灾是黄河宁蒙河段凌灾的主要表现形式。因此，研究冰坝形成的主要原因与机理，对于防止宁蒙河段凌灾的发生有着重要意义。由于冰坝形成时间较短，发生的时间和地点均不固定，冰坝型凌灾引起的损失较冰塞型凌灾严重，故选择冰坝作为典型凌灾来分析。下一节按照凌灾发生的原因选取了几个典型年份的凌灾，并按照热力因素、水力因素、河道形态和人类活动四个方面的影响进行分析。

3.2.1　凌情的影响因素

根据冰凌的演变过程和规律将凌灾的主要影响因素分为热力因素、水力因素、河道形态和人为因素，如图 3 - 18 所示。

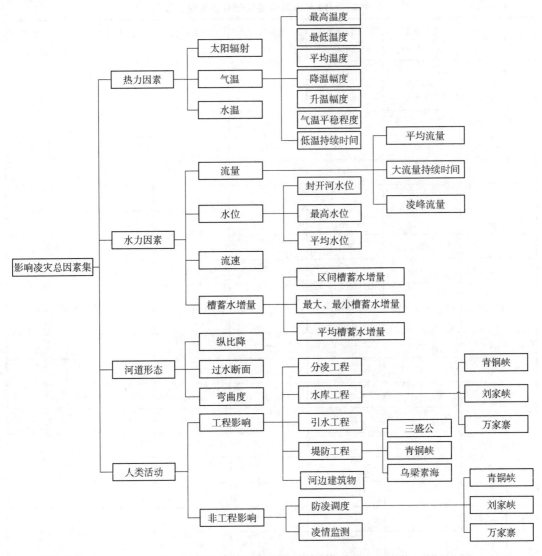

图 3-18　凌灾的主要影响因素

（1）热力因素。热力因素包括太阳辐射（含散射辐射）、气温、水温等。气温是影响冰情变化的热力因素的集中表现。因此，可以用气温作为表征热力状况及其变化的主要要素。温度包括最高温度、最低温度、平均温度、升温幅度、降温幅度、气温平稳程度、低温持续时间和负积温。最高、最低温度、平均温度和低温持续时间共同决定了封冻冰量的多少、冰层厚度和封冻长度以及封、开河时间的早晚。在封河期降温幅度很大，低温持续时间很长则会形成较多的冰凌，若在开河期有较大升温幅度，则会加快冰凌融化，对于行凌开河有着不利的影响。另外，负积温是表征整个年份气温高低的因素，也决定了封冻冰量的多少、冰层厚度和封冻长度。

（2）水力因素。水力因素包括平均流量、凌峰流量、大流量持续时间、封河水位、槽蓄水增量，槽蓄水增量又包括区间槽蓄水增量的影响。流量的作用反映在流速的大小和水位涨落的机械作用力上，流速大小直接影响结冰条件和影响冰凌的输移、下潜、卡塞等，水位的升降与开河形式关系比较密切，水位平稳能使大部分冻冰就地消融形成"文开河"形势，水位急骤上涨能使水鼓冰裂形成"武开河"形势。另外，封河水位的高低对凌情变化也有影响，封河水位高，则形成的冰盖越高，冰下过流能力越大；封河水位低，则形成的冰盖越低，冰下过流能力越小，一旦上游来水突然加大的情况下易造成水鼓冰裂，形成不利的开河形势。开河水位越高，开河形势越不利，发生冰坝后易导致高水位漫滩、决口等凌汛灾害。

（3）河道形态。河道形态包括河道的平面位置、走向及河道的边界特征等。河道的地理位置和走向又与热力因素有关。气温一般随地理纬度的增加而降低，故处于高纬度河流的气温低于处于低纬度的气温，由南向北流向的河段，上游气温高于下游气温。河道边界特征主要指局部河段的宽窄、深浅、比降、弯曲、分叉等。河道边界特征通过改变水流条件反映出来，故和水力因素联系较密切。在气温和流量变化不大的情况下，缩窄、弯曲、浅滩、分叉及回水末端等局部河段易发生卡堵、堆积、封冻、结坝现象。

（4）人类活动。人类活动的影响包括河道内建筑物和水库调节。

河道内建筑物是指黄河宁蒙河段内的黄河大桥、吊桥、浮桥和水工建筑物。河道内建筑物通过改变河道的边界特征进而影响冰凌运移。

水库调节包括刘家峡和青铜峡的控泄流量对凌情的影响。在此，只考虑发生冰坝的时间、地点以及流速的传达时间，分析刘家峡和青铜峡的下泄流量大小和平稳程度对凌情的影响。水库的运用可以改变下游天然条件下的水力因素和热力因素，进而影响下游的冰凌现象。若水库调控得当，下泄流量平稳、变幅小，可以在一定程度上减轻下游凌汛的威胁；若水库调节不合理，下泄流量过大过小，或忽大忽小，不仅不能对凌情的发展起到积极的作用，相反还会引发人为的冰凌灾害。

3.2.2 典型凌灾分析

通过综合分析近 20 年的灾情，选取了灾情严重的五个年份作为典型凌灾来分析。

1. 1997—1998 年

本年度共发生 3 次冰坝，其中三湖河口至昭君坟区间发生 1 次冰坝，昭君坟至头道拐发生 2 次冰坝，均引发了严重灾害。

内蒙古河段最大槽蓄水增量为 13.55 亿 m^3，较多年均值偏大 26%，其中 55% 的槽蓄水增量集中在巴彦高勒至三湖河口区间内，且巴彦高勒至三湖河口的槽蓄水增量较多年均值偏大 109%。开河期间，内蒙古河段温度比历年平均值偏高约 6℃，导致开河速度快，封河期槽蓄水增量集中释放，形成了高水位、大流量开河。

巴彦高勒凌峰流量 985m^3/s，较多年均值偏大 29%；三湖河口凌峰流量 2190m^3/s，较多年均值偏大 65%，位列实测凌峰系列第二位；头道拐凌峰流量 3350m^3/s，较多年均值偏大 50%，为实测系列最大凌峰流量值。因此，过大的区间槽蓄水增量加之开河期温度偏高，从而形成大流量开河是影响冰坝形成的主要原因。

考虑流量时滞效应后，青铜峡下泄最小流量为 249m^3/s，最大流量为 378m^3/s。可见，青铜峡下泄流量的平稳程度对于冰坝形成有一定的影响。

另外，河道内建筑物对于冰坝的形成有一定的影响，如五原阜新大坝处发生的冰坝。

2. 1995—1996 年

本年度共发生 4 次冰坝，其中石嘴山至巴彦高勒区间发生 1 次冰坝，巴彦高勒至三湖河口区间发生 1 次冰坝，昭君坟至头道拐区间发生 2 次冰坝，均引发了凌灾。

本年度凌汛期期间负积温较多年平均偏大，部分河段冰层较厚。内蒙古河段最大槽蓄水增量为 14.31 亿 m^3，较多年均值偏大 33%，其中巴彦高勒至三湖河口区间槽蓄水增量较多年均值偏大 37%，三湖河口至头道拐区间槽蓄水增量较多年均值偏大 48%。3 月下旬气温急剧回升，开河速度随之加快，导致槽蓄水增量集中释放，凌峰流量沿程增加，形成高水位、大流量开河的情势。

其中，石嘴山凌峰流量较多年均值小 30% 左右，巴彦高勒凌峰流量较多年均值小约 6%，三湖河口凌峰流量较多年均值偏大 12%，头道拐凌峰流量较多年均值偏大 20%。槽蓄水增量集中释放，下游主河道解冻速度慢，加之河道淤积严重，过水断面小，行洪能力差，形成各处堆冰。

与此同时，考虑流量传播时间后，青铜峡下泄流量的平稳程度对于冰坝形成也有一定影响。

另外，河道内建筑物对于冰坝的形成有一定的影响，如包神铁路桥上游的堆冰。

3. 2007—2008 年

本年度发生冰坝型凌灾 1 次，并引发了严重灾害，发生在巴彦高勒至三湖河口段。

宁蒙河段最大槽蓄水增量为 18 亿 m^3，较多年均值增大 22%，大部分集中在三湖河口至头道拐区间。开河期三湖河口水位较高。随着气温大幅度回升，该河段开河速度加快，导致槽蓄水增量集中释放，凌峰流量沿程增加，形成高水位、大流量开河。河道淤积严重，过水断面小，行洪能力差，形成各处堆冰。

刘家峡水库下泄最大流量 313m^3/s，比多年平均值偏小，最小流量 224m^3/s。青铜峡水库下泄最大流量 459m^3/s，较多年平均值偏大，最小流量 305m^3/s。由上述数据分析得出：气温偏高，导致开河速度快，使封河期过大的槽蓄水增量集中释放，形成了高水位、大流量开河引发凌灾。青铜峡下泄流量及其平稳程度对于冰坝形成有一定影响。河道内建筑物对于冰坝的形成有一定的影响，刘家峡的下泄流量对冰坝的形成没有影响。

4. 1994—1995 年

本年度共发生 5 次冰坝，其中最为严重的有 3 次冰坝，即巴彦高勒至三湖河口区间发生 1 次，昭君坟至头道拐区间发生 2 次，均引发凌灾。

开河期间受气温升高影响，冰体逐渐融化，主流开河后，岸冰大多就地融化，没有形成大块冰凌下泄，流凌密度小，移动路径短。当开河进入五原段后，由于气温下降，加上上游水库控流后小流量水流进入五原河段，减缓开河速度。因此，本年度温度对于开河行凌有利。

内蒙古河段最大槽蓄水增量为 15.39 亿 m^3，较多年均值偏大 43%，为 1960 年以来第二大值。其中，巴彦高勒至三湖河口区间槽蓄水增量较多年均值偏大 203%，从而在释放过程中致使三湖河口开河流量较多年均值偏大 11%。总体看，由于温度的影响，本年度开河凌峰较小，槽蓄水增量释放均匀，开河较平稳。但是，3月上、中旬的平均流量均较多年均值偏大，因此流量的大小对于冰坝的形成也有一定的影响。

由于槽蓄水增量过大，导致了该年度部分河段水位高。开河期，在巴盟乌前旗、伊盟达旗、包头市郊区水位超过畅流期 6000m³/s 堤防设计水位。因此，一旦发生卡冰结坝，将造成严重的冰凌灾害。

5. 1993—1994 年

本年度共发生 3 次冰坝，巴彦高勒至三湖河口区间发生 1 次冰坝，昭君坟至头道拐区间发生 2 次冰坝。其中，发生在巴彦高勒至三湖河口区间和昭君坟至头道拐区间的 2 次冰坝引发了凌灾。

在封河期气温降幅大，整个凌汛期负积温较大，冰盖较厚，内蒙古河段最大槽蓄水增量为 13.36 亿 m³，较多年均值偏大 21.5%，其中巴彦高勒至三湖河口区间的槽蓄水增量为 7.57 亿 m³，较多年均值偏大 111%，占总槽蓄水增量的 73%。槽蓄水增量过大使该年度封、开河水位均高于往年，导致在开河期产生了不同程度的险情、灾情。

3月中旬过后，气温逐渐缓慢回升，冰体融化慢，开河速度减缓，且头道拐开河时间早于三湖河口，更有利于行凌开河，故开河凌峰和开河流量都不大。但整个3月上、中、下旬的平均流量均比多年均值偏大。

综上所述，由于气温突然升高使槽蓄水增量释放过快，河道内建筑物阻冰，加之青铜峡出库流量不平稳，开河流量过大易造成凌灾。凌汛期的气温和槽蓄水增量是无法控制的，仅水库下泄流量可人为控制。分析表明刘家峡的下泄流量影响较小，主要是青铜峡下泄流量平稳程度过低导致凌灾。因此，凌汛期开河的调度应严格控制青铜峡下泄流量的平稳程度。

3.2.3 冰坝型凌灾的成因

3.2.3.1 冰坝形成的主要原因

通过对宁蒙河段 1990—2010 及各典型年冰坝分析，冰坝形成的原因归结为以下几个方面：

1. 水力因素

在开河时，上游为解冻流冰区，提供大量的流冰和释放的槽蓄水增量，在适宜的河道地形条件下形成冰坝，可见槽蓄水增量是形成冰坝的物质基础。但是槽蓄水增量大并不一定行成冰坝型凌灾，如 1999—2000 年、2000—2001 年，槽蓄水增量达到 19.13 亿 m³ 和 18.7 亿 m³。原因是在凌汛期间，刘家峡水库及万家寨水库进行了合理的调度，使得槽蓄水增量分散释放，为防凌安全提供了保障。沿线测站的流量大小是影响冰坝形成的主要因素。在由冰坝致灾的年份中，每年形成的冰坝都与流量大小有关。

2. 人类活动

青铜峡下泄流量的平稳程度、河边建筑物均是影响冰坝型凌灾的重要因素。首先青铜峡水库为日调节水库，若下泄流量波动很大，易引发下游河道行凌不畅。其次，宁蒙河段 1990—2010 年共发生 32 次冰坝，其中有 7 次是由于河边建筑物的改变了河道边界条件导致冰凌阻塞堆积，从而形成冰坝。因此，河道内建筑物也是影响冰坝形成的因素之一，如包神铁路大桥、乌达铁桥和公路桥、伊盟乌兰新建堤以及五原阜新大坝等。

3. 热力因素

平均温度、升降温幅度、负积温、封开河水位也是影响冰坝型凌灾的因素。通过对宁蒙河段 1990—2010 年冰坝形成因素分析可知，降温幅度大、冬季温度低也是影响冰坝形成的原因。由于冬季气温低，降温幅度大，易导致封冻期水位偏高，从而在开河时引发凌灾。

4. 河道形态

总体来看，黄河宁蒙河段的走向是由西南流向东北，气温是上暖下寒，河道宽度是上宽下窄，比降是上陡下缓，这些河道形态特点均对流凌和封、开河不利。河道形态及其变化与凌灾发生有较大关系，尤其是河道宽度和弯曲度的变化是凌灾发生的重要影响因素之一。

3.2.3.2　冰坝成灾的主要原因

1990—2010 年共发生冰坝 32 次，其中成灾 17 次，并不是所有的冰坝都会导致凌汛灾害。冰坝形成以后，下游水位下降，上游水位猛涨，随着冰坝规模的不断扩大，上游水位不断壅高，当冰坝发展到一定的规模，在热力和水力因素的综合作用下已形成的冰坝承载不了上游的冰水压力，于是冰坝发生溃决，冰水俱下，使下游流量剧增，水位陡升，则又会造成下游局部河段的冰凌灾害。

根据典型凌灾总结分析了冰坝引发灾害原因，可以归结为如下两类。

1. 凌情因素

发生凌灾较严重的年份如 1997—1998 年、1995—1996 年、1992—1993 年（按凌灾严重程度排序）在开河期气温均有较大幅度的回升，从而导致槽蓄水增量迅速释放，形成大流量开河。过大流量对于凌情变化不利，加之人为控制不得当，易引发冰凌灾害。

2. 人为因素

有的年份开河平稳，开河流量亦不大，但是依然形成凌灾，如 1994—1995 年、1991—1992 年、1993—1994 年。以上年份，发生凌灾的上游断面的区间槽蓄水增量均较大，虽然开河平稳，但水位较高，一旦形成冰坝，便易形成凌灾。

此时若人为控制不当，经验不足，未能在关键时刻发现险情，未能做好应有的抢险准备工作，便会导致了险情的扩大，引发冰凌灾害。

3.2.4　冰坝形成机理研究

冰坝是水与冰共同作用的结果。影响冰坝形成和发展的因素很多，相互关系也很复杂，归结起来主要有水力因素、热力因素、河道形态及人类活动的影响。水力因素主要表现为槽蓄水增量和流量的影响，槽蓄水增量直接影响开河流量和水位，开河流量和水位反映在河道冰凌的输送能力上。热力因素主要表现为气温的影响，气温越低产冰量越多，过流能力下降，引起水位升高；开河期气温高，开河速度加快，加大开河流量。

河道形态与人类活动的影响均反映在水力因素和热力因素上。河道形态主要包括河道的平面位置、走向、河道边界特征。河道的平面位置和河道走向的影响与热力因素联系在一起，河道边界特征通过改变水流条件反映出来，故和水力因素联系比较密切。人类活动的影响表现为上游青铜峡水库下泄流量的平稳程度的影响，其影响反映在水力因素和热力因素上。

3.3　凌灾的预防与控制措施

黄河冬季凌汛演变十分复杂，变化非常迅猛，且凌汛灾害难于预测。凌灾一旦发生，可淹没滩区土地、村庄，威胁堤防，甚至造成决堤满溢，使人民生命财产及工农业生产遭受严重损害。因此，做好凌灾的预防与控制措施就显得尤为重要。黄河现行防凌措施主要有以下几个方面。

3.3.1　凌灾的预防措施

1. 工程措施

防凌工程体系和防洪工程体系一样，主要由河道堤防、险工、控导工程、水库以及蓄滞洪区组成，利用堤防抵御凌洪、利用河道整治工程归顺河势、利用水库调节河道流量控制凌洪、利用蓄滞洪区削峰滞洪。

（1）水库工程。通过水库调节水量，不仅能提高水温、改变凌情，且通过控制下泄水量，可以防止或减轻下游的凌汛威胁，是一种积极的预防性防凌措施。目前上游龙羊峡、刘家峡水库、中游万家寨、三门峡、小浪底水库对上游防凌起重要的调控作用。

（2）堤防工程。黄河下游河段和上游宁蒙河段两岸均筑有大堤，大堤即可约束伏秋大汛的洪水，也是防御凌洪的屏障。黄河宁蒙河段全长 1203.8km，干流堤防长约 1411km，其中宁夏河段干流堤防长 435km，设计防洪标准为 20 年一遇。

（3）分凌工程。在出现严重险情时，通过三盛公水利枢纽将冰凌水引入灌溉渠系和乌梁素海，利用分滞洪区主动分洪可有效缓解凌汛压力。2008 年以后，内蒙古河段建设了杭锦淖尔、蒲圪卜、昭君坟等 3 个蓄滞洪区。通过启用蓄滞洪区，以及利用河套灌区灌溉渠系消减凌峰、分滞凌洪，增加了防凌的工程措施。

2. 非工程措施

（1）防凌调度。通过长期防凌实践，在凌汛期间控制河道流量，使河道形成合理的冰盖厚度，利于封冻河段洪水下泄，是防止凌灾的有效办法。黄河防凌调度主要是通过水库联合调度实现的。上游宁蒙河段防凌调度主要由龙羊峡、刘家峡水库联合承担。封河前期控制刘家峡水库泄量，使宁蒙河段封河后水量能从冰盖下安全下泄，防止产生冰塞造成灾害；封河期控制刘家峡水库出库流量均匀变化，减少河道槽蓄水增量，稳定封河冰盖，为宁蒙河段顺利开河提供有利条件；开河期控制刘家峡水库下泄量，防止"武开河"，保证凌汛安全。中游北干流河段防凌调度由万家寨水库与天桥电站联合运用，保证库区和北干流河段的防凌安全。

（2）凌情监测。水文、气象部门密切监视气温、凌情变化趋势，及时做出径流、凌情滚动预报。信息部门利用遥感、移动视频采集传输车等先进技术快速、全面地获取信息。冰情巡测队员在一线进行冰情观测，绘制封开河形势图，及时将冰情信息提供给防汛部门，有效控制凌情。

3.3.2 凌灾的实时控制措施

凌灾的实时控制措施主要就是破冰措施。破冰是已经发生或将要发生冰凌险情时常采用的应急措施，破冰的作用是破碎、疏导冰块，增大排冰能力。主要用于破碎大面积的移动冰块、固定冰盖、冰塞与冰坝等。破冰的方法有炸药爆破、炮轰击、飞机投弹、破冰船等。

破冰要根据冰情预报、河道封冻情况，选择准确的破冰时机，对可能形成冰凌卡塞、产生冰坝的河段进行破冰。

综合以上凌灾防控措施，从长远看来，由于宁蒙河段凌期高水位影响，堤防经常发生渗漏管涌，需加固堤防防御标准。从短期看来，应该在凌汛期到来前提前做好凌汛期的防凌调度预案。在凌汛期期间，可加强凌情监测，全方位了解凌情动态。当有凌灾险情发生时，可采取破冰的应急措施将险情排除。

3.4 本章小结

本章通过对宁蒙河段 1951—2010 年凌情及凌灾情况统计分析，并且重点分析了典型凌灾的发生原因，主要结论如下：

（1）宁蒙河段 1951—2010 年期间共发生凌情 346 次，成灾 88 次，占 25.4%；未成灾 258 次，占 74.6%。其中，发生冰塞 23 次，占 6.7%；发生冰坝 322 次，占 93%；发生冰体压力及流冰撞击灾害 1 次，占 0.3%。其中，由冰塞造成的凌灾为 20 次，占 22.7%；由冰坝造成的灾害 67 次，占 76.2%；由冰体压力及流冰撞击造成的灾害为 1 次，占 1.1%。可见，在宁蒙河段，冰坝发生的频率远高于冰塞发生的频率，凌灾主要是由冰坝造成的。

（2）宁蒙河段 1951—2010 年期间平均每年发生凌情 5.77 次，在 60 年中，成灾 30 年，平均 2 年成灾 1 次。可见凌情每年都会发生，而凌灾未必每年都会发生。即凌情是凌灾发生的必要条件，但不是充分条件。

（3）昭君坟—头道拐区间发生冰坝 165 次，占冰坝总次数的 51.24%。其中，由冰坝造成的凌灾为 22 次，占冰坝型凌灾次数的 32.84%。可见，昭君坟—头道拐区间是发生凌灾频率较高的区间。

（4）建库后较建库前相比发生冰坝的次数大幅减少，发生冰塞的次数略有增加。由于冰坝是宁蒙河段主要凌灾表现形式，龙羊峡、刘家峡水库的运用大大改善了宁蒙河段的凌情，并缓解了凌灾。

（5）冰坝形成的主要原因可归结为热力、水力、河道形态和人类活动的影响。在热力因素中，气温是影响冰坝形成的主要因素；在水力因素中，槽蓄水增量和流量是影响冰坝形成的主要因素；在人类活动中，青铜峡水库的调节和河道内建筑物是影响冰坝形成的主要因素。

（6）由于开河期气温突然升高，槽蓄水增量释放过快，河道内建筑物阻冰，加之青铜峡出库流量不平稳，开河流量过大易造成凌灾。凌汛期的气温和槽蓄水增量是无法控制的，仅水库出库可人为控制。刘家峡的下泄流量对凌灾影响较小，主要是青铜峡下泄流量平稳程度过低将会导致凌灾。因此，凌汛期开河的调度应严格控制青铜峡下泄流量的平稳程度。

（7）凌灾的预防措施主要包括工程措施（水库工程、堤防工程、分凌工程）和非工程措施（防凌调度、凌情监测），凌灾的控制措施主要是破冰措施等。

宁蒙河段冬季凌汛期控泄流量分析

4.1 宁蒙河段凌情主要特点

宁蒙河段的凌情主要由流凌、封河和开河三个阶段组成。

（1）流凌：根据宁蒙河段 1950—1951 年度至 2004—2005 年度凌汛资料统计，宁蒙河段流凌开始日期多年均值为 11 月 17 日，流凌结束日期多年均值为 12 月 1 日。其中，历年流凌开始日期最早出现在 11 月 4 日（1969 年），位于三湖河口以下河段；历年流凌结束日期最晚为 12 月 28 日（1989 年），位于昭君坟河段。

（2）封河：封河开始日期多年均值为 12 月 1 日，封河结束日期多年均值为 1 月 4 日。历年封河开始日期最早出现在 11 月 7 日（1969 年），位于三湖河口至包头区间；历年封河结束日期最晚为 1 月 31 日（1974 年），位于石嘴山河段。

（3）开河：宁蒙河段开河一般先出现在三湖河口以上区间，然后由上游向下游发展。开河开始日期多年均值为 3 月 4 日，开河结束日期多年均值为 3 月 27 日，其中历年开河开始日期最早出现在 2 月 10 日（1979 年），在石嘴山断面；历年开河结束日期最晚为 4 月 5 日（1970 年），位于三湖河口至昭君坟河段。

宁蒙河段及主要水文站多年平均流凌、封河、开河日期特征见表 4-1～表 4-3。表 4-4 为宁蒙河段及主要水文站凌汛期封冻天数统计，宁蒙河段封冻天数多年均值为 117 天，最长 1969—1970 年度达 150 天，最短 1989—1990 年度也达 76 天。石嘴山水文站封冻天数多年均值为 60 天，是该段主要水文站中封冻天数最短的，三湖河口水文站多年均值为 108 天，是封冻天数最长的。

表 4-1　1950—1951 年度至 2004—2005 年度宁蒙河段流凌、封河、开河日期统计值

统计	流凌日期		封河日期		开河日期	
	开始	结束	开始	结束	开始	结束
平均	11 月 17 日	12 月 1 日	12 月 1 日	1 月 4 日	3 月 4 日	3 月 27 日
最早	1969 年 11 月 4 日	1959 年 11 月 10 日	1969 年 11 月 7 日	1971 年 12 月 6 日	1979 年 2 月 10 日	1998 年 3 月 12 日
最晚	1994 年 11 月 27 日	1989 年 12 月 28 日	1989 年 12 月 30 日	1974 年 1 月 31 日	1970 年 3 月 18 日	1970 年 4 月 5 日

表 4-2　　　　　　　主要水文站流凌、封河及开河日期统计值

水文站		石嘴山	巴彦高勒	三湖河口	头道拐
流凌	平均	12 月 1 日	11 月 26 日	11 月 18 日	11 月 19 日
日期	最早	1959.11.8	1959.11.8	1969.11.4	1969.11.6
（年·月·日）	最晚	1989.12.27	1989.12.28	1994.12.2	1980.12.1
封河	平均	1 月 3 日	12 月 13 日	12 月 5 日	12 月 14 日
日期	最早	1952、1969.12.7	1956、1970.11.23	1969.11.7	1976.11.14
（年·月·日）	最晚	1974.1.31	1990.1.12	1990.1.1	1957.1.25
开河	平均	3 月 3 日	3 月 15 日	3 月 21 日	3 月 22 日
日期	最早	1979.2.10	2002.2.24	2002.3.6	1999.3.4
（年·月·日）	最晚	1951、1970.3.18	1970、1977.3.27	1970.4.5	1951.3.31

表 4-3　　　　　　　宁蒙河段主要水文站封冻天数统计值

封河天数特征		石嘴山	巴彦高勒	三湖河口	头道拐	宁蒙河段
1950/1951—2004/2005 年	平均	60	93	108	100	117
1950/1951—2004/2005 年	最短	20	49	72	53	76
1950/1951—2004/2005 年	最长	102	124	150	135	150
1990/1991—2004/2005 年	平均	39	78	100	93	112

4.2　影响宁蒙河段冰情变化的因素

影响冰情变化的主要因素有气温因素、河道形态、人类活动以及气温和流量等综合影响。

1. 气温的影响

宁蒙河段冬季严寒且漫长，11 月至次年 2 月多年平均气温均在零度以下，其中内蒙古河段 12 月下旬旬平均气温即降至 −10℃以下，并持续至 1 月下旬，长达 40 天左右。下游低温持续时间长于上游，导致封河从下游向上游发展，开河从上游向下游解冻，容易形成冰凌灾害。据统计，宁蒙河段 11 月至次年 3 月多年平均气温为 −5.5℃，封冻天数为 117 天，平均气温最低发生在 1967—1968 年度，为 −10.1℃，封冻天数最长为 1969—1970 年度，达 150 天，最短 1989—1990 年度，达 76 天。

20 世纪 90 年代以来，受全球气候变暖的影响，宁蒙河段连续多年出现暖冬现象，磴

口、包头、托克托三站各月月均气温比 20 世纪 60—80 年代均值分别偏高 1.3～2.4℃、1.3～2.6℃和 1.1～2.7℃，12 月和 2 月分别偏高 2.1～2.3℃和 2.4～2.7℃；比 50 年代以来多年均值分别偏高 1.1～2.1℃、1.0～1.9℃、0.8～2.1℃，12 月和 2 月分别偏高 1.6～1.9℃和 1.9～2.1℃；1995 年以后气温更是持续升高，如磴口、包头、托克托三站 1998 年 11 月—1999 年 2 月平均气温分别为－2.9℃、－4.8℃、－4.5℃，均为有资料记录以来同期气温最高值。

宁蒙河段冬季气温的高低，是决定凌情严重与否的重要因素，决定着封冻的冰量、冰厚以及封河天数和封河长度，且影响开河的速度等情势，可以延缓或促成冰坝的生长、溃决等。

2. 河道形态的影响

河道形态包括河道的地理位置、走向以及河道的边界条件等。其中，地理位置、走向等相对固定。河流边界条件主要指局部河段的宽窄、深浅，比降弯曲等，在气温流量相对变化较小时，易出现卡堵、堆积、结坝等现象。河道泥沙淤积为河道形态变化的主要因素。

3. 人类活动的影响

在河道上修建水库可以改变下游天然条件下的水力因素和热力因素，进而影响下游的防凌情势。黄河上游修建的龙羊峡和刘家峡水库的运行对宁蒙河段的凌情影响很大，基本上承担了宁蒙河段的防凌任务。刘家峡水库通过多年水库运行的规律，在保证防凌安全和发电的原则下，通过控制封河、开河期水库的下泄流量，大大改善了宁蒙河段的冰凌情势。如在兰州河段，由于建库后冰期流量增大和水温提高，使得兰州河段由原来的"十年九封"状况变为常年畅流河段。石嘴山以上的封冻日期平均推迟了 10～12 天，开河日期提前了 10～14 天。同时，由于合理的控泄流量，使得河段的"武开河"几率大大降低。

4. 综合影响分析

由以上影响冰情变化的各因素分析中可以看出，人类活动（主要是水库）是通过水力因素反映出来的，气温和河道形态变化就成为影响冰情的最重要因素。一定河道条件下，气温是影响冰情的主要因素，流量起到对冰凌演变推波助澜的作用。

4.3　刘家峡逐年凌汛期控泄流量过程分析

4.3.1　历史兰州防凌控制断面各月流量限制值

为了宁蒙河段的凌期安全，每年的 12 月至次年 3 月，由刘家峡控制下泄流量，使河道在较大流量下封冻，封冻期至开河期流量呈逐步递减的趋势。防凌控制断面宁蒙河段选取兰州断面。兰州断面各月平均控制平均流量分别为：12 月 700m³/s，1 月 650m³/s，2 月 600m³/s，3 月（前半个月）500m³/s。

4.3.2　刘家峡逐年凌汛期下泄流量过程分析

1. 刘家峡历年封开河期控泄流量及日期确定

依据表 4-4 和表 4-5 中的资料，绘制历年刘家峡 11 月至次年 3 月的下泄流量过程，进行封开河日期及流量的确定。图 4-1 和图 4-2 给出了刘家峡 2008 年和 2009 年的下泄流量。可以看出，刘家峡下泄流量在 11 月至次年 3 月基本呈现出三个流量突变趋势，分别对应封河、开河期。其他年分析类似，具体结果见表 4-6。

表 4-4　　　　　　　1989—2009 年凌汛期刘家峡水库出库流量

年　度	11 月				12 月				1 月			
	上旬	中旬	下旬	月	上旬	中旬	下旬	月	上旬	中旬	下旬	月
1989—1990	1065	968	712	915	682	695	653	676	596	580	561	578
1990—1991	951	981	805	908	698	627	577	628	540	548	544	544
1991—1992	900	776	630	769	581	502	506	529	460	513	517	497
1992—1993	808	758	667	744	616	598	581	598	579	573	506	551
1993—1994	949	801	653	801	594	518	544	552	533	523	497	517
1994—1995	947	786	650	794	632	604	607	614	594	583	571	582
1995—1996	894	735	622	750	551	501	438	495	402	376	375	384
1996—1997	721	579	414	571	369	312	299	326	307	303	271	293
1997—1998	728	642	379	583	313	306	313	311	283	293	296	291
1998—1999	877	776	610	754	566	524	505	531	492	479	489	487
1999—2000	893	783	528	735	583	547	547	559	548	501	492	513
2000—2001	825	686	533	678	446	449	428	440	436	449	402	428
2001—2002	894	721	546	720	475	443	416	444	402	398	403	401
2002—2003	769	572	419	587	432	410	362	400	298	292	289	293
2003—2004	930	651	515	699	438	445	434	439	413	402	399	404
2004—2005	970	745	495	737	466	501	496	488	450	462	448	448
2005—2006	1300	800	499	866	493	479	502	492	463	460	462	462
2006—2007	845	662	566	691	496	496	479	490	424	416	416	419
2007—2008	1149	667	482	766	485	487	484	485	446	448	450	448
2008—2009	927	567	452	649	462	403	454	455	448	448	448	448
2009—2010	1130	653	472	752	473	481	480	478	460	460	463	462

表 4-5　　　　　　　1989—2009 年凌汛期刘家峡水库封开河时间流量表

年　度	封河时间	封河控泄量/(m³/s)	开河时间	开河控泄量/(m³/s)
1989—1990	12 月下旬	630	3 月中旬	350
1990—1991	12 月上旬	630	3 月上旬	440
1991—1992	12 月中旬	470	3 月中旬	350
1992—1993	12 月中旬	590	3 月上旬	460
1993—1994	12 月上旬	550	3 月上旬	360
1994—1995	12 月上旬	590	3 月上旬	430

续表

年　　度	封河时间	封河控泄量/(m³/s)	开河时间	开河控泄量/(m³/s)
1997—1998	12 月上旬	300	2 月下旬	260
2001—2002	12 月中旬	400	3 月上旬	300
2002—2003	12 月上旬	450	2 月中旬	230
2003—2004	12 月上旬	430	2 月下旬	300
2004—2005	12 月上旬	440	2 月下旬	270
2005—2006	11 月中旬	500	3 月上旬	300
2006—2007	12 月上旬	500	2 月下旬	300
2007—2008	11 月中旬	520	3 月上旬	280
2008—2009	11 月中旬	470	2 月中旬	300
2009—2010	11 月中旬	500	2 月下旬	300

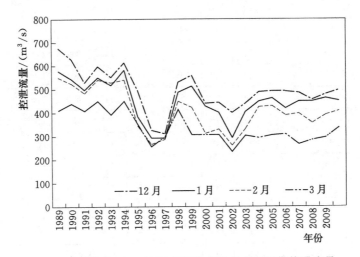

图 4-1　刘家峡 2008 年 11 月至次年 3 月封开河期控泄流量

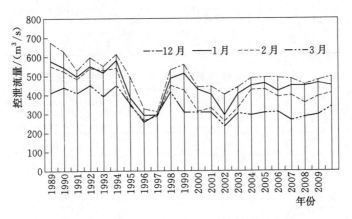

图 4-2　刘家峡 12 月至次年 3 月历年控泄流量

表 4-6 刘家峡 2000 年以后控泄流量变化值

年　度	平均流量/(m³/s)	
	封河期	开河期
1990—2000 年	560	380
2001—2009 年	460	290
差值	100	90

由表 4-4~表 4-6 分析可知：

黄河宁蒙段开河、封河期刘家峡控泄流量整体呈现下降趋势。具体又可分为两个阶段，第一阶段 1991—2000 年的明显下降趋势，第二阶段 2000—2010 年的平稳趋势。

（1）封河期控泄流量分析。在 1990—2000 年，除 1995—1998 年由于受到上游来水的影响，封河期刘家峡控泄流量均在 560m³/s 左右，最大 630m³/s（1989 年），2000 年以后封河期刘家峡控泄流量相对下降 100m³/s 左右，但较为平缓，变化不大，基本维持在 460m³/s 左右。

（2）开河期刘家峡控泄流量分析。在 1990—2000 年，开河期刘家峡下泄量均在 380m³/s 左右，最大 460m³/s（1992 年）。受上游来水的影响，1995—1998 年区间流量偏小，2000 年以后开河期刘家峡下泄流量平均相对以前下降 90m³/s 左右，基本维持在 300m³/s 左右。

2. 刘家峡 12 月至次年 3 月历年控泄流量与设计值对比

刘家峡 12 月至次年 3 月历年控泄流量及与设计值对比见表 4-7 和表 4-8。

表 4-7 刘家峡 12 月至次年 3 月历年控泄流量 单位：m³/s

年　份	12 月	1 月	2 月	3 月
1989	676	578	551	410
1990	628	544	524	439
1991	529	497	483	408
1992	598	551	541	450
1993	552	517	529	392
1995	495	384	345	352
1996	326	293	266	256
1997	311	291	287	298
1998	531	487	449	414
1999	559	513	423	307
2000	440	428	312	307
2001	444	401	330	307
2002	400	293	261	234
2003	439	404	331	303
2004	488	448	425	293
2005	492	462	429	305

续表

年　份	12月	1月	2月	3月
2006	490	419	389	309
2007	485	448	397	266
2008	455	448	356	284
2009	478	462	391	295
多年平均	496	450	408	337

表 4-8　　　　　刘家峡 12 月至次年 3 月历年控泄流量与设计值对比　　　　　单位：m^3/s

年　度	12月	1月	2月	3月
1989—2000 年	529	476	449	380
2000—2010 年	482	451	391	303
设计值	700	650	600	500
差值 1	47	25	58	77
差值 2	171	174	151	120
差值 3	218	199	209	197

注　差值 1=（2000—2010 年）－（1989—2000 年）；差值 2=（设计值）－（1989—2000 年）（1989—2000 年）；
　　差值 3=（设计值）－（2000—2010 年）。

由表 4-8 可知，进入 20 世纪 90 年代后，刘家峡 12 月至次年 3 月控泄流量逐步减小，多年平均值均小于设计值。具体表现为：1989—2000 年 12 月至次年 3 月比设计值分别小 $171m^3/s$、$174m^3/s$、$151m^3/s$ 和 $120m^3/s$；2000—2009 年多年平均下泄量再次下降，12 月至次年 3 月比设计值小 $218m^3/s$、$199m^3/s$、$209m^3/s$ 和 $197m^3/s$，比 1989—2000 年下降 $47m^3/s$、$25m^3/s$、$58m^3/s$ 和 $77m^3/s$。

4.4　刘家峡水库凌汛期控泄流量可行性分析

增加刘家峡水库凌汛期控泄流量可行性分析主要从河道形态的变化、典型年特征等以下几个方面来分析。

1. 河道形态的变化

（1）宁蒙河段河道条件。黄河内蒙古河段处于黄河上游的下段，即宁夏、内蒙古交界的石嘴山到内蒙古的托克托，全长 673km，其中石嘴山—三盛公上段属峡谷河道，中间河段宽窄相间、汊河较多，下段为三盛公库区段；三盛公—三湖河口属游荡型河段，河长 220.7km，该段河道顺直、断面宽浅，水流散乱，河道内沙洲众多，河宽 2500～5000m，平均约为 3500m，主槽宽 500～900m，平均约为 750m，河道比降为 0.17‰；三湖河口—昭君坟为过渡型河段，河长 126.4km，河宽 2000～7000m，平均为 4000m，主槽宽 500～900m，平均为 710m，河道比降为 0.12‰，南岸有 3 条大的孔兑汇入；昭君坟—蒲滩拐河长 193.8km，属弯曲型河段，河宽 1200～5000m，上宽下窄，上段平均宽 3000m，下段平均宽 2000m，主槽宽 400～900m，平均 600m，河道比降为 0.1‰。宁蒙河段为冲积性河段，沉积速率不超过地壳的沉降速率，总的趋势与第四纪地质期沉积速率保持一致，河床未呈现抬高的变化。

（2）河道冲淤变化。随着气候变化和人类活动影响，宁蒙河段河道向着淤积萎缩方向发展。由图 4-3 和表 4-9 可知，若不计风沙入黄量，自 1952 年以来，宁蒙河段整体上呈现淤积，总淤积量为 17.91 亿 t。淤积主要发生在内蒙河段巴彦高勒—头道拐，总淤积量 13.5272 亿 t，占宁蒙河段总淤积量的 75.5%，其中又以三湖河口—头道拐为最，占内蒙河段淤积总量的 56.5%，即下游淤积大于上游；青铜峡—巴彦高勒段有冲有淤，总体变化不大。

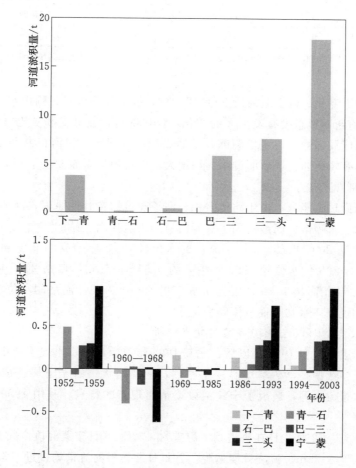

图 4-3　宁蒙河段 1952—2003 年沿河道淤积、分时段沿河道冲淤分布

表 4-9		宁蒙河段冲淤积量变化					单位：t
时　段		下—青	青—石	石—巴	巴—三	三—头	宁—蒙
1952—1959 年	合计	−0.1669	3.8851	−0.5275	2.1408	2.3392	7.6707
	平均	−0.0209	0.4856	−0.0659	0.2676	0.2924	0.9588
1960—1968 年	合计	−0.4849	−3.5938	0.1112	−1.5973	0.0503	−5.5145
	平均	−0.0539	−0.3993	0.0124	−0.1775	0.0056	−0.6127

时　段		下—青	青—石	石—巴	巴—三	三—头	宁—蒙
1969—1985 年	合计	2.786	−1.6197	0.4189	−0.3189	−0.9922	0.2742
	平均	0.1639	−0.0953	0.0246	−0.0188	−0.0584	0.0161
1986—1993 年	合计	1.1161	−0.717	0.5296	2.2945	2.7565	5.9797
	平均	0.1395	−0.0896	0.0662	0.2868	0.3446	0.7475
Mar − 94	合计	0.544	2.198	−0.0933	3.3632	3.4914	9.5032
	平均	0.0544	0.2198	−0.0093	0.3363	0.3491	0.9503
Mar − 52	总数	3.7943	0.1527	0.439	5.8822	7.6451	17.9133
	多年平均	0.073	0.0029	0.0084	0.1131	0.147	0.3445

注 此表数据未考虑乌兰布和沙漠进入石嘴山至巴彦高勒河段的风沙。根据中科院寒区旱区环境工程研究院的研究，风沙年入河量为 0.16 亿 t。

（3）水文断面变化。以宁蒙河段 2009 年为例，据统计分析，石嘴山水文站 2009 年汛前与 1992 年汛前断面形态没有发生大的变化，仅局部有冲刷和淤积；巴彦高勒站断面形态变化较小，河床局部冲於，主槽萎缩，总体淤积；三湖河口站河口断面形态变化较大，主槽左移，两岸有轻微冲於，断面过水面积增大；头道拐站断面发生了较大的变化，主槽右移 190m 多，变宽变浅。

（4）水文断面过流能力。由于河道淤积、河道建筑物及其他原因，河道水文断面过流发生了变化。通过石嘴山、巴彦高勒、三湖河口和头道拐水文站的实测水位—流量关系进行分析。石嘴山站 2009 年 1000m³/s 流量的水位较 1992 年抬高约 0.10m；巴彦高勒站 2009 年 1000m³/s 流量的水位较 1992 年抬高约 0.55m；三湖河口站 2009 年 1000m³/s 流量的水位较 1992 年抬高越 1.4m；头道拐站 2009 年 1000m³/s 流量的水位较 1992 年抬高约 0.10m。总的说来，水文断面过流能力变小。

2. 宁蒙河段典型 1999—2000 年凌情特点分析

宁蒙河段的凌汛，在 1990 年以后，尤其 1995 年前后几年，出现了历史上未曾出现过的情况，如气温持续偏高，冬季气温变化剧烈，变幅增大；由于干旱造成的上游来水较少；河段槽蓄水量偏大等，造成了宁蒙河段凌情出现新的特点，其中 1999—2000 年特点更为突出。

（1）主要特点：12 月 9 日在头道拐上游首封，3 月 26 日宁蒙河段全线开通，历时 109 天，最大封冻长度 837km。流凌日期偏晚，首封日期、封河流量均接近于常年，封河期槽蓄水量大，开河期气温高。

（2）气温特点：本年度气温是近 20 年来最低的。

（3）上游刘家峡控泄流量：经以上分析得知，1999—2000 年度宁夏河段于 12 月首封，对应刘家峡控泄流量为 556m³/s，较 2000—2009 年平均水平高约 90m³/s。

（4）河道槽蓄水增量：本年度内蒙古封冻河段槽蓄水量为 17.14 亿 m³，宁夏封冻河段槽蓄水量为 3 亿 m³，总槽蓄水量 20.14 亿 m³，为刘家峡建库以来的最大值，而一般年份槽蓄水量为 10m³ 左右。

（5）开河形势：开河形势为"文开河"。由于调度得力，加上开河期气温变化比较平稳，虽封河冰盖厚度大、封冻河段长、槽蓄水量大，最终凌峰流量小。

3. 可行性研究

（1）刘家峡在 2000 年以后封河期开河期流量均比 2000 年以前下降大约 100m³/s。历史上最大封河流量年 1989—1990 年，最大开河流量年 1991—1992 年，比 2008—2009 年和 2009—2010 年封河流量相对大 165m³/s、130m³/s，开河期分别大 156m³/s。

2000—2009 年多年平均下泄量 12 月至次年 3 月比设计值小 218m³/s、199m³/s、209m³/s 和 197m³/s，比 1989—2000 年下降 47m³/s、25m³/s、58m³/s 和 77m³/s。

（2）宁蒙河段河床未抬高，泥沙淤积相对平缓，水文断面过流能力虽有变小的趋势，但气温变化仍是凌汛的主要影响因素，如 1999—2000 年典型年，刘家峡封河期控泄流量为 550m³/s，由于气温平和，加之调度得当，虽槽蓄水量大，但最终形成"文开河"形势。

4.5　本章小结

（1）分析了宁蒙河段凌情的特点，揭示历年宁蒙河段流凌、封、开河日期、流量等变化规律。

（2）分析了影响宁蒙河段凌情变化的人为和自然因素（河道形态、水文气象条件），得出一定河道条件下，影响冰清变化的主要因素是气温，流量起到对冰凌演变推波助澜的作用。

（3）分析了刘家峡水库 1991—2009 年封、开河期多年平均下泄流量变化特点，刘家峡 2000 年以后，宁蒙河段流封河期平均流量比 1990—2000 年减小 100m³/s 左右，开河期平均流量减小 100m³/s 左右。

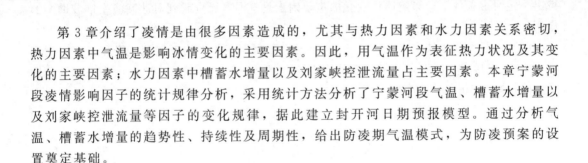

5 宁蒙河段凌情影响因子统计规律分析

第 3 章介绍了凌情是由很多因素造成的，尤其与热力因素和水力因素关系密切，热力因素中气温是影响冰情变化的主要因素。因此，用气温作为表征热力状况及其变化的主要因素；水力因素中槽蓄水增量以及刘家峡控泄流量占主要因素。本章宁蒙河段凌情影响因子的统计规律分析，采用统计方法分析了宁蒙河段气温、槽蓄水增量以及刘家峡控泄流量等因子的变化规律，据此建立封开河日期预报模型。通过分析气温、槽蓄水增量的趋势性、持续性及周期性，给出防凌期气温模式，为防凌预案的设置奠定基础。

5.1 气温、控泄流量、封开河日期及槽蓄水增量统计规律分析

本节采用统计方法，计算和分析 1991—2010 年共 20 年的防凌期宁蒙河段各控制断面（石嘴山、巴彦高勒、三湖河口、头道拐）气温、刘家峡控泄流量、封开河日期及槽蓄水增量的最大值、最小值和均值等，旨在揭示宁蒙河段气温、控泄流量、封开河日期及槽蓄水增量的统计规律。

5.1.1 防凌期宁蒙河段气温统计特征分析

以时间（年）为横坐标，以各站平均气温（℃）为纵坐标，绘制历年防凌期宁蒙河段各控制断面（石嘴山、巴彦高勒、三湖河口、头道拐）气温过程线，如图 5-1 所示。

由图 5-1 可知，宁蒙河段石嘴山、巴彦高勒、三湖河口三站防凌期的平均气温近 20 年呈上升趋势，而头道拐站防凌期平均气温整体偏低，且近 20 年来气温表现出下降趋势。

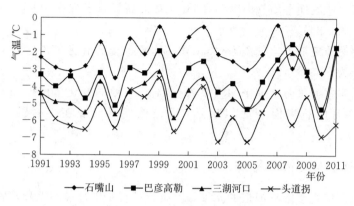

图 5-1 宁蒙河段历年防凌期各控制端面气温过程线

统计分析防凌期宁蒙河段各控制断面（石嘴山、巴彦高勒、三湖河口、头道拐）1991—2010 年共 20 年气温数据，结果形式见表 5-1。

表 5-1　　　　　　　宁蒙河段近 20 年各控制断面气温特征值　　　　　　　单位：℃

月份	石 嘴 山			巴 彦 高 勒		
	极大值	极小值	均值	极大值	极小值	均值
11	22	−18	1.7	21	−22	0.5
12	12	−24	−5.1	13	−27	−6.7
1	10	−27	−8	9	−27	−10.1
2	18	−24	−3	18	−25	−4.8
3	28	−15	3.8	25	−19	1.8
平均	18	−21.6	−2.1	17.2	−24	−3.9

月份	三 湖 河 口			头 道 拐		
	极大值	极小值	均值	极大值	极小值	均值
11	20	−20	−0.3	20	−23	−1
12	9	−26	−7.3	9	−32	−8.7
1	7	−28	−10.7	6	−33	−12.4
2	16	−25	−5.4	17	−33	−6.5
3	23	−19	1.3	24	−21	1.2
平均	15	−23.6	−4.5	15.2	−28.4	−5.5

由表 5-1 可知，宁蒙河段气温统计特点如下：

（1）石嘴山站防凌期平均气温为 −2.1℃，其最高气温出现在 3 月，为 28℃；最低气温出现在 1 月，为 −27℃。

（2）巴彦高勒防凌期平均气温为 −3.9℃，其最高气温出现在 3 月，为 25℃；最低气温出现在 12 月、1 月，为 −27℃。

（3）三湖河口防凌期平均气温为−4.5℃，其最高气温出现在 3 月，为 23℃；最低气温出现在 1 月，为−28℃。

（4）头道拐站防凌期平均气温为−5.5℃，其最高气温出现在 3 月，为 24℃；最低气温出现在 1 月，为−33℃。

综上所述，宁蒙河段防凌期平均气温为−4℃，气温的变化范围−33～28℃；最高气温一般出现在 3 月的石嘴山断面，为 28℃；最低气温出现在 1 月的头道拐断面，为−33℃。

5.1.2 气温变化对凌情的影响

气温的高低不仅直接影响河道的冰量和冰质，且其变化过程的差异对整个防凌期冰凌的发生、发展和消融产生了重要影响。

5.1.2.1 近 20 年防凌期气温变化的主要特征

近 20 年来防凌期的年代平均气温特征值见表 5-2。

表 5-2　　　　　　　　　宁蒙河段石嘴山站防凌期气温特征统计　　　　　　单位：℃

名　称		11 月	12 月	1 月	2 月	3 月
1981—1990	80 年代平均	0.6	−6.7	−8.2	−4	1.4
1991—2000	与 80 年代比较	高 0.8	高 0.6	高 0.2	高 0.7	高 2.1
	90 年代平均	1.4	−5.3	−8	−3.3	3.5
2001—2010	与 80 年代比较	高 0.9	高 1.8	高 1.3	高 1.4	高 2.6
	2000 年以后平均	1.5	−4.9	−6.9	−2.6	4

为更直观地表现各年代的气温变化，本节绘制了石嘴山站近 20 年防凌期平均气温变化过程，如图 5-2 所示。

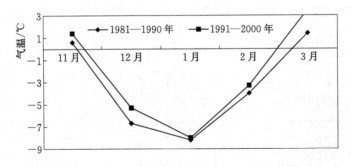

图 5-2　宁蒙河段石嘴山站近 20 年防凌期平均气温变化

由表 5-2 可知，20 世纪 90 年代整个防凌期各月平均气温较 80 年代偏高，2000 年以后气温进一步升高，尤其是 3 月增温明显，高达 2.6℃。

5.1.2.2 气温变化对凌情变化的影响

近 20 年宁蒙河段（以石嘴山站为例）各年代凌情特征值及其与 80 年代凌情的比较，见表 5-3。

表5-3　　　　　　　宁蒙河段石嘴山站凌清特征值变化统计表

年度		流凌日期	封冻日期	冰厚/cm	开河日期	封冻天数/d	冰塞次数/次
1981—1990	80年代平均	12月5日	1月7日	40.8	3月2日	55	8
1991—2000	与80年代比较	早3天	晚10天	少2.2	早10天	少20	少1
	90年代平均	12月2日	1月17日	38.6	2月20日	35	7
2001—2010	与80年代比较	晚5天	早1天	少11.4	早8天	少7	少5
	2000年后平均	12月10日	1月6日	29.4	2月22日	48	2
1981—1990	80年代平均	11月17日	52天	1月7日	−273.1	3月7日	39
1991—2000	与80年代比较	晚10天	相同	晚10天	高9.5	早5	少7
	90年代平均	11月27日	52天	1月17日	−263.6	3月2日	32
2001—2010	与80年代比较	晚3天	少4天	早1天	高73.6	早14	少23
	2000年后平均	11月20日	48天	1月6日	−199.5	2月21日	9

对照表5-3所列各年代凌情特征值，结合逐年凌情资料分析可见，各年代气温过程的差异对凌情产生了直接影响，主要表现有：

（1）80年代由于低气温过程较多，尤其负气温天数和累积值相对较大，故凌情呈现出冰塞、冰坝次数多、封冻河段长，冰量大，冰层厚和封冻天数多的特点。

（2）与80年代相比，90年代冰塞减少1次，冰坝减少7次，平均流凌日期提前3天，封河日期推迟10天，开河日期提前10天，封河天数，减少20天，冰厚减少2.2cm。

（3）与80年代相比，2000年以后冰塞减少5次、冰坝减少23次、平均流凌日期推迟5天，封河日期提前1天，封河天数减少7天，冰厚减少11.4cm，开河日期提前8天。

总体来说，尽管封、开河时间的早、晚主要取决于气温变化过程和上游来水量及当时的河床形态，但年代平均值对其影响突出，各年代的凌情与气温变化相对应，凌情随着各年代防凌期气温升高而减轻，冰塞、冰坝次数明显减少，且呈现出封河日期延迟、开河日期提前的特点。

5.1.3　防凌期宁蒙河段封开河日期统计特征分析

宁蒙河段多年流凌、封河、开河日期特征值统计情况见表5-4。

表5-4　　　　　　宁蒙河段主要水文站多年流凌、封河、开河日期特征

名　　称		石嘴山	巴彦高勒	三湖河口	头道拐
流凌日期	平均	12月6日	12月1日	11月25日	11月24日
	最早	1995年11月14日	2000年11月9日	2003年11月8日	1992年11月9日/2000年11月9日
	最晚	2006年12月28日	2004年12月20日	1994年12月2日	1994年11月27日/2006年11月27日
封河日期	平均	1月13日	12月22日	12月6日	12月15日
	最早	1999年12月28日	1993年12月5日	1994年11月18日	1993年11月21日
	最晚	2004年1月25日	1999年1月8日	1999年12月24日	1999年1月11日

续表

名　称		石嘴山	巴彦高勒	三湖河口	头道拐
开河日期	平均	2月21日	3月6日	3月19日	3月17日
	最早	2006年2月5日	2005年12月30日	2002年3月6日	1999年3月4日
	最晚	2007年3月6日	1994年/1996年/2005年/2010年3月18日	2009年3月27日	1996年3月28日

由表5-4可知:

(1) 石嘴山站多年平均流凌日期为12月6日,封冻日期为1月13日,流凌期38天,开河日期为2月21日,封冻期40天。历年最早流凌日期发生在1995年11月14日,最早封河日期为1999年12月28日,最晚开河日期为2007年3月6日。

(2) 巴彦高勒站多年平均流凌日期为12月1日,封冻日期为12月22日,流凌期21天,开河日期为3月6日,封冻期75天。历年最早流凌日期发生在2000年11月9日,最早封河日期为1993年12月5日,最晚开河日期为3月18日(1994年、1996年、2005年、2010年)。

(3) 三湖河口站多年平均流凌日期为11月25日,封冻日期为12月6日,流凌期12天,开河日期为3月19日,封冻期105天。历年最早流凌日期发生在2003年11月8日,最早封河日期为1994年11月18日,最晚开河日期为2009年3月27日。

(4) 头道拐站多年平均流凌日期为11月24日,封冻日期为12月15日,流凌期22天,开河日期为3月17日,封冻期92天。历年最早流凌日期发生在11月9日(1992年、2000年),最早封河日期为1993年11月21日,最晚开河日期为1996年3月28日。

表5-5为宁蒙河段及主要水文站防凌期封河天数的统计值。宁蒙河段封河天数多年均值为42天,最长1991—1992年度达150天,最短2005—2006年度达11天。石嘴山水文站封河天数多年均值为40天,是该河段主要水文站中封河天数最短的,三湖河口水文站多年均值为124天,封河天数最长。

表5-5　　　　1991—2005年宁蒙河段及主要水文站防凌期封河天数统计　　　　单位:d

封河天数特征	宁蒙河段	石嘴山	巴彦高勒	三湖河口	头道拐
平均	42	40	77	101	93
最短	11	11	53	88	53
最长	72	62	104	124	120

综上所述,宁蒙河段封开河日期的统计特征主要表现在:宁蒙河段流凌、封河一般先出现在三湖河口至头道拐区间河段,然后向上游延伸。历年最早封河出现在三湖河口,最晚封河出现在石嘴山。开河一般先出现在三湖河口以上区间,然后由上游向下游发展,其中历年最早开河出现在巴彦高勒,历年最晚开河日期出现在头道拐。

5.1.4　封开河日期预报模型

宁蒙河段封河时间一般在11月下旬至1月上旬,开河时间在2月中旬至3月下旬。流凌开始后,随着气温下降,流凌密度不断增加,流冰体积加大,表层冻结一层薄冰,当冰凌之间的冻结力大于水流冲击的动力时，河流开始封冻。宁蒙河段首封河段多在三湖河口河段，然后向上下游两端发展，封河早晚、快慢与降温过程、流量大小、寒潮入侵路径及强度关系密切。鉴于此，本节考虑了河势、热力、动力等方面的影响因素建立预报模型。

5.1.4.1 模型建立

目前已有的黄河上游河段冰凌预报模型利用三湖河口累计负气温为热力因素，流凌日断面平均流量为动力因素，建立三湖河口封河历时的回归方程。由于资料有限，本模型采用宁蒙河段各站断面的累积负（正）气温、封（开）河日前 10 日所在当旬的断面平均流量，建立多元回归方程：

$$Y = AX_1 + BX_2 + C \qquad (5.1)$$

式中：Y 为封开河历时（封河历时：从 11 月 10 日起到封河日的天数；开河历时：从 2 月 20 日起到开河日的天数）；X_1 为累计负（正）气温〔从气温转负（正）日到封（开）河日的气温累计值〕；X_2 为封（开）河日前 10 日所在当旬的断面平均流量；A，B，C 表示回归方程中各影响因子的回归系数，见表 5-6。

表 5-6 封开河日期预报模型各影响因子回归系数

系数	石嘴山		巴彦高勒		三湖河口		头道拐	
	封河	开河	封河	开河	封河	开河	封河	开河
A	0.305	−0.384	0.121	−0.319	0.110	−0.333	0.129	0.139
B	0.050	−0.030	0.030	0.018	0.019	−0.012	0.001	−0.019
C	43	16	11	9	14	23	22	36

5.1.4.2 模型检验

按照水利部颁布的《水文情报预报规范》进行评定，预报模型的合格率为 73%～92%，该预报模型为乙等，可用于预报作业。采用 1991—2005 年资料进行验证，合格率在 73%以上，见表 5-7。

表 5-7 预报模型检验表

年份（封河）	石嘴山			巴彦高勒			三湖河口			头道拐		
	实测值（月/日）	预测值（月/日）	误差/d	实测值（月/日）	预测值（月/日）	误差/d	实测值（月/日）	预测值（月/日）	误差/d	实测值（月/日）	预测值（月/日）	误差/d
1991	未封	未封	未封	12/25	12/24	1	12/1	12/5	−4	12/2	12/1	1
1992	未封	未封	未封	12/27	12/24	3	12/12	12/14	−2	12/28	1/1	−3
1993	1/20	1/25	−5	12/25	12/25	0	12/19	12/20	−1	12/16	12/15	1
1994	1/18	1/23	−5	12/5	12/19	−14	11/24	12/9	−15	11/21	11/30	−9
1995	1/25	1/21	4	12/28	12/30	−2	12/17	12/8	9	12/15	12/6	9
1996	1/16	1/16	0	12/25	12/27	−2	12/12	12/8	4	12/8	12/5	3
1997	1/7	1/4	3	12/7	12/10	−3	11/28	11/26	2	11/26	11/27	−1
1998	1/7	1/4	3	12/10	12/7	3	11/18	11/20	−2	12/10	12/11	−1
1999	1/20	1/12	8	1/8	12/22	17	12/14	12/10	4	1/11	1/5	6

续表

年份 (封河)	石嘴山			巴彦高勒			三湖河口			头道拐		
	实测值 (月/日)	预测值 (月/日)	误差 /d	实测值 (月/日)	预测值 (月/日)	误差 /d	实测值 (月/日)	预测值 (月/日)	误差 /d	实测值 (月/日)	预测值 (月/日)	误差 /d
2000	1/25	1/18	7	12/22	12/20	2	12/24	12/23	1	12/9	12/8	1
2001	未封	未封	未封	1/2	12/26	7	12/3	12/8	−6	12/25	1/1	−7
2002	12/28	1/8	10	12/13	12/6	7	12/8	12/4	4	12/13	12/11	2
2003	12/30	1/1	1	12/2	12/18	−16	12/10	12/7	3	12/25	12/24	1
2004	1/22	1/16	6	12/21	12/21	0	12/9	12/9	0	12/14	12/17	−3
2005	1/8	1/9	1	12/29	12/23	6	12/20	12/9	11	12/28	12/21	7
平均误差			4.4			5.5			4.5			3.7
合格率 /%			92			80			80			87

年份 (开河)	石嘴山			巴彦高勒			三湖河口			头道拐		
	实测值 (月/日)	预测值 (月/日)	误差 /d	实测值 (月/日)	预测值 (月/日)	误差 /d	实测值 (月/日)	预测值 (月/日)	误差 /d	实测值 (月/日)	预测值 (月/日)	误差 /d
1991	未封	未封	未封	3/6	3/10	−4	3/23	3/16	7	3/25	3/13	12
1992	未封	未封	未封	3/10	3/13	−3	3/23	3/17	6	3/20	3/16	4
1993	2/12	2/15	−3	3/7	3/16	−9	3/18	3/15	3	3/16	3/14	2
1994	2/24	2/16	8	3/18	3/14	4	3/21	3/17	4	3/20	3/12	8
1995	2/18	2/15	3	3/5	3/14	−9	3/19	3/16	3	3/14	3/12	2
1996	3/1	2/22	7	3/18	3/13	6	3/26	3/20	6	3/28	3/19	9
1997	2/19	2/24	−5	3/9	3/5	4	3/12	3/20	−8	3/17	3/20	−3
1998	2/23	2/22	1	3/2	3/2	0	3/8	3/11	−3	3/9	3/17	−8
1999	2/11	2/16	−5	3/1	3/11	−10	3/11	3/16	−5	3/4	3/11	−7
2000	2/26	2/25	1	3/15	3/10	5	3/22	3/17	5	3/17	3/17	0
2001	未封	未封	未封	3/10	3/8	3	3/19	3/19	0	3/18	3/16	2
2002	2/13	2/20	−7	2/24	3/7	−11	3/6	3/17	−11	3/6	3/11	−5
2003	2/22	2/23	−1	3/7	3/13	−6	3/23	3/21	2	3/21	3/19	2
2004	2/21	2/23	−2	3/9	3/9	0	3/15	3/18	−3	3/15	3/18	−3
2005	3/4	2/22	11	3/18	3/14	4	3/21	3/19	2	3/19	3/17	2
平均误差			4.5			5.2			4.5			4.6
合格率 /%			83			73			87			73

　　本节所介绍的预报模型，是在分析物理成因的基础上，采用数理统计多元线性回归分析方法建立的，其物理意义明确，使用方便，通过15年的实测资料验证，模型具有较高的预报精度，为防凌预案中不同控泄方案对应的封开河日期预测奠定了基础。

5.1.5 防凌期宁蒙河段刘家峡控泄流量统计特征分析

宁蒙河段近 20 年平均首封日期至稳定封河日期为 12 月 1 日至 1 月 4 日，因此选取刘家峡 12 月控泄流量为封河期流量，同理，取翌年李家峡 3 月控泄流量流量为开河期流量，见表 5-8。

表 5-8 　　　　　　 1991—2010 年刘家峡控泄流量随时间变化表 　　　　　　 单位：m³/s

年份	封河流量	开河流量	年份	封河流量	开河流量
1990	628	—	2001	447	305
1991	534	446	2002	404	304
1992	600	417	2003	441	233
1993	557	468	2004	488	299
1994	615	395	2005	492	303
1995	503	463	2006	491	307
1996	328	351	2007	485	308
1997	323	255	2008	453	273
1998	537	300	2009	479	284
1999	557	364	2010	491	295
2000	446	312	2011	—	288

由表 5-8 绘制 1990—2010 年刘家峡控泄流量随时间变化过程线图，主要包括封、开河期刘家峡控泄流量随时间变化过程线，如图 5-3、图 5-4 所示。

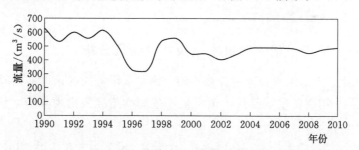

图 5-3　1990—2010 年刘家峡封河期控泄流量随时间变化过程线

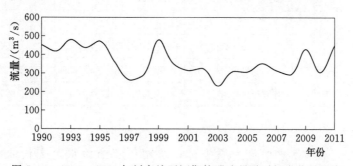

图 5-4　1990—2010 年刘家峡开河期控泄流量随时间变化过程线

统计分析防凌期宁蒙河段刘家峡控泄流量特征值（最大值、最小值和均值等），结果见表 5-9。

表 5-9　　　　　　　　　　　刘家峡控泄流量特征值

名　称	最　大　值		最　小　值		均值/(m³/s)
	流量/(m³/s)	出现时间	流量/(m³/s)	出现时间	
开河期	468	1993	233	2003	332
封河期	628	1990	323	1997	490

由图 5-3、图 5-4 可知：

（1）宁蒙段开河、封河期刘家峡控泄流量整体呈现下降趋势，具体又可分为两个阶段，第一阶段为 1991—2000 年的明显下降趋势，第二阶段为 2000—2010 年平稳趋势。

（2）由于受到上游来水的影响，1995—1998 年来水明显偏枯，其他年份封河期刘家峡控泄流量均在 560m³/s 左右，最大 628m³/s（1990 年）；2000 年以后封河期刘家峡控泄流量相对下降 100m³/s 左右，但较为平缓，变化不大，基本维持在 490m³/s 左右。

（3）1990—2000 年，开河期刘家峡下泄量均在 380m³/s 左右，最大 480m³/s（1993 年）。由于受到上游来水的影响，1995—1998 年区间流量偏小，2000 年以后开河期刘家峡下泄流量平均相对以前下降 90m³/s 左右，基本维持在 300m³/s 左右。

综上所述，宁蒙段封、开河期刘家峡控泄流量整体呈现下降趋势。封河期平均流量为 490m³/s，开河期平均流量为 332m³/s。

5.1.6　防凌期宁蒙河段最大槽蓄水增量统计特征分析

由于逐年气温、上游来水及冰情特点不同，槽蓄水增量的变化也不相同。统计分析防凌期宁蒙河段近 20 年槽蓄水增量最大值、最小值和均值以及出现年份，结果见表 5-10 和表 5-11。

表 5-10　　　　　　　宁蒙河段槽蓄水增量极值特点分析　　　　　　单位：亿 m³

项　目	1990 年以前	1990—2000 年	2000—2005 年
最大值	13.28	16.35	19.39
出现年份	1975—1976 年	1999—2000 年	2004—2005 年
最小值	6.83	4.56	11.85
出现年份	1959—1960 年	1996—1997 年	2002—2003 年
均值	9.57	13.40	15.11

以年为横坐标，槽蓄水增量为纵坐标，绘制历年槽蓄水量变化曲线，如图 5-5 所示。

表 5-11　　　　　　　　　宁蒙河段历年槽蓄水增量变化表　　　　　　单位：亿 m³

年份	最大槽蓄水增量	年份	最大槽蓄水增量	年份	最大槽蓄水增量
1991	13.93	1998	13.55	2005	19.39
1992	11.18	1999	16.35	2006	13.00
1993	13.20	2000	19.13	2007	13.00
1994	12.37	2001	18.70	2008	18.00
1995	15.39	2002	12.85	2009	17.00
1996	14.31	2003	11.85	2010	16.20
1997	4.56	2004	12.77		

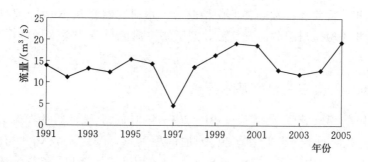

图 5-5　宁蒙河段历年槽蓄水增量变化曲线

　　宁蒙段开河、封河期槽蓄水增量整体呈现上升趋势。2000 年以前，1990—1995 年较为稳定，平均值为 13 亿 m³ 左右；1995—1998 年明显减少，最小值为 4.56 亿 m³（可能是测量误差所致）；2000 年以后槽蓄水增量没有明显变化，平均在 15 亿 m³ 左右。

　　1991—2005 年宁蒙河段槽蓄水增量的年内变化过程如图 5-6 所示。

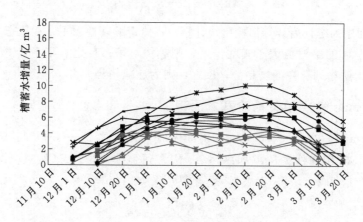

图 5-6　1991—2005 年宁蒙河段槽蓄水增量年内变化过程线

　　根据水库调度图的原理，采用包线法给出了槽蓄水增量在凌汛期的变化范围。上（下）包线表明槽蓄水增量的上（下）限值。由上下包线可知，凌汛期任一时间的槽蓄水增量值，或由槽蓄水增量的大小，可得知其大致的发生时间。

槽蓄水增量一般从 11 月中旬开始有显著增加，在 1 月上旬增加幅度明显减缓，变化趋势趋于平稳，3 月上旬开始急剧下降，最大值一般出现在 2 月中下旬，结合 5.1.3 节统计封开河日期特征值可知，槽蓄水增量在宁蒙河段流凌和封河期间显著增加，到封冻期增加趋于平缓，在开河期逐渐减少，最大值一般出现在封冻期末、开河期来临之际。

5.2 气温、刘家峡封开河期控泄流量及槽蓄水增量趋势分析

时间序列趋势即为时间序列中有规则的变动。在时间序列中，判断其趋势成分是否显著，需进行统计分析和检验。检验途径一般有两种：一是观察法，即对时间序列的变化过程线进行观察，得出结论；二是统计检验法，常用的方法有 Kendall 秩次相关检验、Spearman 秩次相关检验和线性趋势回归检验等。本研究将采用 Kendall 秩次相关检验和 Spearman 秩次相关检验对宁蒙河段气温、刘家峡控泄流量及槽蓄水增量序列的趋势性进行分析。

5.2.1 Kendall 秩次相关检验基本原理

以宁蒙河段气温、槽蓄水增量 1991—2010 年时间序列资料为基础，运用坎德尔（Kendall）秩次相关法分析其变化趋势。对时间序列 X_1, X_2, $\cdots$, X_n，先确定所有对偶值（X_i, X_j; $I > j$）中的 $X_i < X_j$ 出现次数 d_i。用下式计算其检验统计量：

$$U = \frac{\tau}{\left[V\alpha\gamma(\tau)\right]^{\frac{1}{2}}} \tag{5.2}$$

$$\tau = \frac{4\sum d_i}{n(n-1)} - 1 \tag{5.3}$$

$$V\alpha\gamma = \frac{2(2n+5)}{9n(n-1)} \tag{5.4}$$

根据各时间序列统计后计算出检验统计量 U，给定显著性水平 α 在正态分布表中查出临界值 $U_{\alpha/2}$，当 U 的绝对值大于其临界值，则趋势显著；反之，则不显著。如检验统计量 U 大于零，说明序列存在递增趋势；反之，则为递减趋势。

5.2.2 Spearman 秩次相关检验基本原理

利用 Spearman 秩次相关检验法分析时间序列 X_t（$t=1, 2, \cdots, n$）与其时序的相关关系。在运算时，X_t 用其秩次 R_t（即序列 X_t 从大到小排列时，X_t 所对应的序号）代表，t 仍为时序（$t=1, 2, \cdots, n$），秩次相关系数为

$$\gamma = 1 - \frac{6\sum_{t=1}^{n}(R_t - t)^2}{n^3 - n} \tag{5.5}$$

式中：n 为序列长度。

由式（5.5）知，当秩次 R_t 与时序 t 相近时，相关系数大，趋势显著。

相关系数是否异于零，可采用 t 检验法。检验统计量公式如下：

$$T = \gamma \left(\frac{n-4}{1-\gamma^2} \right)^{\frac{1}{2}} \tag{5.6}$$

服从自由度为 $(n-2)$ 的 t 分布。原假设为无趋势。检验时，先计算检验统计量 T，然后给定显著水平 α，在 t 分布表中查出临界值 $t_{\alpha/2}$。当 $|T| > t_{\alpha/2}$ 时，拒绝原假设，说明序列具有相依关系，序列趋势显著；反之，接受原假设，趋势不显著。

5.2.3 宁蒙河段气温、槽蓄水增量时间序列趋势检验

1. Kendall 秩次相关检验

依据以上原理，分析宁蒙河段各站的年均气温、槽蓄水增量时间序列趋势项，为 Kendall 秩次相关检验分析结果见表 5-12。

表 5-12   **Kendall 秩次相关检验时间序列趋势分析**

项 目	站 名	检验统计量 U	显著水平 α	临界值 $U_{\alpha}/2$	判别结果	趋势性
气温	石嘴山	1.147	0.05	1.96	$|U| < U_{\alpha}/2$	不显著递增
	巴彦高勒	1.027	0.05	1.96	$|U| < U_{\alpha}/2$	不显著递增
	三湖河口	1.631	0.05	1.96	$|U| < U_{\alpha}/2$	不显著递增
	头道拐	-0.664	0.05	1.96	$|U| < U_{\alpha}/2$	不显著递减
槽蓄水增量	石—头	0.643	0.05	1.96	$|U| < U_{\alpha}/2$	不显著递增
	石—巴	-1.435	0.05	1.96	$|U| < U_{\alpha}/2$	不显著递减
	巴—三	1.237	0.05	1.96	$|U| < U_{\alpha}/2$	不显著递增
	三—头	0.841	0.05	1.96	$|U| < U_{\alpha}/2$	不显著递增

由表 5-12 可知：宁蒙河段各站的年均气温、槽蓄水增量时间序列趋势总体都不显著。

2. Spearman 相关秩次检验

首先给出石嘴山年均气温序列 Spearman 相关秩次检验，见表 5-13。

表 5-13   **石嘴山年均气温序列 Spearman 相关秩次检验**

t	1	2	3	4	5	6	7	8	9	10	11
$x(t)$	-2.3	-2.9	-3.1	-2.8	-1.4	-3.5	-1.2	-2.1	-0.5	-2.2	-1.1
$R(t)$	13	17	19	15	8	21	7	11	3	12	6
$d(t)$	12	15	16	11	3	15	0	3	-6	2	-5

t	12	13	14	15	16	17	18	19	20	21	
$x(t)$	-0.5	-2.1	-2.5	-3.0	-1.7	-0.4	-2.9	-0.9	-3.2	-0.6	
$R(t)$	3	11	14	18	9	1	17	5	20	4	
$d(t)$	-9	-2	0	3	-7	-16	-1	-14	0	-17	

计算得 $\sum \mathrm{d}t^2 = 1939$，$r = -0.26$，$T = 1.106$。给定显著性水平 $\alpha = 0.05$，得 $T_{\alpha/2} = 2.23$，序列趋势不显著。依据上述方法，计算其他站防凌期平均气温、各段槽蓄水增量，

结果见表 5-14。

表 5-14　　　　　　　　　　　**Spearman 秩次相关检验序列趋势分析**

项　目	站　名	检验统计量 T	显著水平 α	临界值 $U_{\alpha/2}$	判别结果	趋势性
气温	石嘴山	1.106	0.5	2.23	$\mid T \mid < T_{\alpha/2}$	趋势不明显
	巴彦高勒	0.945	0.5	2.23	$\mid T \mid < T_{\alpha/2}$	趋势不明显
	三湖河口	1.434	0.5	2.23	$\mid T \mid < T_{\alpha/2}$	趋势不明显
	头道拐	-0.620	0.5	2.23	$\mid T \mid < T_{\alpha/2}$	趋势不明显
槽蓄水增量	石—头	0.018	0.5	2.23	$\mid T \mid < T_{\alpha/2}$	趋势不明显
	石—巴	-1.299	0.5	2.23	$\mid T \mid < T_{\alpha/2}$	趋势不明显
	巴—三	0.509	0.5	2.23	$\mid T \mid < T_{\alpha/2}$	趋势不明显
	三—头	0.715	0.5	2.23	$\mid T \mid < T_{\alpha/2}$	趋势不明显

由表 5-12 和表 5-14 可以看出,Kendall 和 Spearman 方法研究得出的结论基本一致,即宁蒙河段各站的年均气温、槽蓄水增量时间序列趋势总体均不显著;除头道拐站外各站年均气温时间序列有微弱的递增趋势;各站防凌期平均槽蓄水增量除石嘴山至巴彦高勒河段外,均有微弱的递增趋势。

5.3　宁蒙河段气温、槽蓄水增量持续性分析

时间序列的持续性反映的是时间时序前后数据之间的相关联作用于时序变化趋势是具有正持续性还是反持续性,常采用 R/S 分析方法。

5.3.1　R/S 分析法

R/S 分析法基本原理:对于时间序列 $\{x(t)\}$ $(t=1,2,\cdots,n)$,定义以下量:均值序列 $x_\tau = \frac{1}{\tau}\sum_{i=1}^{\tau} x(t)$,$(\tau=1,2,\cdots,n)$;累计离差 $X(t,\tau)\sum_{k=1}^{t}(x(k)-x_\tau)$,$(1 \leqslant t \leqslant \tau)$;极差序列 $R(\tau) = \max X_{i \leqslant t \leqslant \tau}(t,\tau) - \min X_{i \leqslant t \leqslant \tau}(t,\tau)$;标准差序列 $S(\tau)\left\{\frac{1}{\tau}\sum_{i=0}^{\tau}[x(t)-x_\tau]^2\right\}^{0.5}$。

对于比值 $R_\tau/S_\tau = R/S$,如果存在如下关系 $R/S \propto \tau^H$,则说明时间序列 $\{x(t)\}$ $(t=1,2,\cdots,n)$,在 Hurst 现象,H 称为 Hurst 指数,H 值可根据计算出的 $(\tau,R/S)$ 值,在双对数坐标系 $[\ln(\tau),\ln(R/S)]$ 用最小二乘法拟合,H 对应于拟合直线的斜率。

根据 H 的大小,可判断时间序列趋势成分是表现为正持续性或反持续性。Hurst 等人证明,如果 $\{x(t)\}$ $(t=1,2,\cdots,n)$ 相互独立,方差有限的随机序列,则 $H=0.5$。对于不同的 Hurst 指数 $H(0<H<1)$,存在三种情况:

(1) $H=0.5$ 时,表明时间序列变化是随机的。

(2) $0.5<H<1$ 时,表明时间序列具有长程相关性,即过程具有正的持续性。反映

在序列变化上，从平均的观点来看，表明过去的一个增长（减少）趋势意味着将来的一个增长（减少）趋势，值越接近于1，序列的正持续性越强。

（3）$0<H<0.5$时，表明时间序列具有长程相关性，即过程具有负持续性。反映在径流量序列变化上，从平均的观点来看，表明过去的一个增长（减少）趋势意味着将来的一个增长（减少）趋势，值越接近于0，序列的反持续性越强。

5.3.2　宁蒙河段气温、槽蓄水增量时间序列 R/S 检验

应用 R/S 分析法对宁蒙河段各站的年均气温、槽蓄水增量时间序列进行分析，结果如图 5-7 所示。

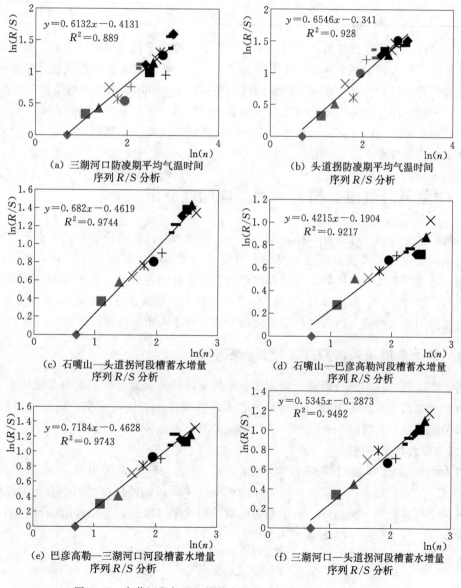

图 5-7　宁蒙河段气温、槽蓄水增量时间序列 R/S 分析结果

统计得出宁蒙河段各站 Hurst 指数值见表 5-15。

表 5-15 宁蒙河段各站气温、槽蓄水增量 Hurst 指数值

气　温	石嘴山	$H = 0.7774$
	巴彦高勒	$H = 0.6396$
	三湖河口	$H = 0.6132$
	头道拐	$H = 0.6546$
槽蓄水增量	石嘴山—头道拐	$H = 0.682$
	石嘴山—巴彦高勒	$H = 0.4215$
	巴彦高勒—三湖河口	$H = 0.7184$
	三湖河口—头道拐	$H = 0.5345$

结果分析：宁蒙河段各站各项目的 Hurst 指数石嘴山至巴彦高勒河段和三湖河口至头道拐河段的槽蓄水增量小于 0.5，其他均大于 0.5。表明宁蒙河段各站气温、槽蓄水增量的变化都具有分形的特征，存在正的持续性。根据以上 Kendall 趋势分析结果可以预测：

（1）宁蒙河段各站防凌期平均气温不显著的递增趋势在未来将会持续；

（2）除石嘴山至巴彦高勒河段外，其他河段各站防凌期平均槽蓄水增量不显著的递增趋势在未来将会持续。

5.4　宁蒙河段气温、槽蓄水增量周期性分析

时间要素变化的过程多种多样，但可视为有限个周期波互相叠加而成。由于影响非线性时间序列变化的因素较为复杂，周期不可能像天体运动、潮汐现象所具有规律性的周期，而只是概率意义上的周期。时间序列的周期分析方法有很多，常采用的分析提取方法主要的有简单分波法、傅立叶分析法、功率谱分析法、极大熵谱分析法和小波分析法等。本节主要运用极大熵谱分析法进行宁蒙河段气温、槽蓄水增量周期的分析。

5.4.1　极大熵谱法基本原理及计算步骤

极大熵谱法的基本思想是对所观测的有限数据以外的数据仅仅假设它是随机的，在信息熵为最大的前提下，将未知的那一部分相关函数用迭代方法推出来，从而得到功率谱。由于相关函数序列长度的加长，使谱估计的误差减小，分辨率大大提高。

5.4.1.1　极大熵谱分析法

极大熵谱分析方法是非线性谱分析方法之一。该方法将相应于有限采样序列 $\{x_k\}$（$|K| < N$）的自相关函数 $R(k)$ 外推至 $|k| \to \infty$，用得出的无限个自相关函数序列替代有限序列进行功率谱估计。由于相关函数序列长度的加长，谱估计的误差减小，分辨率大大提高。设 $|k| \to \infty$，$R(k)$ 功率谱为 $P(\omega)$，则

$$P(\omega) = \sum_{K=-\infty}^{+\infty} R(k) e^{-ik\omega\Delta t} \tag{5.7}$$

其谱熵为：

$$H = \int P(\omega) \ln P(\omega) \, d\omega \tag{5.8}$$

式中：ω 为角频率；Δt 为资料间距。

为得到需要的 $R(k)$，由给定采样数据得有限个 $R(k)$，$(k \leqslant N)$，以下式为约束条件：

$$\int P(\omega) e^{ik\omega\Delta t} \, d\omega = R(K) \quad (K = 0 \pm 1, \cdots, \pm m) \tag{5.9}$$

按变分原理，令 $\delta H = 0$，求得极大熵功率谱为

$$P(f) = \frac{P_m}{\left| 1 - \sum_{j=1}^{m} \alpha(j,m) e^{-ij2\pi f\Delta t} \right|^2} \tag{5.10}$$

式中：m 为模型阶数；P_m 为预报误差的方差估计；$\alpha(j,m)$ 为滤波系数。系数集 P_m 满足以下的 Yule-Walker 方程，即

$$\begin{bmatrix} R(0) & R(1) & \cdots & R(k) \\ R(1) & R(0) & \cdots & R(k-1) \\ \vdots & \vdots & \vdots & \vdots \\ R(k) & R(k-1) & \cdots & R(0) \end{bmatrix} \begin{bmatrix} 1 \\ \alpha_{m,1} \\ \vdots \\ \alpha_{m,n} \end{bmatrix} = \begin{bmatrix} P_m \\ 0 \\ \vdots \\ 0 \end{bmatrix} \tag{5.11}$$

5.4.1.2 极大熵谱的参数估计方法

极大熵谱的参数估计方法，较为常见的是 Burg 法和 Marple 法。本节采用 Burg 算法。Burg 算法的独特之处是为充分利用数据提供的信息，将观测数据顺置与倒置，即使用两次观测数据。它在 Levinson 递推算法的基础上采用正向预报和反向预报的平均预报误差功率极小的原则来确定过滤系数 $\alpha(j,m)$。它是从一阶模型开始逐步加阶数的递推算法，每步递推都能保证相应的自相关序列是非负定的，且模型是平稳的。由于采用了正反双向预报误差平方和为最小，提高了数据利用率，充分利用了数据所含的信息，故特别有利于短时间序列数据的分析和建模。

对采样序列 $x_1, x_2, \cdots, x_N$，其平均 $\bar{x} = \dfrac{1}{N} \sum_{i=1}^{N} x_i$，则新序列 $X_i = x_i - \bar{x}$ 采用一阶正向预报误差和反向预报误差之和极小的原理确定 $\alpha(1,1)$，则有

$$\alpha(1,1) = \frac{2 \sum_{i=1}^{N-1} X_i X_{i+1}}{\sum_{i=1}^{N-1} (X_i^2 + X_{i+1}^2)} \tag{5.12}$$

二阶正向预报误差和反向预报误差之和达极小的原理确定 $\alpha(2,2)$，应用平稳自回归递推公式有：

$$\alpha(1,2) = \alpha(1,1)[1 - \alpha(2,2)] \tag{5.13}$$

一般地，对于 $1 \leqslant m \leqslant N-1$ 有

$$\alpha(m+1, n+1) = \frac{2 \sum_{i=1}^{N-m-1} \left(X_i - \sum_{j=1}^{m} \alpha(j,m) X_{i+j} \right)}{\sum_{i=1}^{N-m-1} \left[\left(X_i - \sum_{j=1}^{m} \alpha(j,m) X_{i+j} \right) + (X_{i+m+j}) - \sum_{j=1}^{m} \alpha(j,m) X_{i+m+1-j} \right]} \tag{5.14}$$

$$\alpha(j,m+1)=\alpha(j,m)-\alpha(m+1,m+1)\alpha(m+1-j,m)\quad(j=1,2,3,\cdots,m)$$

$$(5.15)$$

式中：m 为阶数，代表预报误差的最佳过滤阶数。

5.4.1.3　模型阶数选择

截止阶 m 的选择对于谱估计的准确与否有很大的关系，它决定了谱分析的精度。本节中最佳截止阶 m 采用赤池导出的最终预报误差（FPE）准则确定。预报误差（FPE）准则的计算公式为

$$FPE(m)=\frac{N+m+1}{N-m-1}P_m$$

$$(5.16)$$

式中：P_m 为残差方差。在分析计算时选择能使 FPE 取最小的 m 作为其最佳截止阶数 m。

5.4.1.4　周期分析检验

周期分析的检验谱分析的目的，不仅在于得到随机序列的周期图，还必须识别真正的周期分量。根据极大熵谱图可以找出谱密度极大值处对应的周期分量为序列中的隐含周期分量，但还不能立即断定哪些是序列 $x(N)$ 的主周期分量。因为对于不含任何谐波分量的信号，也会因随机采样引起的周期图波动而出现虚假峰值，故必须对周期图峰值进行检验。谱的显著检验是以样本谱估计值与已知的非周期过程谱密度作比较，如果它们的差异显著，则可以认为该谱估计值不是非周期过程造成的，因而这种谱估计值的出现反映了周期过程的存在。反之，则认为没有周期变化。因此，需用统计检验方法来确定时间序列 $x(N)$ 的显著周期。

5.4.2　气温、槽蓄水增量周期分析

气温、槽蓄水增量等水文变化受诸多因素的影响变化极其复杂。从本质上讲，水文过程变化是一个非线性、非平稳、高维数的复杂系统，因此其分析中存在着多种不确定性。要研究水文过程、认识气温、槽蓄水增量等变化的规律，首先要排除随即干扰，从复杂的曲线中提取其主要周期分量。本节选取宁蒙河段各站 1990—2010 年防凌期的平均气温、1984—2005 年防凌期的平均槽蓄水增量，资料精度较高，具有较好代表性。但由于资料序列为短序列，故应用极大熵对其进行波谱分析。

5.4.2.1　资料预处理

气温、槽蓄水增量等时间序列由趋势项、周期项和随即项组成。严格来讲，只有平稳序列才能作谱分析，而对于非平稳序列则会产生谱的虚假成分。在进行谱分析时，为了消除趋势项和随机项这些非周期因素的影响，首先对资料序列标准化，即将原序列 $(x_1,x_2,\cdots,x_N)$ 值除以序列标准差，所得新序列为标准化序列。由于用标准化序列计算的谱估计与一般的谱估计结果完全一样，因此本节用标准化程序进行谱估计。

5.4.2.2　谱分析

首先采用 FPE 准则确定最佳模型阶数为 $m=6$，通过宁蒙河段各站选定的模型最佳阶数，计算出的熵谱，绘制最大熵谱图，如图 5-8 所示。

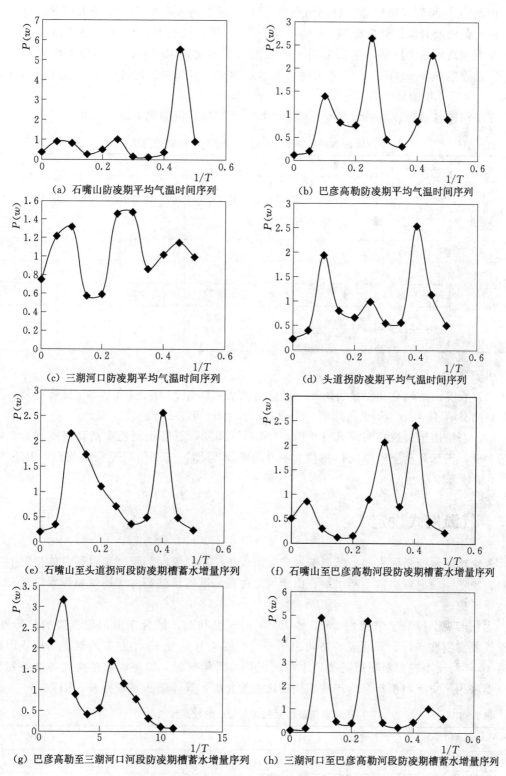

图 5-8　宁蒙河段气温、槽蓄水增量时间序列的极大熵谱图

由图 5-8 可知（以巴彦高勒站为例）：巴彦高勒站防凌期平均温度极大熵谱图呈多峰型，极大值处所对应的周期分别为 10 年、4 年、2 年，说明其时间序列可能存在隐含周期。为判别真正的主周期，本书采用 Fisher 统计检验法，取 $\alpha = 0.05$ 为显著性水平的下限，所选周期分量 10 年、4 年、2 年通过检验，表明巴彦高勒站防凌期平均温度序列具有 10 年、4 年、2 年的显著周期。

宁蒙河段各站防凌期平均温度、槽蓄水增量的周期分析结果见表 5-16。

表 5-16　　　　　宁蒙河段各站防凌期平均温度、槽蓄水增量的周期　　　　　单位：年

项　目	站名或区间	防凌期	11 月	12 月	1 月	2 月	3 月
气温	石嘴山	2	10、5	2	6、2	14、2	2
	巴彦高勒	10、4、2	6	5、2	5、3	6、4	3、2
	三湖河口	11、4、2	11	9、3	6、2	5、3	5、2
	头道拐	10、2	4、3	9、2	11、2	4	11、4
槽蓄水增量	石—头	9、2	5、3	4	14、3	5	5、3
	石—巴	3	4、2	11、4	3、2	7	4
	巴—三	4	5	4、2	6、2	4	3、2
	三—头	10、4	14、4	3	9、4	11、3	6、2

由表 5-16 可知：

（1）石嘴山站具有 2 年显著周期，巴彦高勒站列具有 10 年、4 年、2 年显著周期，三湖河口站具有 11 年、4 年显著周期，头道拐站具有 10 年、2 年显著周期；

（2）石嘴山至头道拐河段具有 9 年、2 年显著周期，石嘴山至巴彦高勒河段具有 3 年显著周期，巴彦高勒至三湖河口河段具有 4 年显著周期，三湖河口至头道拐河段具有 10 年、4 年显著周期。

5.5　气温模式设定

受全球气候变暖因素的不断影响，宁蒙河段历年不同控制断面气温过程总体呈现上升趋势，暖冬年份出现次数不断增加。由于气温过程的准确预测需考虑的气象因素较多，本节暂不考虑。

为从宏观上反映宁蒙河段 2011—2012 年的气温状况，结合宁蒙河段气温的趋势性、持续性及周期性知，宁蒙河段各站防凌期平均气温均有一个 10 年左右的显著周期，因此取近 10 年河段不同控制断面防凌期平均气温作为常年气温，冷冬、暖冬模式各站各旬平均气温采用历史上典型年与常年气温同倍比缩放获得，具体缩放系数见表 5-17。

表 5-17　　　　　宁蒙河段各站气温同倍比缩放系数

类型	石嘴山	巴彦高勒	三湖河口	头道拐
暖冬模式	0.39	0.21	0.21	0.23
冷冬模式	−0.32	−0.26	−0.20	−0.14

由表 5-17 可得宁蒙河段主要控制断面防凌期气温模式见表 5-18。

表 5-18　　　　　　　宁蒙河段不同水文站气温组合模式　　　　　　　单位：℃

类型	区间名称	时段	11月	12月	1月	2月	3月
暖冬模式	石嘴山	上旬	6.3	-5.7	-10.3	-8.3	0.1
		中旬	1.1	-7.8	-11.5	-4.7	4.7
		下旬	-2.2	-9.6	-10.6	-2.5	8.5
	巴彦高勒	上旬	3.7	-6.2	-10.8	-9.3	-2.4
		中旬	-0.4	-8.5	-11.5	-5.8	1.9
		下旬	-3.5	-10.0	-11.4	-4.4	5.1
	三湖河口	上旬	2.8	-7.6	-12.2	-10.5	-2.9
		中旬	-1.5	-9.7	-13.2	-6.8	1.0
		下旬	-4.6	-11.4	-12.5	-5.4	4.5
	头道拐	上旬	2.6	-8.7	-14.4	-12.2	-2.8
		中旬	-2.0	-11.3	-15.2	-7.4	0.9
		下旬	-5.7	-13.3	-14.3	-5.7	3.9
常温模式	石嘴山	上旬	4.5	-4.1	-7.4	-6	0.1
		中旬	0.8	-5.6	-8.3	-3.4	3.4
		下旬	-1.6	-6.9	-7.6	-1.8	6.1
	巴彦高勒	上旬	3.1	-5.1	-8.9	-7.7	-2
		中旬	-0.3	-7	-9.5	-4.8	1.6
		下旬	-2.9	-8.3	-9.4	-3.6	4.2
	三湖河口	上旬	2.3	-6.3	-10.1	-8.7	-2.4
		中旬	-1.2	-8	-10.9	-5.6	0.8
		下旬	-3.8	-9.4	-10.3	-4.5	3.7
	头道拐	上旬	2.1	-7.1	-11.7	-9.9	-2.3
		中旬	-1.6	-9.2	-12.4	-6	0.7
		下旬	-4.6	-10.8	-11.6	-4.6	3.2
冷冬模式	石嘴山	上旬	3.0	-2.8	-5.0	-4.1	0.1
		中旬	0.5	-3.8	-5.6	-2.3	2.3
		下旬	-1.1	-4.7	-5.1	-1.2	4.1
	巴彦高勒	上旬	2.3	-3.8	-6.6	-5.7	-1.5
		中旬	-0.2	-5.2	-7.0	-3.5	1.2
		下旬	-2.1	-6.1	-6.9	-2.7	3.1
	三湖河口	上旬	1.8	-5.1	-8.1	-7.0	-1.9
		中旬	-1.0	-6.4	-8.8	-4.5	0.6
		下旬	-3.1	-7.6	-8.3	-3.6	3.0

类型	区间名称	时段	11 月	12 月	1 月	2 月	3 月
冷冬模式	头道拐	上旬	1.8	−6.1	−10.1	−8.5	−2.0
		中旬	−1.4	−7.9	−10.7	−5.2	0.6
		下旬	−4.0	−9.3	−10.0	−4.0	2.7

各主要断面的平均气温均存在 10 年左右的显著周期,与太阳黑子活动周期相符。根据表 5-18 的研究成果,本节提出了气温组合模式,为今后的气候模式预测奠定了基础。

5.6 本章小结

本章统计了宁蒙河段气温、槽蓄水增量、封开河日期、刘家峡控泄流量的特征值,分析了气温对凌情的影响,建立了封开河日期预报模型;对宁蒙河段各站的气温、槽蓄水增量、封开河日期刘家峡控泄流量等因子的变化规律进行研究,分析了宁蒙河段各站各因子的趋势性、持续性和周期性,设定了气候模式,为宁蒙河段未来气候模式预测奠定了基础。

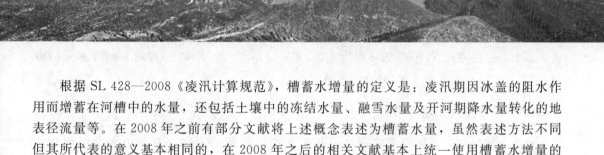

6

宁蒙河段槽蓄水增量致灾分析及其预测

根据 SL 428—2008《凌汛计算规范》，槽蓄水增量的定义是：凌汛期因冰盖的阻水作用而增蓄在河槽中的水量，还包括土壤中的冻结水量、融雪水量及开河期降水量转化的地表径流量等。在 2008 年之前有部分文献将上述概念表述为槽蓄水量，虽然表述方法不同但其所代表的意义基本相同的，在 2008 年之后的相关文献基本上统一使用槽蓄水增量的概念。

由第 3 章分析结果得知，槽蓄水增量是黄河宁蒙河段发生凌灾的主要致灾因子。冬季气温降低结冰阻水，大量水滞蓄在河槽中，随着气温升高，冰融水畅，槽蓄水增量释放，伴随着凌峰流量的沿程增加，往往形成大凌峰、高水位，漫溢河槽、冲毁堤防从而造成灾害。

本章根据 1990—2005 年的相关资料，分析槽蓄水增量受气温，上游来水及封开河冰情变化等因素的影响情况。首先，采用互相关分析的原理，从气温、上游来水情况及冰情三个大的方面，分析其与年最大槽蓄水增量之间的相关关系；其次，识别影响年最大槽蓄水增量的主要因素；最后，在综合年最大槽蓄水增量影响因素分析基础上，构建相应的预测模型，并进行验证。

6.1 互相关分析基本原理及判别方法

6.1.1 互相关分析的基本原理

互相关分析基本原理：

设有两个水文序列 X_t，Y_t，其总体互相关系数为

$$\rho_k(X,Y) = \frac{\mathrm{Cov}_k(X,Y)}{\sigma_x \sigma_y} \qquad (6.1)$$

$$\mathrm{Cov}_k(X,Y) = \lim_{n \to \infty} \frac{1}{n-k} \sum_{t=1}^{n-k} (X_t - u_x)(Y_{t+k} - u_y) \qquad (6.2)$$

式中：σ_x，σ_y 分别为序列 X_t，Y_t 的均方差；$k=0$，1，2，…，m；$\mathrm{Cov}_k(X,Y)$ 为 X_t，Y_t 滞时 k 的互协方差；u_x，u_y 分别为序列 X_t，Y_t 的均值。

$\rho_k(X,Y)$ 表示，Y_t 滞时 k 的互相关程度，$-1 \leqslant \rho_k(X,Y) \leqslant 1$，$\rho_k(X,Y)$ 的绝对值越大，互相关程度越高。如果 $\rho_k(X,Y)$ 大于 0 则认为 X_t，Y_t 之间的相关关系是正相关，即 Y_t 随着 X_t 的增大而增大；如果 $\rho_k(X,Y)$ 小于 0 则认为 X_t，Y_t 之间的相关关系是负相关，即 Y_t 随着 X_t 的增大而减小。$\rho_k(X,Y)$ 与 k 的变化过程，称为总体互相关图。

设有两个水文序列的实测样本 x_t，y_t（$t=1$，2，…，n）。样本互相关系数为

$$r_k(X,Y) = \hat{\rho}_k(X,Y) = \frac{\hat{\mathrm{Cov}}_k(X,Y)}{\hat{\sigma}_x \hat{\sigma}_y} \qquad (6.3)$$

$$\mathrm{Cov}_k(X,Y) = \frac{1}{n-k} \sum_{t=1}^{n-k} (x_t - \bar{x})(y_{t+k} - \bar{y}) \qquad (6.4)$$

式中：$\hat{\sigma}_x$，$\hat{\sigma}_y$ 为序列 X_t，Y_t 的样本均方差；$\hat{\mathrm{Cov}}_k(X,Y)$ 为 X_t，Y_t 滞时 k 的样本互协方差；$\bar{x}$，$\bar{y}$ 分别为序列 X_t，Y_t 的样本均值。

6.1.2　相关性判别标准 Y_t

根据 1990—2005 年的相关资料，基于互相关分析的原理，对两个水文序列 X_t、Y_t 进行相关分析，再采用 F 检验的方法对序列 X_t，Y_t 相关分析的结果进行显著性检验。相关性判别标准：如果 $\rho_k(X,Y)$（相关系数 R）的绝对值大于 0.52，则序列 X_t，Y_t 可通过置信度 $a=0.95$ 的假设检验，表明两个序列之间存在显著的相关关系；R 的绝对值在 0.52～0.46 之间表明两个序列之间存在明显的相关关系；R 的绝对值在 0.46～0.4 之间表明两个序列之间存在弱相关关系；R 的绝对值小于 0.4 表明两个序列之间不存在相关关系。

6.2　年最大槽蓄水增量影响因素分析

本节根据 1990—2005 年的相关资料，分析槽蓄水增量受当年气温，上游来水及封开河冰情变化等因素影响，基于互相关分析的原理，旨在揭示气温、上游来水情况及封开河冰情变化等因素与槽蓄水增量之间的相关关系，以获得各因素与槽蓄水增量的密切程度。

6.2.1　年最大槽蓄水增量与凌灾损失的关系

1990—2010 年每年的年最大槽蓄水增量及由凌灾造成的经济损失的数据见表 6-1。

表 6-1　近年来宁蒙河段发生凌灾引起经济损失与年最大槽蓄水增量对比表

年　度	冰坝型凌灾直接经济损失/万元	冰塞型凌灾直接经济损失/万元	大坝发生审漏直接经济损失/万元	经济损失/元	与年平均总损失的比较/%	年最大槽蓄水增量/亿 m³	与年平均最大槽蓄水增量比较/%
1990—1991						13.93	
1991—1992						11.18	
1992—1993	696.7			696.7	−49.79	13.2	−7.93
1993—1994	500	4000		4500	224.32	12.37	−13.72
1994—1995	2047	1676		3723	168.32	15.39	7.35
1995—1996	7360			7360	430.44	14.31	−0.18
1996—1997		471		471	−66.05	4.56	−68.19
1997—1998	3826			3826	175.74	13.55	−5.49
1998—1999						16.35	
1999—2000	1018			1018	−26.63	19.13	33.44
2000—2001	2149			2149	54.88	18.7	30.44
2001—2002						12.85	
2002—2003						11.85	
2003—2004						12.77	
2004—2005		4000		4000	188.28	19.39	35.25
2005—2006						13	
2006—2007						13	
2007—2008	6.9			6.9	−99.50	18	25.55
2008—2009						17	
2009—2010						16.2	
多年平均	880.17	483.80	23.55	1387.53		14.34	

注　1996—2010 年槽蓄水增量为 4.56 亿 m³，较多年均值（14.34 亿 m³）明显偏小，该值对多年槽蓄水增量的整体分析没有影响，因此在分析过程中可以剔除该值。

通过表 6-1 可以看出：

（1）1990—2010 年中有 10 年是由凌灾产生的经济损失，平均每年损失 1387.53 万元，损失最大的一年是 1995—1996 年为 7369 万元。

（2）槽蓄水增量是形成凌灾的必要条件但不是充分条件，即凌灾是由槽蓄水增量而产生，但是产生槽蓄水增量不一定形成凌灾。如 1990—1992 年及 2002—2004 年都有槽蓄水增量产生，但并未成灾。

（3）槽蓄水增量的大小与凌灾造成损失的大小没有明显的相关性。如 2007—2008 年度年最大槽蓄水增量值约为 18 亿 m³，比年平均值偏大 25%，但是当年的凌灾造成的经济损失仅为 6.9 万元，不足多年平均损失的 1%；而 1993—1994 年年最大槽蓄水增量值为 12.37 亿 m³，比年平均值偏小 13.7%，但是当年凌灾造成的经济损失为 4500 万元，约为多年平均损失的 3 倍。

鉴于槽蓄水增量与凌灾的关系非常复杂，有必要进一步深入分析形成槽蓄水增量的主要影响因素，并采用系统科学的方法建立其预测模型，为防凌预案的制定提供技术支撑。

6.2.2　气温与年最大槽蓄水增量的关系

分析气温变化与年最大槽蓄水增量的关系，主要考虑了各断面的气温转负日期、气温转负天数及累计负气温对年最大槽蓄水增量的影响。

由于数据收集的难度较大，部分收集到的数据的年限长度仅到 2005 年，为了保持分析时数据的一致性，本节统一采用 1990—2005 年的数据进行分析。列出分析气温变化与年最大槽蓄水增量的关系所需的数据见表 6-2。

（1）气温转负日期与年最大槽蓄水增量的关系。由式（6.1）和式（6.2）求得宁蒙河段年最大槽蓄水增量与上、下游断面的气温转负日期的相关系数，见表 6-3。可以看出：宁蒙河段年最大槽蓄水增量与上、下游断面气温转负日期之间的相关系数 R 的绝对值均小于 0.4，故两者之间不存在相关关系。

表 6-2　　　　　宁蒙河段年最大槽蓄水增量与气温类因子统计表

年　度	年最大槽蓄水增量	气温转负日期（月/日）		气温转负天数/d		累计负气温/℃	
		石嘴山	头道拐	石嘴山	头道拐	石嘴山	头道拐
1990—1991	13.93	11/20	11/21		12		68.40
1991—1992	11.18	11/8	11/8		51		309.80
1992—1993	13.2	11/8	11/8	74	39	458.00	174.30
1993—1994	12.37	11/17	11/17	63	5	420.70	60.40
1994—1995	15.39	12/2	11/20	55	26	343.00	109.00
1995—1996	14.31	11/20	11/8	58	31	327.00	98.60
1996—1997	4.56	11/27	11/13	42	14	236.70	38.10
1997—1998	13.55	11/16	11/16	53	25	277.40	146.40
1998—1999	16.35	11/30	11/17	52	56	234.60	339.40
1999—2000	19.13	11/26	11/16	61	24	339.00	119.30
2000—2001	18.70	11/7	11/7		49		308.30
2001—2002	12.85	11/26	11/14	33	30	203.30	147.50
2002—2003	11.85	11/26	11/8	35	48	202.10	251.60
2003—2004	12.77	11/22	11/8	62	37	370.00	193.60
2004—2005	19.39					19.39	35.25

表 6-3　　　　　宁蒙河段年最大槽蓄水增量与气温转负日期相关系数表

项　　目	相　关　系　数 R	
	与石嘴山断面气温转负日期	与头道拐断面气温转负日期
年最大槽蓄水增量	−0.0686	0.0768

（2）气温转负天数与年最大槽蓄水增量的关系。由式（6.1）和式（6.2）求得宁蒙河段年最大槽蓄水增量与上、下游断面的气温转负天数之间的相关系数，见表 6-4。

表 6-4　　　　　　　　宁蒙河段年最大槽蓄水增量与气温转负天数相关系数表

项　目	相　关　系　数　R	
	与石嘴山断面气温转负天数	与头道拐断面气温转负天数
年最大槽蓄水增量	0.2941	0.3632

通过表 6-4 可以看出：宁蒙河段年最大槽蓄水增量与上、下游断面气温转负天数之间的相关系数 R 的绝对值均小于 0.4，故两者之间不存在相关关系。

（3）累计负气温与年最大槽蓄水增量的关系。由式（6.1）和式（6.2）求得宁蒙河段年最大槽蓄水增量与上、下游断面的累计负气温之间的相关系数，见表 6-5。

表 6-5　　　　　　　　宁蒙河段年最大槽蓄水增量与累计负气温相关系数表

项　目	相　关　系　数　R	
	与石嘴山断面累计负气温	与头道拐断面累计负气温
年最大槽蓄水增量	0.0600	0.3673

通过表 6-5 可以看出：宁蒙河段年最大槽蓄水增量与上、下游断面累计负气温之间的相关系数 R 的绝对值均小于 0.4，故两者之间不存在相关关系。

综上所述：宁蒙河段年最大槽蓄水增量与上下游段面的气温转负日期、气温转负天数和累计负气温之间均不存在相关关系。

6.2.3　上游来水情况与年最大槽蓄水增量的关系

上游来水情况主要包括防凌期刘家峡水库的下泄水量、下泄流量的平稳程度，青铜峡水库的下泄水量、下泄流量的平稳程度以及封河期流量。在所有可能影响槽蓄水增量的因素中，上游来水情况与槽蓄水增量之间的关系最为人所关注。因此，有必要分析上游来水情况与年最大槽蓄水增量之间的相关性，进一步分析两者之间关系。

在上游来水情况中封河期流量与宁蒙河段最大槽蓄水增量之间的关系最紧密，将作为重点单独介绍（见 5.2），本节暂不对其进行分析。

1. 刘家峡水库下泄水量与年最大槽蓄水增量的关系

宁蒙河段年最大槽蓄水增量与防凌期刘家峡水库下泄水量之间的相关关系见表 6-6 及图 6-1。

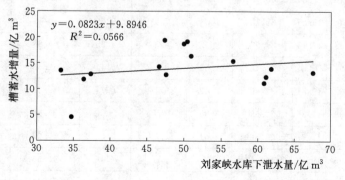

图 6-1　刘家峡水库下泄水量与宁蒙河段年最大槽蓄水增量相关关系

结果表明：

（1）1990—2005 年间刘家峡水库防凌期的下泄水量多年平均值为 49.48 亿 m^3，年际间波动较大，最小值为 1997—1998 年的 33.25 亿 m^3，最大值为 1992—1993 年的 67.55 亿 m^3。

（2）1990—2005 年间黄河宁蒙段年最大槽蓄水量多年均值为 13.97 亿 m^3，占刘家峡水库防凌期多年平均值下泄水量的 28.99%。年际间波动较大，最小值为 1991—1992 年的 11.18 亿 m^3，占当年刘家峡水库防凌期下泄水量的 18.39%，1996—1997 年的槽蓄水增量为 4.56 亿 m^3，由于此年份并没有出现气温突变或其他异常情况，但槽蓄水增量过小，则分析有可能是由于测量等人为误差所致，故在分析时忽略该年的影响。最大值为 2004—2005 年度的 19.39 亿 m^3，占当年刘家峡水库防凌期下泄水量的 40.95%。

（3）黄河宁蒙段槽蓄水增量大部分分布在巴彦高勒至三湖河口段，约占宁蒙河段槽蓄水增量的 52.5%，其次是分布在三湖河口至头道拐段，约占宁蒙河段槽蓄水增量的 41%。

（4）宁蒙河段年最大槽蓄水增量与刘家峡水库凌汛期下泄水量之间的相关系数 $R = 0.0566$ 小于 0.4，故两者之间不存在相关关系。

表 6 - 6　　　　凌汛期年最大槽蓄水增量与刘家峡水库下泄水量的关系

年　度	刘库下泄水量/亿 m^3	年最大槽蓄水增量/亿 m^3	河段年最大槽蓄水增量占刘库出水量百分比/%	不同区间年最大槽蓄水增量及宁蒙河段年最大槽蓄水增量百分比					
				石一巴/%	石一巴间所占百分比/%	巴一三槽蓄水增量/亿 m^3	巴一三间所占百分比/%	三一头槽蓄水增量/亿 m^3	三一头间所占百分比/%
1990—1991	61.78	13.93	22.55	1.11	1.80	5.73	41.13	8.11	58.22
1991—1992	60.81	11.18	18.39	2.21	3.63	4.59	41.06	6.93	61.99
1992—1993	67.55	13.2	19.54	7.03	10.41	5.27	39.92	3.52	26.67
1993—1994	61.07	12.37	20.26	2.73	4.47	9.57	77.36	3.97	32.09
1994—1995	56.57	15.39	27.21	4.45	7.87	11.1	72.12	2.23	14.49
1995—1996	46.6	14.31	30.71	3.15	6.76	6.1	42.63	6.15	42.98
1996—1997	34.71	4.56	13.14	0.97	2.79	5.79	126.97	1.35	29.61
1997—1998	33.25	13.55	40.75	3.33	10.02	9.46	69.82	3.3	24.35
1998—1999	50.9	16.35	32.12	4.03	7.92	6.56	40.12	10.07	61.59
1999—2000	50.38	19.13	37.97	4.2	8.34	4.95	25.88	11.28	58.96
2000—2001	49.94	18.7	37.44	4.06	8.13	6.14	32.83	8.88	47.49
2001—2002	37.32	12.85	34.43	3.42	9.16	6.71	52.22	3.93	30.58
2002—2003	36.36	11.85	32.59	3.95	10.86	4.3	36.29	5.66	47.76
2003—2004	47.55	12.77	26.86	3.61	7.59	5.01	39.23	5.36	41.97
2004—2005	47.35	19.39	40.95	3.1	6.55	9.44	48.68	7.71	39.76
多年平均	49.48	13.97	28.99	3.42	7.09	6.71	52.41	5.0	41.23

2. 刘家峡水库下泄流量平稳程度与年最大槽蓄水增量的关系

刘家峡水库凌汛期下泄流量平稳程度的衡量方法为：以宁蒙河段防凌期为计算时段，以刘家峡水库逐日下泄流量减去上一日刘家峡水库下泄流量为下泄流量的变化量，将逐日计算结果取绝对值累加，最终采用累加值的大小来衡量刘家峡水库凌汛期的下泄流量平稳程度。具体计算公式如下：

$$SL_{刘} = \sum_{i=2}^{n} |Q_i - Q_{i-1}| \tag{6.5}$$

式中：$SL_{刘}$ 为刘家峡水库防凌期的下泄流量平稳程度；Q_i 为防凌期开始第 i 天刘家峡水库的下泄流量；n 为防凌期的总天数。

宁蒙河段年最大槽蓄水增量与刘家峡水库凌汛期的下泄流量平稳程度之间的相关关系如图 6-2 所示。

结果表明，宁蒙河段年最大槽蓄水增量与刘家峡水库凌汛期下泄流量平稳程度之间的相关系数 $R = -0.1463$，其绝对值小于 0.4，故两者之间不存在相关关系。

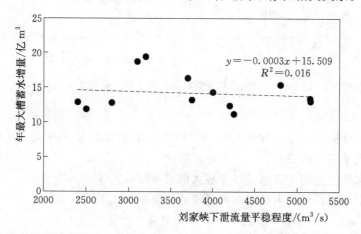

图 6-2 刘家峡水库下泄流量平稳程度与宁蒙河段年最大槽蓄水增量相关关系

3. 青铜峡水库下泄水量与年最大槽蓄水增量的关系

凌汛期青铜峡水库下泄水量与刘家峡水库下泄水量的关系见表 6-7 及图 6-3。

表 6-7 　　　　　　　　　刘家峡与青铜峡水库年下泄水量关系 　　　　　　　单位：亿 m³

年　度	刘家峡水库年下泄水量	青铜峡水库年下泄水量
1991—1992	60.81	67.73
1992—1993	67.55	67.08
1993—1994	61.07	66.00
1994—1995	56.57	58.86
1995—1996	46.60	49.71
1996—1997	34.71	36.05
1998—1999	50.90	52.61
1999—2000	50.38	52.56

续表

年　度	刘家峡水库年下泄水量	青铜峡水库年下泄水量
2000—2001	49.94	52.43
2001—2002	37.32	40.68
2002—2003	36.36	40.60
2003—2004	47.55	52.14
2004—2005	47.35	54.72

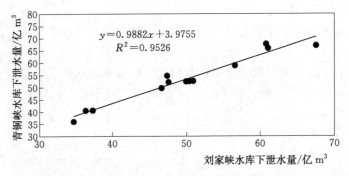

图 6-3　刘家峡与青铜峡防凌期下泄水量相关关系

由图 6-3 可以看出：

（1）防凌期青铜峡水库下泄水量与刘家峡水库下泄水量显著相关（$R = 0.9526$），两者之间的相关关系为正相关。

（2）由刘家峡防凌期下泄水量与年最大槽蓄水增量的相关性可推断：青铜峡水库防凌期下泄水量与宁蒙河段年最大槽蓄水增量没有显著的相关关系。

4. 青铜峡水库下泄流量平稳程度与年最大槽蓄水增量的关系

宁蒙河段年最大槽蓄水增量与青铜峡水库凌汛期的下泄流量平稳程度之间的相关关系如图 6-4 所示。青铜峡水库凌汛期的下泄流量平稳程度计算方法与刘家峡水库相同。

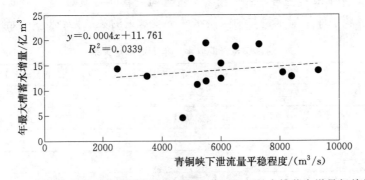

图 6-4　青铜峡水库下泄流量平稳程度与宁蒙河段年最大槽蓄水增量相关关系

由图 6-4 可知：宁蒙河段年最大槽蓄水增量与青铜峡水库凌汛期的下泄流量平稳程度之间的相关系数 $R = 0.1661$ 小于 0.4，由此可知两者之间不存在相关关系。

综上所述：宁蒙河段年最大槽蓄水增量与刘家峡水库和青铜峡水库防凌期（从 11 月

至翌年 3 月）的下泄水量及下泄流量平稳程度之间没有相关关系。

6.2.4　封开河冰情变化与年最大槽蓄水增量的关系

分析封开河冰情变化与年最大槽蓄水增量的关系，主要包括河段及断面流凌日期、封冻日期、冰厚、封河平均流量、封冻期最高水位对上下游河段年最大槽蓄水增量的影响。

列出分析封开河冰情变化与年最大槽蓄水增量的关系所需的数据见表 6-8。

表 6-8　　　　　　　宁蒙河段年最大槽蓄水增量与封开河冰情统计表

年　度	年最大槽蓄增量/亿 m³	流凌日期（月/日）		封冻日期（月/日）		冰厚/cm		封河时平均流量/(m³/s)		封冻期最高水位/m	
		石嘴山	头道拐	石嘴山	头道拐	石嘴山	头道拐	石嘴山	头道拐	石嘴山	头道拐
1990—1991	13.93	11/30	11/22		12/2	30	57		349		988.47
1991—1992	11.18	12/11	11/12		12/28	33	55		252		988.54
1992—1993	13.20	12/10	11/9	1/20	12/16	35	60	318	330	1088.52	988.86
1993—1994	12.37	11/20	11/18	1/18	11/21	40	56	313	144	1088.95	988.72
1994—1995	15.39	11/20	11/27	1/25	12/15	48	60	618	608	1089.79	988.94
1995—1996	14.31	11/14	11/23	1/16	12/8	48	54	347	346	1088.98	988.7
1996—1997	4.56	11/28	11/17	1/7	11/26	40	37	281	455	1088.11	989.07
1997—1998	13.55	12/2	11/17	1/7	12/10	40	65	182	210	1088.55	987.89
1998—1999	16.35	12/11	11/19	1/20	1/11	35	50	384	254	1089.64	988.82
1999—2000	19.13	12/18	11/26	1/25	12/9	37	65	299	332	1088.68	989
2000—2001	18.70	12/10	11/9		12/25	20	55		208		988.69
2001—2002	12.85	12/5	11/26	12/28	12/13	36	53	310	154	1088.34	988.45
2002—2003	11.85	12/8	11/17	12/30	12/25	30	70	239	157	1087.64	987.94
2003—2004	12.77	12/6	11/22	12/14	12/14	26	65	340	158	1088.35	988.9
2004—2005	19.39	12/26	11/25	1/8	12/28	35	70	465	298	1088.89	988.94

1. 流凌日期与年最大槽蓄水增量的相关关系

由式（6.1）和式（6.2）求得宁蒙河段年最大槽蓄水增量与上、下游断面的流凌日期的相关系数，见表 6-9。

表 6-9　　　　　　宁蒙河段年最大槽蓄水增量与流凌日期相关系数表

项　目	相　关　系　数 R	
	与石嘴山断面流凌日期	与头道拐断面流凌日期
年最大槽蓄水增量	0.4409	0.2439

通过表 6-9 可以看出：宁蒙河段年最大槽蓄水增量与石嘴山断面的流凌日期之间的相关系数 $R=0.4409$ 大于 0.4，可知两者之间存在着一定的相关关系，但是相关性不强；与头道拐断面的流凌日期之间的相关系数 $R=0.2439$ 小于 0.4，故可知两者之间不存在相

关关系。

对于年最大槽蓄水增量与流凌日期不存在相关性的断面，本节不再作进一步的分析。对于存在相关性的断面，则绘制该断面流凌日期与宁蒙河段年最大槽蓄水增量的相关关系图，如图6-5所示。

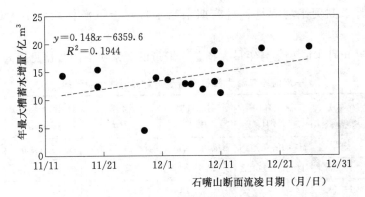

图6-5 石嘴山断面流凌日期与宁蒙河段年最大槽蓄水增量相关关系

由图6-5可以看出：宁蒙河段年最大槽蓄水增量与石嘴山断面的流凌日期之间的相关性为正相关，即随着石嘴山断面流凌日期的推迟，年最大槽蓄水增量有增加的趋势。

2. 封冻日期与年最大槽蓄水增量的相关关系

由式（6.1）和式（6.2）求得宁蒙河段年最大槽蓄水增量与上、下游断面的封冻日期的相关系数，见表6-10。

表6-10 宁蒙河段年最大槽蓄水增量与封冻日期相关系数表

项 目	相 关 系 数 R	
	与石嘴山断面封冻日期	与头道拐断面封冻日期
年最大槽蓄水增量	0.3718	0.4527

通过表6-10可以看出：宁蒙河段年最大槽蓄水增量与石嘴山断面的封冻日期之间的相关系数 $R=0.3718$ 小于0.4，故可知两者之间不存在相关关系；与头道拐断面的流凌日期之间的相关系数 $R=0.4527$ 大于0.4，可知两者之间存在着一定的相关关系，但相关性不强。

对于年最大槽蓄水增量与封冻日期不存在相关性的断面，本节不再作进一步的分析。对于存在相关性的断面，绘制该断面封冻日期与宁蒙河段年最大槽蓄水增量的相关关系图，如图6-6所示。

由图6-6可以看出：宁蒙河段年最大槽蓄水增量与头道拐断面的流凌日期之间的相关性为正相关，即随着头道拐断面封冻日期的推迟，年最大槽蓄水增量有增加的趋势。

3. 冰厚与年最大槽蓄水增量的关系

由式（6.1）和式（6.2）求得宁蒙河段年最大槽蓄水增量与上、下游断面的冰厚的相

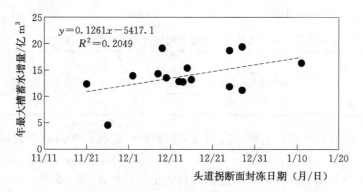

图 6-6　头道拐断面封冻日期与宁蒙河段年最大槽蓄水增量相关关系

关系数，见表 6-11。

表 6-11　　　　　　　宁蒙河段年最大槽蓄水增量与冰厚相关系数表

项　目	相 关 系 数 R	
	与石嘴山断面冰厚	与头道拐断面冰厚
年最大槽蓄水增量	-0.1780	0.5565

通过表 6-11 可以看出：宁蒙河段年最大槽蓄水增量与石嘴山断面的冰厚之间的相关系数 $R=-0.1780$，其绝对值小于 0.4，故可知两者之间不存在相关关系；与头道拐断面的冰厚之间的相关系数 $R=0.5565$ 大于 0.52，可知两者之间存在着显著的相关关系。

对于年最大槽蓄水增量与冰厚不存在相关性的断面，本节不再作进一步的分析。对于存在相关性的断面，绘制该断面冰厚与宁蒙河段年最大槽蓄水增量的相关关系图，如图 6-7 所示。

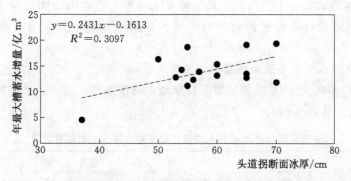

图 6-7　头道拐断面冰厚与宁蒙河段年最大槽蓄水增量相关关系

由图 6-7 可以看出：宁蒙河段的年最大槽蓄水增量与头道拐断面年冰厚之间的相关性为正相关，即随着头道拐断面冰厚的加厚，宁蒙河段的年最大槽蓄水增量有增加的趋势。

4. 封河时平均流量与年最大槽蓄水增量的关系

由式（6.1）和式（6.2）求得宁蒙河段年最大槽蓄水增量与上、下游断面封河时平均流量的相关系数，见表6-12。

表6-12　　　宁蒙河段年最大槽蓄水增量与封河时平均流量相关系数表

项　目	相 关 系 数 R	
	与石嘴山断面封河时平均流量	与头道拐断面封河时平均流量
年最大槽蓄水增量	0.4021	0.0548

通过表6-12可以看出：宁蒙河段年最大槽蓄水增量与石嘴山断面的封河时平均流量之间的相关系数 $R=0.4021$，大于0.4，故可知两者之间存在一定的相关关系，但是相关性不强；与头道拐断面的封河时平均流量之间的相关系数 $R=0.0548$，小于0.40，可知两者之间不存在相关关系。

对于年最大槽蓄水增量与封河时平均流量不存在相关性的断面，本节不再作进一步的分析。对于存在相关性的断面，绘制该断面封河时平均流量与宁蒙河段年最大槽蓄水增量的相关关系图，如图6-8所示。

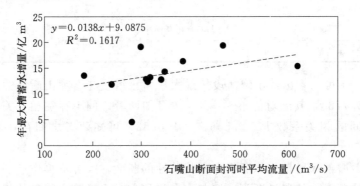

图6-8　石嘴山断面封河时平均流量与宁蒙河段年最大槽蓄水增量相关关系

由图6-8可以看出：宁蒙河段年最大槽蓄水增量与石嘴山断面平均流量之间的相关性为正相关，即随着石嘴山断面封河时平均流量的加大，年最大槽蓄水增量有增加的趋势。

5. 封冻期最高水位与年最大槽蓄水增量的关系

由式（6.1）和式（6.2）求得宁蒙河段年最大槽蓄水增量与上、下游断面封冻期最高水位的相关系数，见表6-13。

表6-13　　　宁蒙河段年最大槽蓄水增量与封冻期最高水位相关系数表

项　目	相 关 系 数 R	
	与石嘴山断面封冻期最高水位	与头道拐断面封冻期最高水位
年最大槽蓄水增量	0.5173	0.1208

通过表6-13可以看出：宁蒙河段年最大槽蓄水增量与石嘴山断面的封冻期水位之间的相关系数 $R=0.5178$，大于0.46，故可知两者之间存在明显的相关关系；与头道拐断面的封冻期水位之间的相关系数 $R=0.1208$，小于0.40，可知两者之间不存在相关关系。

对于年最大槽蓄水增量与封冻期最高水位不存在相关性的断面，本节不再作进一步的分析。对于存在相关性的断面，绘制该断面封冻期最高水位与宁蒙河段年最大槽蓄水增量的相关关系图，如图 6-9 所示。

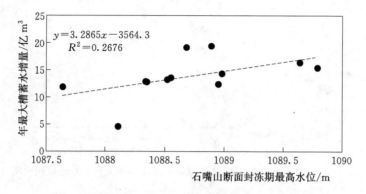

图 6-9　石嘴山断面封冻期最高水位与宁蒙河段年最大槽蓄水增量相关关系

由图 6-9 可以看出：宁蒙河段年最大槽蓄水增量与石嘴山断面封冻期最高水位之间的相关性为正相关，即随着石嘴山断面封冻期最高水位的加高，年最大槽蓄水增量有增加的趋势。

综上所述：宁蒙河段年最大槽蓄水增量与石嘴山断面的流凌日期及封河时的平均流量、头道拐断面封冻日期之间存在一定的相关关系，属于弱相关；与石嘴山断面的封冻期最高水位之间存在着比较明显的相关关系；与头道拐断面冰厚之间的存在显著的相关关系，相关系数 $R = 0.5565$，相关性较好。

6.2.5　封河期流量与年最大槽蓄水增量的关系

各控制断面封河期流量虽不相同，但相互之间存在明显的相关关系，在分析封河流量与年最大槽蓄水增量的关系时，分别采用兰州断面、青铜峡水库的封河期流量进行分析。

1. 兰州断面封河期流量与年最大槽蓄水增量的关系

根据黄河宁蒙河段 1990—2005 年封、开河时间统计表，宁蒙河段一般在 11 月中旬至 12 月中旬封河。考虑兰州断面封河流量（按 500m³/s、700m³/s 流量级计）到首封地点头道拐的流达时间，本书选择兰州断面 11 月、12 月平均流量来修正宁蒙河段封河流量，通过对宁蒙及下游河段历史凌汛资料的分析，点绘 1990—2005 年宁蒙河段年最大槽蓄水增量与兰州断面封河期流量关系曲线，如图 6-10 所示。

由图 6-10 可以看出：宁蒙河段年最大槽蓄水增量与兰州断面封河期流量有较好的相关关系。即随着兰州断面封河期流量的增大，槽蓄水增量增大。通过曲线拟合可得如下关系：

$$CDI = -3.9817 + 0.0252Q_{\text{兰}} \tag{6.5}$$

式中：CDI 为宁蒙河段年最大槽蓄水增量；$Q_{\text{兰}}$ 为兰州断面封河期流量；公式的相关系数 $R = 0.88$。

根据式（6.5）即可在已知兰州断面封河期流量的情况下初步的预测宁蒙河段年最大槽蓄水增量，或在已知槽蓄水增量的情况下反推兰州断面封河期流量。

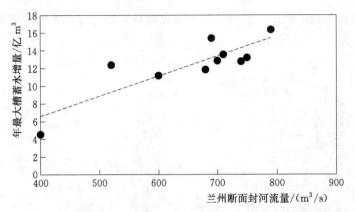

图 6-10　兰州断面封河期流量与宁蒙河段年最大槽蓄水增量相关图

2. 青铜峡水库封河期流量与年最大槽蓄水增量的关系

宁蒙河段年最大槽蓄水增量与青铜峡水库封河期流量之间的相关关系如图 6-11 所示。

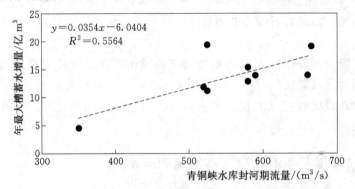

图 6-11　青铜峡水库封河期流量与年最大槽蓄水增量相关关系

结果表明：宁蒙河段年最大槽蓄水增量与青铜峡水库封河期流量之间的相关系数 $R=$ 0.5449 大于 0.52，故两者之间存在显著的相关关系。即随青铜峡水库封河期流量的增大，其槽蓄水增量增大。

比较兰州断面和青铜峡水库封河期流量与宁蒙河段年最大槽蓄水增量的相关关系可见：兰州断面封河期流量与宁蒙河段年最大槽蓄水增量的相关系数 $R=0.88$，远高于青铜峡水库封河期流量与宁蒙河段年最大槽蓄水增量的相关系数。因此，推荐使用兰州断面封河期流量来预测宁蒙河段年最大槽蓄水增量。

综上所述：宁蒙河段年最大槽蓄水增量与兰州断面、青铜峡水库封河期（11 月、12 月）流量之间有较好的相关关系。其中，兰州断面封河流量与宁蒙河段年最大槽蓄水增量之间的关系最显著，其相关系数 R 达到 0.88，故推荐使用兰州断面封河期流量来预测宁蒙河段年最大槽蓄水增量。

6.3　宁蒙河段年最大槽蓄水增量影响因子综合分析及预测

由于影响槽蓄水增量的因子比较复杂，且各因子之间也存在着相互影响，单个因子对槽蓄水增量都无法产生决定性的影响。因此，需要对槽蓄水增量的影响因子作综合分析，以希望找到影响槽蓄水增量的规律。

首先，分析影响宁蒙河段年最大槽蓄水增量的影响因子，确定建立预测模型时所采用的参数；其次，根据1990—2002年的实测资料，采用多元线性回归的方法建立槽蓄水增量的预测模型，再采用2003—2005年的资料对模型加以验证；最后，根据刘家峡水库防凌期不同控泄方案结合不同的气温模式预测年最大槽蓄水增量。

6.3.1　槽蓄水增量影响因子综合分析

根据影响年最大槽蓄水增量的因子与槽蓄水增量的相关性分析的结果，按各因子对整个凌汛期槽蓄水增量的影响程度，对各影响因子进行排序，表明各影响因子与槽蓄水增量的关系大小，见表6-14。

表6-14　　　　　　宁蒙河段影响年最大槽蓄水增量的因子排序表

影响因子排序	1	2	3	4	5
年最大槽蓄水增量	封河期上游来水情况	冰厚	封冻期最高水位	封冻日期	流凌日期

通过对表6-14分析可知：

（1）宁蒙河段年最大槽蓄水增量受封河期上游来水情况的影响最明显。其次，冰厚对宁蒙河段年最大槽蓄水增量的影响也比较明显。再次，是受封冻期的水位的影响。最后，是受封冻日期及流量日期的影响。

（2）分析表6-14中所列的因子可以发现，这些因子都直接或间接的受气温的影响，如流凌日期、封冻日期、冰厚这些因素都直接受到气温的影响；封河期上游来水情况是由封冻日期所决定的，因而受到气温的影响；而封冻期最高水位受到上游来水和冰厚的共同影响，因而也与气温有着不可分割的联系。

综上所述：封河期上游来水是宁蒙河段年最大槽蓄水增量最重要的影响因子，其次为冰厚和封冻期水位；气温虽然与宁蒙河段年最大槽蓄水增量没有直接的相关性，但是它与其他的影响因子之间都存在着直接或间接的联系，因而间接影响宁蒙河段年最大槽蓄水增量，故气温也是宁蒙河段年最大槽蓄水增量一个重要的影响因子。

6.3.2　多元线性回归方法

采用多元线性回归的方法求解宁蒙河段年最大槽蓄水增量的多元回归方程。

多元线性回归基本原理：

设随机变量 y 与 m 个自变量 $x_1, x_2, \cdots, x_n$，存在线相关系：

$$y = \beta_0 + \beta_1 x_1 + \beta_2 x_2 + \cdots + \beta_m x_m + \varepsilon \tag{6.6}$$

式（6.6）称为回归方程，式中 β_0，β_1，β_2，$\cdots$，β_m 为回归系数，ε 为随机误差。

现在解决用 $\beta_0 + \beta_1 x_1 + \beta_2 x_2 + \cdots + \beta_m x_m$ 估计 y 的均值 $E(y)$ 的问题，即

$$E(y) = \beta_0 + \beta_1 x_1 + \beta_2 x_2 + \cdots + \beta_m x_m \tag{6.7}$$

假定 $\varepsilon \sim N(0, \delta^2)$、$y \sim N(\beta_0 + \beta_1 x_1 + \beta_2 x_2 + \cdots + \beta_m x_m, \delta^2)$、$\beta_0, \beta_1, \cdots, \beta_m, \delta^2$ 是与 $x_1, x_2, \cdots, x_m$ 无关的待定常数。设有 n 组样本观测数据：

$$x_{11}, x_{12}, \cdots, x_{1m}, y_1$$
$$x_{21}, x_{22}, \cdots, x_{2m}, y_2$$
$$\vdots$$
$$x_{n1}, x_{n2}, \cdots, x_{nm}, y_n$$

式中：x_{ij} 为 x_j 在第 i 次的观测值，于是有：

$$\begin{cases} y_1 = \beta_0 + \beta_1 x_{11} + \beta_2 x_{12} + \cdots + \beta_m x_{1m} + \varepsilon_1 \\ y_2 = \beta_0 + \beta_1 x_{21} + \beta_2 x_{22} + \cdots + \beta_m x_{2m} + \varepsilon_2 \\ \vdots \\ y_n = \beta_0 + \beta_1 x_{n1} + \beta_2 x_{n2} + \cdots + \beta_m x_{nm} + \varepsilon_n \end{cases} \tag{6.8}$$

式中：$\beta_0, \beta_1, \beta_2, \cdots, \beta_m$ 为 $m+1$ 个待定参数；$\varepsilon_1, \varepsilon_2, \cdots, \varepsilon_n$ 为 n 个相互独立的且服从同一正态分布 $N(0, \delta^2)$ 的随机变量，式（6.8）称为多元（m 元）线性回归的数学模型。

6.3.3 槽蓄水增量多元线性回归分析

1. 多元线性回归模型中参数的确定

根据影响年最大槽蓄水增量的因子与槽蓄水增量的相关性分析，选取具有代表性且在实际应用中较容易获得的因子作为参数建立多元线性回归模型。

各影响因子与宁蒙河段年最大槽蓄水增量的相关系数见表 6-15。

表 6-15　　　　　　　各影响因子与宁蒙河段年最大槽蓄水增量相关系数表

因　子	相关系数	因　子	相关系数
兰州断面封河期流量	$R = 0.885$	头道拐断面封冻日期	$R = 0.453$
青铜峡水库封河期流量	$R = 0.545$	石嘴山断面流凌日期	$R = 0.441$
头道拐断面冰厚	$R = 0.557$	石嘴山断面封河时平均流量	$R = 0.402$
石嘴山断面封冻期最高水位	$R = 0.517$		

通过对表 6-15 的分析可知：

（1）头道拐断面封冻日期、石嘴山断面流凌日期及封河时平均流量与宁蒙河段年最大槽蓄水增量之间均属于弱相关，且在实际应用中很难提前获取上述资料。因此在建立多元回归模型中不宜将上述因子选为参数。

（2）虽然青铜峡水库封河期流量与宁蒙河段年最大槽蓄水增量之间的相关系数 $R = 0.545$ 大于 0.52 属于显著相关，但是由于其相关系数小于兰州断面封河期流量与宁蒙河段年最大槽蓄水量之间的相关系数，在同类影响因子中代表性不强，因此在建立多元回归模型中选择兰州断面封河期流量为参数。

综上所述：选择兰州断面封河期流量、头道拐断面冰厚及石嘴山断面封冻期最高水位作为参数建立多元线性回归模型

2. 多元线性回归模型中参数的建立及检验

为了消除数据本身对模型预测精度的影响，使用归一化的方法对涉及的数据作预处理。归一化的具体方法见式（6.10）：

$$X_i = \frac{x_i - x_{\min}}{x_{\max} - x_{\min}} \tag{6.9}$$

式中：x_i 为原始序列中的值；$x_{\min}$，$x_{\max}$ 分别为原始序列中的最小值和最大值；X_i 为经过归一化处理后对应 x_i 的值。

采用多元回归的方法分析黄河宁蒙段年最大槽蓄水增量，使用 1990—1991 年到 2001—2002 年的资料率定参数，得到年最大槽蓄水增量与水嘴山断面封冻期最高水位、兰州断面封河期流量和头道拐断面冰厚之间的多元线性回归方程式（6.11）：

$$CDI = 4.0093 + 4.8202H_{石} + 5.5428Q_{兰} + 6.2418IT_{头} \tag{6.10}$$

式中：CDI 为宁蒙河段年最大槽蓄水增量；$H_{石}$ 为石嘴山断面封冻期最高水位；$Q_{兰}$ 为兰州断面封河期流量；$IT_{头}$ 为头道拐断面冰厚；复相关系数 $R = 0.923$。

考虑到冰厚的数据需要提供预测值，在实际运用的时候可能无法提供确切的数据，方程式（6.11）可以简化为不考虑冰厚的形式，即年最大槽蓄水增量与水嘴山断面封冻期最高水位和兰州断面封河期流量之间的多元线性回归方程式（6.12）：

$$CDI = 5.4959 + 4.8387H_{上} + 8.9Q_{兰} \tag{6.11}$$

公式中各项的意义与式（6.10）相同，复相关系数 $R = 0.866$。

仅使用兰州断面封河期流量作为参数时，一元线性回归方程为

$$CDI = 7.41 + 10.1826Q_{兰} \tag{6.12}$$

公式中各项的意义与式（6.10）相同，复相关系数 $R = 0.756$。

与式（6.13）相比较，式（6.11）增加了水位和冰厚作为影响年最大槽蓄水增量的因子，主要有两方面的作用：一是提高了模型预测的精度；二是增加影响因子后可以降低预测模型对流量的依赖性。

根据 2002—2003 年至 2004—2005 年的实测资料，对 5.3.2 节的预测模型进行实例分析，以检验其精度。将 2002—2003 年至 2004—2005 年相应的实测资料分别代入式（6.10）～式（6.12），用以检验多元回归模型的精度，所得结果见表 6-16。

表 6-16　　　　宁蒙河段年最大槽蓄水增量预测结果表

年度河段	名称	2002—2003 年	2003—2004 年	2004—2005 年	平均误差 /%	合格率 /%
石嘴山—头道拐 （考虑冰厚）	实测值/亿 m³	11.85	12.77	19.39		
	预测值/亿 m³	13.13	13.2	18.07		
	误差/%	10.76	3.36	6.82	6.98	100
石嘴山—头道拐 （不考虑冰厚）	实测值/亿 m³	11.85	12.77	19.39		
	预测值/亿 m³	10.11	10.79	16.37		
	误差/%	14.68	15.48	15.59	15.25	100
石嘴山—头道拐 （只考虑兰州断面 封河流量）	实测值/亿 m³	11.85	12.77	19.39		
	预测值/亿 m³	12.69	11.64	16.63		
	误差/%	7.09	8.85	14.23	10.00	100

通过对表 6-16 的分析，可以得知：

（1）采用多元回归的方法预测宁蒙河段的年最大槽蓄水增量（即石嘴山至头道拐段），考虑有冰厚作为影响因子时具有较高的精度，预测结果的平均误差仅为 6.98%，全部预测结果均满足预测误差小于 20% 的精度要求。在不考虑冰厚或只考虑兰州断面封河流量影响时模型预测结果的误差高于考虑冰厚影响的结果，但是仍满足预测模型的精度要求。

（2）在实际应用中如果无法提供准确的冰厚资料，可以使用不考虑冰厚影响的宁蒙河年最大槽蓄水增量多元回归方程，即式（6.12）。

6.3.4 基于刘家峡控泄流量的年最大槽蓄水增量预测

为了给防凌预案的制定提供依据，根据刘家峡水库不同方案中的控泄过程，采用 6.2 节的方法推得封河期兰州断面的流量，以及石嘴山断面封冻期的流量过程，具体结果见表 6－17。

表 6－17　　　不同控泄方案下兰州断面封河期流量及石嘴山最高水位表

方案序号	兰州断面封河期流量 /(m³/s)	石嘴山断面封冻期最高水位 /m
1	715.3	1089.8
2	725.3	1089.75
3	735.3	1089.68
4	745.3	1089.64
5	755.3	1089.57
6	765.3	1089.5
7	775.3	1089.44
8	785.3	1089.38
9	795.3	1089.33
10	805.3	1089.26
11	855.3	1088.95
12	905.3	1088.66

根据表 6－17 的结果，分别采用考虑冰厚、不考虑冰厚和只考虑兰州断面封河期流量三种不同的模型预测宁蒙河段年最大槽蓄水增量，所得结果见表 6－18。其中，冰厚的数值以 1990—2005 年的数据做频率分析后，取频率 $P=50\%$ 的值计算。

表 6－18　　　　　　　不同控泄方案下年最大槽蓄水增量预测值

方案序号	考虑冰厚 /亿 m³	不考虑冰厚 /亿 m³	只考虑兰州断面封河期流量 /亿 m³
1	17.71	17.83	16.21
2	17.74	18.01	16.50
3	17.72	18.16	16.79
4	17.78	18.35	17.07

方案序号	考虑冰厚 /亿 m³	不考虑冰厚 /亿 m³	只考虑兰州断面封河期流量 /亿 m³
5	17.76	18.50	17.36
6	17.74	18.65	17.64
7	17.75	18.81	17.93
8	17.75	18.98	18.22
9	17.78	19.16	18.50
10	17.76	19.30	18.79
11	17.77	20.11	20.22
12	17.82	20.94	21.65

通过表 6-18 可以看出：使用考虑冰厚的模型预测宁蒙河段年最大槽蓄水增量时预测结果随着流量的增加变化不大，在 17.71 亿～17.82 亿 m³ 之间波动，而另外两种模型的预测结果随着流量的加大增加很明显。在只考虑兰州断面封河期流量模型的预测结果变化最大，在 16.21 亿～21.65 亿 m³ 之间变化。

由于冰厚与气温之间有着较好的相关关系，为考虑不同的气温模式（如冷冬、暖冬）对年最大槽蓄水增量的影响，可以采用不同的冰厚作为不同气温模式的表现形式，计算出在相同的控泄方案条件下，不同冰厚对年最大槽蓄水增量的影响，进而得到不同气温模式对年最大槽蓄水增量的影响。不同气温模式下冰厚的确定方法与气温的确定方法相同，见4.5 节。

将不同气温模式下冰厚的数值代入式（6.11）得到不同气温模式下各控泄方案所对应的年最大槽蓄水增量预测值。所得结果见表 6-19。

表 6-19　　　　　　不同气温模式下年最大槽蓄水增量预测值　　　　单位：亿 m³

方案序号	冷冬模式	平均模式	暖冬模式
1	18.80	17.71	17.35
2	18.83	17.74	17.38
3	18.81	17.72	17.36
4	18.87	17.78	17.42
5	18.85	17.76	17.40
6	18.83	17.74	17.38
7	18.83	17.75	17.38
8	18.84	17.75	17.39
9	18.87	17.78	17.42
10	18.85	17.76	17.40
11	18.86	17.77	17.41
12	18.91	17.82	17.46

通过表 6-19 可以看出：不同的气温模式对年最大槽蓄水增量的预测结果影响较明显，在冷冬模式下年最大槽蓄水增量预测值在 18.80 亿～18.91 亿 m^3 之间波动，较平均模式增加大约 1.1 亿 m^3，在暖冬模式下年最大槽蓄水增量预测值在 17.35 亿～17.46 亿 m^3 之间波动，较平均模式减少约 0.35 亿 m^3，可见气温模式对年最大槽蓄水增量的影响比较明显，冷冬模式对槽蓄水增量的影响更突出。

6.4 本章小结

本章采用相关分析理论，从气温、上游来水情况及封开河冰情变化三个大的方面分析识别影响槽蓄水增量的主要因子；揭示出气温、上游来水及封开河变化的因素与槽蓄水增量的相关关系，以获得各因素与槽蓄水增量的密切程度；并通过多因子的相关分析，建立年槽蓄水增量的多元回归预测模型。本章主要结论如下：

（1）识别影响宁蒙河段年最大槽蓄水增量的主要因子，结果表明：石嘴山断面的流凌日期、封河时的平均流量及封冻期最高水位，头道拐断面封冻日期及冰厚，以及兰州断面青铜峡水库封河期（11 月、12 月）流量是影响宁蒙河段年最大槽蓄水增量的主要因子。其中，兰州断面封河期流量与宁蒙河段年大槽蓄水增量之间的相关关系最强，相关系数 $R=0.88$，其次是头道拐断面的冰厚，相关系数 $R=0.56$，再次是石嘴山断面封冻期水位。

（2）年最大槽蓄水增量的分析表明：影响宁蒙河段年最大槽蓄水增量因子排序依次为封河期上游来水情况、冰厚、封冻期水位、封冻及流凌日期。

气温虽然不是宁蒙河段年最大槽蓄水增量的直接影响因子，但是由于各项因子都直接或间接地与气温有关，由此可知气温也是宁蒙河段年最大槽蓄水增量重要的影响因子。

（3）建立了年最大槽蓄水增量考虑冰厚和不考虑冰厚的多元回归预测模型和仅考虑兰州断面封河期流量的一元线性预测模型。用 1990—2002 年的资料进行模型参数率定，用 2003—2005 年的资料进行验证，结果均满足预测误差小于 20% 的精度要求。而不考虑冰厚的影响时，预测结果的误差高于考虑冰厚影响的结果。采用多元回归的方法预测宁蒙河段各区间的年最大槽蓄水增量时，模型的预测精度小于预测宁蒙河段的预测精度。

（4）依据刘家峡水库防凌期不同的控泄方案，结合不同的气温模式预测宁蒙河段年最大槽蓄水增量，由此为不同控泄方案对应的年最大槽蓄水增量的预测提供了理论依据。

7

河 道 形 态 演 变 分 析

黄河上游宁蒙河段穿越我国四大沙漠，长约 1237km，是发育典型的沙漠宽谷，是黄河上游近 3500km 长的河段中水沙变化最复杂、河道演变最剧烈的关键河段。近 50 年来，由于气候变化、开发过度和生态破坏等因素导致黄河水沙关系加剧恶化，河槽萎缩，洪凌灾害频发，严重威胁宁蒙与下游河道的安全。大量研究表明河道形态在凌灾形成过程及行洪过程中都起着重要作用。利用多年发生凌灾的统计资料初步分析得知，凌灾大多发生于河道弯曲度较大、宽度狭窄的河段。因此，有必要对黄河宁蒙河段河道形态及其演变过程进行分析，对于上游水库泄洪流量控制及凌灾预防具有重要意义。

本章将利用现有资料对河道现状进行分析，并收集黄河宁蒙段多年遥感数据提取不同时期河道，分析其形态演变过程；再结合历史凌灾数据分析河道形态与凌灾发生之间直接的相关关系；最终为合理制定泄流方案及防止凌灾提供依据。

7.1 宁蒙河段河道形态的现状分析

由于特殊的地理位置、河流流向及水文气象条件，决定了黄河宁蒙河段流凌、封冻时间为先下后上，解冻开河时间为先上后下，因此封冻期流量大、槽蓄水增量多。虽然凌峰流量和历时较伏汛洪水小而短，但因过水断面大部分被冰凌堵塞，凌峰水位却比伏汛同流量的相应水位高得多，故容易形成冰情灾害。

7.1.1 河道现状

根据获取的遥感数据及历年文献资料汇总，分析宁蒙河段现状特征。

1. 河道淤积、河槽狭窄

黄河自 1986 年以来出现枯水系列，洪水峰矮、量小、挟沙能力降低致使河道淤积严重。以三湖河口站为例，该断面 2005 年汛前与 1987 年同期相比，不论是边滩还是主槽均发生严重淤积，断面形态严重变形，尤其是主槽河宽缩窄约 120m，平均淤积厚度超过 1.9m，最大淤积厚度为 5.85m，两岸边滩有局部冲刷，最大冲深 1.5m，断面面积减少 794m²，减小 27%，河槽萎缩严重。

2. 主流摆动加剧，河岸淘刷严重

由于 1990—2010 年未出现较大洪水，中小流量历时长，流速低，水流漫滩机会减少，搬运能力减弱，主槽淤积增加，淤滩作用减弱，主流摆动加剧，坐弯较死，顶冲能力强，造成滩岸大量塌失，险工崩塌，大堤淘断，农田落河，村庄被淹，给沿河人民群众造成巨大损失。

7.1.2　河道形态特征

河流河道的基本形态特征通常由河流的纵断面、横断面来体现。河流的纵断面是指河底或水面高程沿河长的变化。河底高程沿河长的变化称河槽纵断面；水面高程沿河长的变化称水面纵断面。河槽或水面的纵向坡度变化可用比降表示河槽纵比降是指河段上下游河槽上两点的高差（又称落差）与河段长度的比值。水面纵比降是指河段上下游两点同时间的水位差与河段长度的比值。河槽（或水面）纵比降可用式（7.1）计算：

$$i = (H_{上} - H_{下})/L \tag{7.1}$$

式中：i 为河槽（或水面）纵比降；$H_{上}$、$H_{下}$ 分别为河段上、下游两点的高程（或同时间的水位）；L 为河段长度。

表 7-1　　　　　　　　　　　黄河上游河道纵比降列表

河　段	贵德—兰州	兰州—下河沿	下河沿—青铜峡	青铜峡—石嘴山	石嘴山—巴彦高勒	巴彦高勒—三湖河口	三湖河口—头道拐	头道拐—府谷
距离/km	377	362	124	194	142	221	300	216
落差/m	957	256	96	48	38	34	30	195
纵比降/‰	2.54	0.71	0.77	0.25	0.27	0.15	0.10	0.91

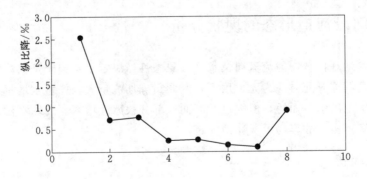

图 7-1　黄河上游河道纵比降示意图

由表 7-1、图 7-1 可知：

（1）甘肃兰州至内蒙古头道拐段的河道纵比降基本上沿水流方向呈现逐渐降低的趋势，特别是宁蒙河段比降较低，内蒙古河段的平均比降仅有 0.125‰左右，而入山西后则再次表现出增加的态势。较低的比降，导致河水流速低，成为泥沙淤积的重要诱因，即黄河内蒙段河道淤积与其自身的自然条件有着极其密切的关系；

（2）河道比降相差较大，最大的比降出现在贵德—兰州河段，为 2.538‰；而最小比降出现在三湖河口—头道拐河段，仅为 0.1‰。因此，黄河在不同地区呈现出冲淤交替的变化形态。

7.1.3　河道泥沙特性

河道沉积泥沙特性指两方面：一是泥沙粒级特性，即泥沙颗粒大小；二是泥沙的粒配结构特性。在有足够水量条件下，什么样粒配结构特性的泥沙才能冲沙减淤最大化。根据黄河下游 2002 年以来调水调沙的结果可知，河道中小于 0.025mm 粒径的表层沉积泥沙基本上能够起动成为悬移质，被水流携带；河床沉积物中 0.05～0.1mm 的粗泥沙只有部分起动成为悬移质被携带至河口；大于 0.1mm 的粗泥沙基本不能成为悬移质输出。

宁蒙河段现代河床沉积物取样分析，河床质粒分配结构普遍比黄河下游粗。主槽的中数粒径 0.1mm 左右，而黄河下游床沙数粒径都小于 0.064mm。河床沉积物中小于 0.05mm 的细泥沙宁蒙河段平均只占有 14%；而下游则占到 41.5%；大于 0.1mm 的泥沙下游只占 20.3%；宁蒙河段大于 0.1mm 的泥沙约占 42%。由此可知，在同样来水条件下，宁蒙河段沉积沙被掀起成为悬移质的泥沙只有黄河下游的 1/3，而不能成为悬移质的粗泥沙宁蒙河段是下游的 1 倍。

通过比较可知，在其他条件相同的情况下，宁蒙河段初期冲刷量只相当于黄河下游的 1/3 左右；随着冲刷时间的推移，河床粗化的加剧，冲刷量产生递减，而且递减速率要大于下游，河道泥沙冲刷量将会明显减少。

7.2　宁蒙河段 1990—2010 年河道形态演变分析

7.2.1　近 20 年遥感数据收集及整理情况

研究所需 Landsat 遥感数据来自美国地质调查局（U. S. Geological Survey，USGS）国家测绘部的地球资源观测和科学中心（Earth Resources Observation & Science Center，EROS）。

Landsat（陆地卫星）由美国国家航空与航天局（NASA）发射，至今为止共发射 7 颗卫星，目前在轨工作的是 Landsat-5 和 Landsat-7。本研究所用数据来自以上两颗卫星。Landsat 陆地卫星系列遥感影像数据覆盖范围为北纬 83°到南纬 83°之间的所有陆地区域，数据更新周期为 16 天，空间分辨率为 30m，其携带的传感器在南北向的扫描范围大约为 179km，东西向的扫描范围大约为 183km。Landsat 陆地卫星包含了五种类型的传感器分别是反束光摄像机（RBV）、多光谱扫描仪（MSS）、专题成像仪（TM）、增强专题成像仪（ETM）以及增强专题成像仪（ETM＋）。在波段的设计上充分考虑了水、植物、土壤、岩石等不同地物在波段反射率敏感度上的差异。

研究区（黄河宁蒙河段）东西跨越 8 个经度（104°E～112°E），南北跨越 3 个纬度（38°N～41°N），面积 30 万 km²。数据收集量大，难度高。共收集 1990 年、2000 年、2005 年、2010 年四期 70 多景 TM 和 ETM 数据，数据量达 23G。数据收集过程中由于受云及其他不确定因素影响，无法在 1 年内获取全部区域的影像资料。因此，四期数据中有部分来源于所在期间的前后 1 年。

数据订购、下载完成后，对其进行包括传感器定标、大气校正和几何校正（精度控制在 0.5 个像素以内）等在内的前处理。前处理后再进行数据拼接、投影转换和颜色变化等分类前处理。通过以上两步处理后得到如图 7-2 所示的项目区彩色合成图像。

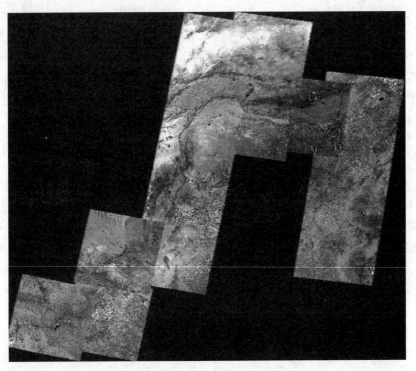

图 7-2　研究区 2010 年彩色合成图像（R：5band，G：4band，B：3band）

7.2.2　河道形态提取

在获得黄河 1990 年、2000 年、2005 年、2010 年四期遥感数据后，经过分类前处理对四期河道进行提取。为减少误差，提高河道提取精度，采用人工目视解译法对四期遥感数据进行河道的提取。

遥感图像解译是一个复杂的认知过程，对一个目标的识别往往需要经历几次反复判读才能得到正确结果。概括来讲遥感图像的认知过程包括了自下而上的信息获取、特征提取和识别证据积累过程及自上而下的特征匹配、提取假设与目标辨识过程。提取过程中，结合常识，分析和推断黄河河道，如黄河在宁蒙地区形状似"几"字形，而且黄河属河流，在遥感数据合成的彩色图像中颜色基本以蓝色为主，偶有黑色。根据诸多信息提取出黄河河道数据，转为 GIS 环境下的矢量文件，运用空间分析对河道再次修正，进而得到研究所需的四期河道数据。最后将青铜峡、石嘴山等水文站坐标添加到黄河河道上，便于今后分段研究河道形态时定位。图 7-3、图 7-4 为宁蒙河段河道形态图。

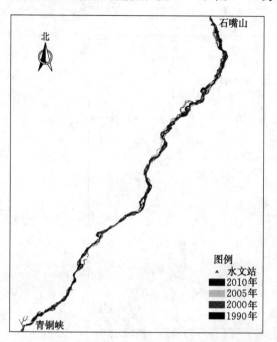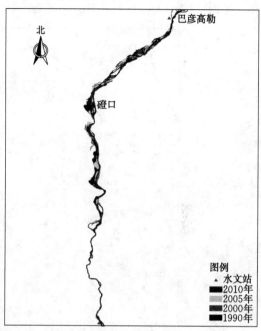

图 7-3　黄河青铜峡—石嘴山、黄河石嘴山—巴彦高勒河段 1990 年、2000 年、2005 年和 2010 年河道提取图

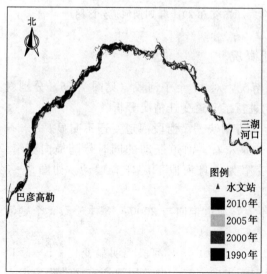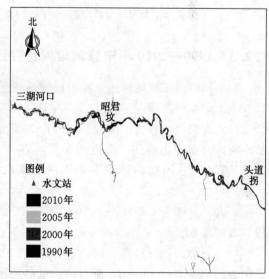

图 7-4　黄河巴彦高勒—三湖河口、黄河三湖河口—头道拐河段 1990 年、2000 年、2005 年和 2010 年河道提取图

　　青铜峡、头道拐水文站间黄河河道总长约880km。观察相邻水文站间黄河河道变化形态，在变化显著的河段增加控制点，在宁蒙河段增加A、B、C、D和E五个控制点，共得到11个子河段，分别为青铜峡—A、A—石嘴山、石嘴山—B、B—磴口、磴口—巴彦高勒、巴彦高勒—C、C—三湖河口、三湖河口—D、D—昭君坟、昭君坟—E、E—头道拐，如图7-5所示。

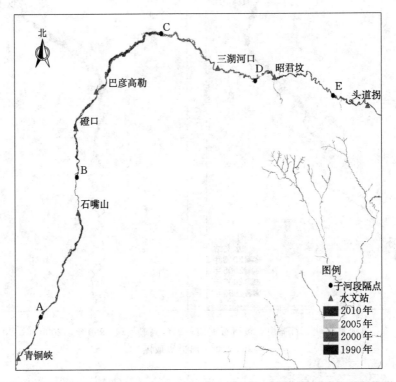

图7-5　黄河宁蒙河段1990年、2000年、2005年和2010年四期河道分区图

7.2.3　1990—2010年宁蒙河段河道变迁概况

　　为了清晰、细致地描述宁蒙河段河道变迁情况，对11个子河段（见图7-5）分别就1990年、2000年、2005年和2010年四个时期进行了河道变迁情况分析。

　　（1）青铜峡—石嘴山河段。1990—2000年，青铜峡—A河段河道变迁不明显。A—石嘴山河段河道变化剧烈，河道摆幅平均在1000m左右，河道摆动的同时伴随横向变窄。因此，青铜峡—石嘴山河段主要以河面横向变窄为主且河段下游伴有摆动，如图7-3所示。

　　2000—2005年、2005—2010年河道变化不大，河道走向与2000年基本一致，个别河段有微摆现象。

　　（2）石嘴山—巴彦高勒河段。1990—2000年，石嘴山—B河段无明显变化。B—磴口段河面横向变窄约1000m；磴口—巴彦高勒段河面横向变窄，顺着原河道有摆动现象但不明显。2000—2005年整个河道以横向变窄为主，有三处出现1000m左右的摆幅。2005—2010年河道变化不大，河势趋于稳定，如图7-3所示。

（3）巴彦高勒—三湖河口河段。1990—2000 年，巴彦高勒—C 段河面严重萎缩。河面萎缩有可能导致主河槽过流面积减小，平滩流量降低。大量资料分析表明黄河在此期间出现的河面萎缩主要是因为人类活动及气候变化等综合因素造成进入河道的水沙过程发生变异而引起的一种河床"病理性"演变现象。与此同时此段黄河也有摆动现象。C—三湖河口河段摆幅不定，河道表现出游荡性。该河段是河势发生改变最主要的河段。该河段窄浅处的主河槽宽度大约 300~400m。整个巴彦高勒—三湖河口河段在十年内摆动较大，且呈现上游萎缩为主、下游摆动为主的状态。

2000—2005 年、2005—2010 年这两个时间段内整个河段为游荡性河段，摆动较大。巴彦高勒—三湖河口河段河道变化情况如图 7-4 所示。

（4）三湖河口—头道拐河段。1990—2000 年，三湖河口河道摆幅不定属游荡性河段。三湖河口—D 河道窄浅摆幅剧烈。D 点开始河道变宽，但摆幅依然很大。昭君坟往东约 17km 河道摆幅开始变缓，E—头道拐河段摆幅变剧烈。

2000—2005 年三湖河口—昭君坟上游河段略有摆幅，昭君坟—头道拐河道摆幅不大基本稳定。2005—2010 年三湖河口至头道拐河段偶有摆幅整个趋于稳定。整体来看，该河段以游荡性河流为，主河道复杂多变呈现多样性，如图 7-4 所示。

综上所述，青铜峡—巴彦高勒河段，在 1990—2000 年时段河面横向萎缩，摆动变化不明显。巴彦高勒—头道拐河段，主要表现为摆动和河势变化。其中，巴彦高勒—昭君坟河段，河道左右摆动不定，同时伴随河道弯曲，该河段也是近几十年黄河冰凌灾害常发生区域。昭君坟—头道拐河段，1990—2010 年这 20 年河道走向基本一致，但弯曲程度较大。整个宁蒙段黄河，1990—2005 年变化较大，2005—2010 年基本趋于稳定。

7.2.4　河道摆动定量分析

1987 年自龙刘水库联合调度运行以来，宁蒙河段的凌灾大大减少，但是由于 1990—2010 年以来黄河没有发生大的洪水，水流漫滩机会减少，搬运能力减弱，主槽淤积增加，淤滩作用减弱，主流摆动频繁剧烈，即主流线变化强度大，速度快，摆动幅度往往几百米，与之相应的河床平面形态散乱，没有固定的河槽，造成了滩岸大量塌失，险工崩塌，大堤淘断，给沿河人民造成巨大损失，也给黄河防凌防汛工作带来沉重负担，需对黄河道摆幅情况进行分析，采取正确措施，对上下游、左右岸统筹考虑，综合治理，控制河道冲淘摆动，防止灾害的发生。

根据四期黄河河道数据资料，经初步目视分析得到巴彦高勒—头道拐河段摆幅较大，结合凌灾高发河段，选取巴彦高勒—三湖河口、三湖河口—昭君坟、昭君坟—头道拐 3 个河段为摆动河段研究区域。但是，由于多年来黄河河道摆动比较复杂，为了提高分析精度，进一步将三个河段细分为 29 个典型变化断面（图 7-6、图 7-7）。

通过 GIS 分析，得到三个河段、四个时段间的摆幅情况，见表 7-2 和图 7-8。为减少人为误差，取各个河段不同时期内的多个测量断面平均值来反映该河段在特定时期内的河道摆幅量。由于摆幅有左右，相应的摆幅量也有正负。因此，此处将测出的数据取绝对值，以方便对河道摆动程度进行比较。

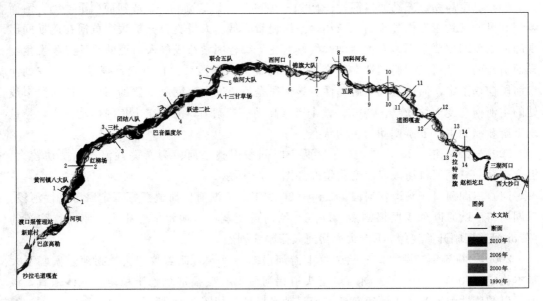

图 7-6 巴彦高勒—三湖河口河段计算摆幅断面

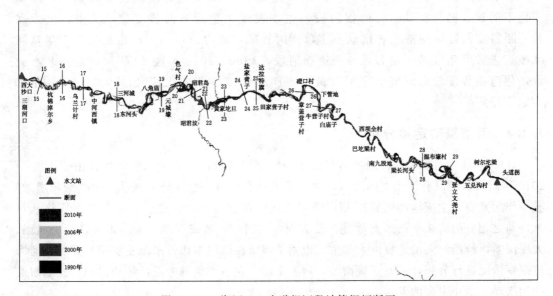

图 7-7 三湖河口—头道拐河段计算摆幅断面

表 7-2 宁蒙河段摆幅计算表

黄河河段	断面编号	平均摆幅量/m		
		1990—2000 年	2000—2005 年	2005—2010 年
巴彦高勒—三湖河口	1～14	1027.57	486.91	715.69
三湖河口—昭君坟	14～21	498.66	379.66	337.45
昭君坟—头道拐	21～29	210.60	361.44	294.03

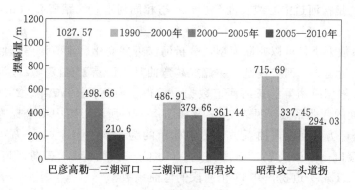

图 7-8　黄河河道摆动状况分析图

由图 7-8 可看出，1990—2000 年、2000—2005 年、2005—2010 年三个时段内摆幅量都表现出从上游巴彦高勒到下游头道拐河段递减的趋势。三个时段中，巴彦高勒—三湖河口河段横向变化悬殊，跳跃性大，属游荡型河段；三湖河口—昭君坟河段变化较缓，摆幅量逐年递减，属过渡型河段；昭君坟—头道拐河段摆幅量相对较小，属弯曲型河段。

将 29 个断面的摆幅平均值，绘制于图 7-9 中，得到摆幅量的分布特征。按照黄河河道摆动方向左为正，右为负的原则，由图可以看出，大部分点（68.9%）位于负区，即黄河流向的右侧。因此，1990—2010 年黄河总体趋于右摆。

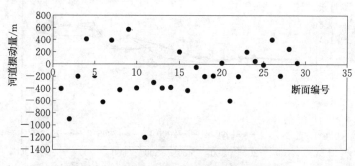

图 7-9　黄河 1990—2010 年时段摆动状况

总体来看：

（1）黄河宁蒙河段近 20 年河道摆动较大，时间上表现为 1990—2000 年时段摆幅变化跳跃较大，而 2000—2005 年和 2005—2010 年两个时段的摆动状态则变化不大。

（2）空间上表现为从上游到下游递减的趋势，且黄河摆动以偏右居多。

7.2.5　河道弯度定量分析

7.2.5.1　黄河宁蒙河段河道弯曲程度与凌情关系分析

1. 黄河宁蒙河段河道弯曲系数分析

为了进一步分析黄河宁蒙河段河道的特点和变迁规律，本节选择河道弯曲系数来对河道弯曲度进行分析。

弯曲系数 C 是指河道中心线长度 S（km）与相同河道直线距离 L（km）之比。即

$$C = S/L \qquad\qquad (7.2)$$

根据弯曲系数大小，可以判断河型，分析河流近期变化。水流流路弯曲程度与流量大小关系密切。流量越小，河势越乱，主流线越弯曲且水流易于分汊；反之河势较归顺流路弯曲程度减弱。根据所测得的黄河河道数据，求得宁蒙河段 1990 年、2000 年、2005 年、2010 年 4 个时期的弯曲系数，见表 7 - 3 及如图 7 - 10 所示。图中横坐标为距青铜峡的距离（km），纵坐标为各河段弯曲系数，图中标示的为青铜峡—A、A—石嘴山、石嘴山—B、B—磴口、磴口—巴彦高勒、巴彦高勒—C、C—三湖河口、三湖河口—D、D—昭君坟、昭君坟—E、E—头道拐，共 11 个河段的弯曲系数。

表 7 - 3　　　　　　　　　黄河宁蒙河段河道弯曲系数列表

年份	青铜峡—A	A—石嘴山	石嘴山—B	B—磴口	磴口—巴彦高勒	巴彦高勒—C	C—三湖河口	三湖河口—D	D—昭君坟	昭君坟—E	E—头道拐
1990	1.09	1.19	1.14	1.15	1.10	1.17	1.44	1.34	1.46	1.45	1.50
2000	1.15	1.16	1.15	1.12	1.13	1.32	1.44	1.35	1.63	1.56	1.57
2005	1.12	1.17	1.17	1.14	1.14	1.32	1.26	1.30	1.52	1.61	1.71
2010	1.12	1.18	1.14	1.14	1.16	1.31	1.28	1.33	1.57	1.61	1.74

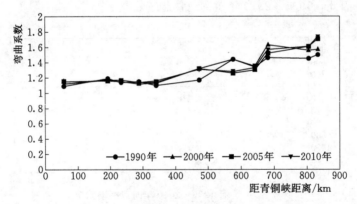

图 7 - 10　黄河宁蒙河段 1990 年、2000 年、2005 年、2010 年的河道弯曲系数沿程分布

由图 7 - 10 可见：

（1）无论是多年平均还是在同一年内，不同河段黄河宁蒙河段弯曲系数沿程虽有一定的起伏变化，但总体表现为上升趋势。在前半部分即青铜峡与巴彦高勒水文站之间弯曲度较小，弯曲系数在 1.10～1.20 之间，平均值为 1.14。但后半部分即巴彦高勒水文站至头道拐水文站之间弯曲度大幅提高，弯曲系数在 1.20～1.70 之间跳跃变化大，平均值为 1.45。

（2）在不同年、同一河段间，青铜峡至巴彦高勒弯曲度变化不大，弯曲系数变化差异较小；但从巴彦高勒开始，弯曲系数跳跃很大，尤其是 1990 年和 2000 年时段变化较大，2005 年和 2010 年时段间变化较小。

2. 河道弯曲程度与凌情关系分析

河道在窄弯河段，向来是卡冰、壅冰的重点地方，极易发生凌灾。通过表 7-4 和表 7-5 对凌灾和冰塞现象的统计，分析可知：

（1）宁蒙河段中，巴彦高勒至头道拐河段，坡度平缓，水流散乱，多岔口，河势极不顺，弯曲系数较大，多畸形大弯，这是灾害发生频率最高的区域；

（2）昭君坟—头道拐河段，弯曲度最大，对应的灾害发生次数也最多。因此，可以推断河道的弯曲程度对冰凌灾害的发生的主要影响因素之一。

表 7-4　　　　　　　1990—2010 年黄河宁蒙河段主要冰坝情况统计表

时段	断面区间	发生次数	1990—2000 年发生几率/%	时段	断面区间	发生次数	2000—2005 年发生几率/%
1990—2000 年	石嘴山—巴彦高勒	2	7.7	2000—2010 年	石嘴山—巴彦高勒	0	0.0
	巴彦高勒—三湖河口	6	23.1		巴彦高勒—三湖河口	0	0.0
	三湖河口—昭君坟	1	3.8		三湖河口—昭君坟	0	0.0
	昭君坟—头道拐	16	61.5		昭君坟—头道拐	2	33.3
	头道拐以下	1	3.8		头道拐以下	4	66.7
	总计	26			总计	6	

表 7-5　　　　　　　1990—2010 年黄河宁蒙河段主要冰塞情况统计表

断面区间	发生次数	发生频率/%
下河沿—石嘴山	3	43
石嘴山—巴彦高勒	3	43
巴彦高勒—三湖河口	1	14
总计	7	

7.2.5.2　黄河宁蒙河段主要河湾

河道弯曲系数的大小决定于河湾的多少和形态。图 7-12 概述了整个黄河宁蒙河段的弯曲程度，但对弯曲系数相差悬殊的河段取平均值易被中和，需对变化大的河弯特殊分析。因此，本项目选取黄河宁蒙河段自青铜峡至头道拐河段弯曲变化较大的 29 处河弯进行分类并赋予代码，见表 7-6，河弯位置如图 7-11 所示，并运用 GIS 工具测量了黄河河道主流线、平均弦长和弦高，最终得出各河湾的弯曲系数。

表 7-6　　　　　　　黄河宁蒙河段各河弯名称及代码

河段	河湾名称	代码	河段	河湾名称	代码
青铜峡—石嘴山	青铜峡—柳条滩	1	三湖河口—昭君坟	杭锦淖尔乡—乌兰计村	15
	北滩村—银古高速	2		中河西镇—三河城	16
	银古高速—横城古渡	3		新华村—八角庙	17
	头道墩—苦斗子梁	4		八角庙—昭君岛	18
	苦斗子梁—石嘴山	5		昭君岛—昭君坟	19

河段	河湾名称	代码	河段	河湾名称	代码
石嘴山— 磴口	乌海路黄河大桥—沙树滩	6	昭君坟— 头道拐	新河村—盐家营子	20
	沙树滩—磴口	7		田家营子村—章盖营子村	21
磴口— 巴彦高勒	巴音温都尔—古都鲁	8		章盖营子村—黄牛营子村	22
巴彦高勒— 三湖河口	巴彦高勒—渡口区管理	9		黄牛营子村—白庙子	23
	渡口区管理—河坝	10		白庙子—西坝全村	24
	红柳场—团结八队	11		西坝全村—南九股地	25
	跃进二社—八十三甘草场	12		南九股地—温布壕村	26
	八十三甘草场—联合五队	13		温布壕村—五兑沟村	27
	锦旗大队—四科河头	14		五兑沟村—树尔圪梁	28
				树尔圪梁—头道拐	29

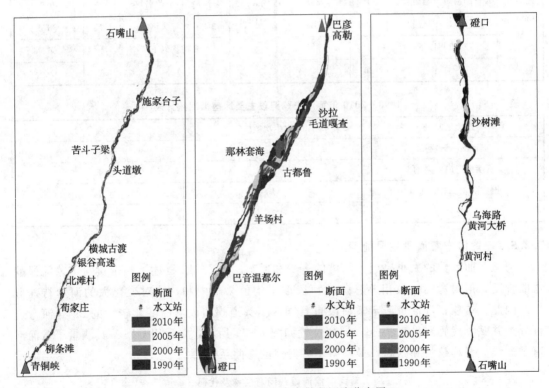

图 7-11　青铜峡至巴彦高勒段河湾分布图

从 29 个典型河湾的弯曲系数图 7-12 可以看出：

（1）四个时期各河湾的弯曲系数大致均呈现递增趋势。1990—2000 年内弯曲度上升较快，凌灾发生率也较高；2005—2010 年时段内河道弯曲度略有上升，凌灾发生频率也较小。但是从整个发展趋势看 2010 年河道弯曲系数增大，未来对宁蒙河段的防凌不利。

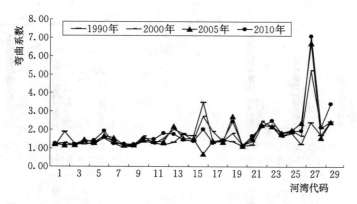

图 7-12　黄河宁蒙河段典型河湾分析

（2）青铜峡—三湖河口属稳定性河段，弯曲度变化较小，弯曲系数在 1.00～2.00 之间波动。三湖河口—头道拐河段弯曲度较大，属弯曲型河段。河湾弯曲度较大的地区，亦是凌灾发生频率较高的地区，说明河湾对凌灾的发生有较大的影响。

7.2.6　河面宽度变化定量分析

本研究通过 1990 年、2000 年、2005 年和 2010 年四个时期黄河主河道遥感数据提取主河道图，借助 ArcGIS 平台测量得到黄河宁蒙河段典型断面的河面宽度，从而实现对宁蒙河段河面宽度的定量分析。河面宽度提取过程中选定了四个关键控制断面，分别是：青铜峡、石嘴山、巴彦高勒、三湖河口和头道拐，在图表中分别以 1、2、3、4 表示。在每两个控制断面之间再重点选取 10 个断面进行河面宽度的量测对量测得到的数据进行最小值、平均值和最大值的统计，之后对结果进行定量分析。

从图 7-13 中可以看出，整体上黄河从上游到下游河槽平均宽度呈现递减趋势。在同一时段内各关键控制端面的河面宽度变异性较大，尤其在 1990 年，最小河面宽度仅为 177m，而最大河面宽度则为 5306m。在年际内黄河河面宽度整体是逐渐变窄的趋势。在各时段黄河河面宽度变化中关键断面河面宽度最大值变异性较大，最小值变化的波动相对较小，在 1990 年表现尤为突出。

此外，选取青铜峡站、石嘴山站、巴彦高勒站、三湖河口站和头道拐站进行多时段河面宽度变化研究。由图 7-14 可以看出各站断面河面宽度年际变化不同，其中青铜峡站、巴彦高勒站表现为波动中递减的趋势，头道拐站的河面宽度则呈现连续递减的状态，1990 年为 576m，到 2010 年则变为 310m，变幅较大。石嘴山站和三湖河口站的河面宽度整体上呈波动中变宽趋势，其中 1990 年三湖河口断面河面宽度为 300m，至 2010 年河面宽度增加约 150m。

从各时段黄河宁蒙河段各典型断面河面宽度变差系数（C_v）的变化情况可以看出（见图 7-15）：自 1990 年至 2010 年黄河河面宽度的变化是逐渐减小的。1990 年石嘴山与巴彦高勒间的河面宽度相对变化最大，C_v 值达到了 0.95；2000 年青铜峡至石嘴山的河面宽度相对变化最小，C_v 值为 0.41。但是从整体角度上看，黄河段河面宽度变化还是相对较大的。

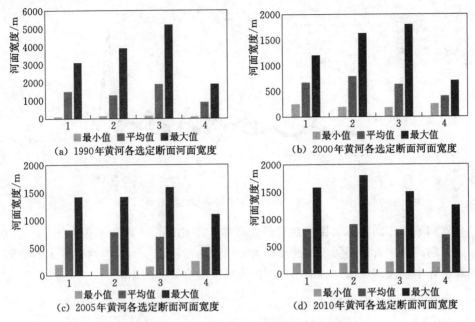

图 7 - 13　黄河宁蒙河段选定断面河面宽度

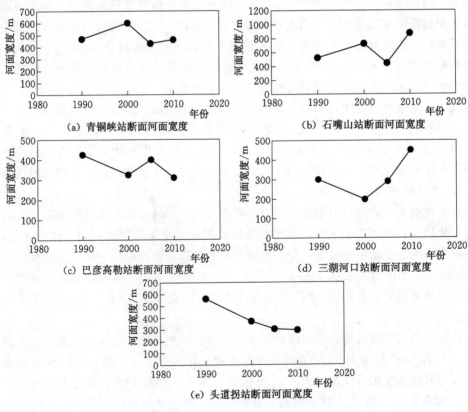

图 7 - 14　各断面河面宽度年纪变化

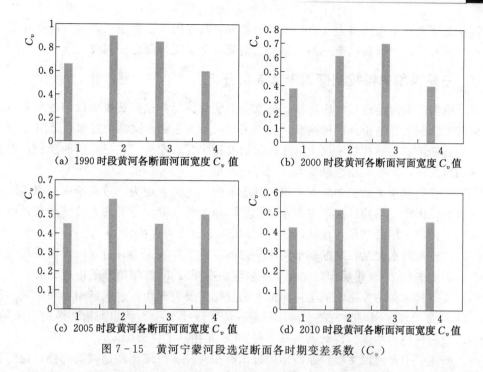

图 7 - 15　黄河宁蒙河段选定断面各时期变差系数（C_v）

　　年际变化上，各典型断面河面宽度的变化有起有伏，但是整体上还是呈现下降的趋势（见图 7 - 16）。巴彦高勒至三湖河口 C_v 值变化最为剧烈，最大值和最小值之间差值为 0.42，说明在此断面上河面宽度的变化幅度相对最大。相对最小的出现在三湖河口至头道拐段差值仅为 0.2。

　　综上所述，宁蒙河段主河道河面宽度呈现变窄趋势，但宽度变化是逐渐减小的。自上

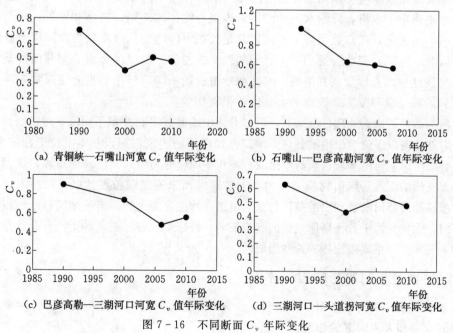

图 7 - 16　不同断面 C_v 年际变化

游青铜峡至下游头道拐河道宽度也呈现变窄趋势，其中巴彦高勒至三湖河口段变化最为剧烈，而相同时段内巴彦高勒至三湖河口及三湖河口至头道拐段变异都较大。

7.2.7　宁蒙河段关键控制断面形态变化分析

为了摸清宁蒙河段近年河床冲淤、过水能力变化情况，根据黄委提供的各水文站实测的断面成果绘制了石嘴山、巴彦高勒、三湖河口以及头道拐水文站的过水断面图。

（1）石嘴山水文站控制断面上河床形态的变化主要表现为，在过水断面面积基本上无大变化的情况下，中心主槽逐渐变宽，同等级水量下有利于降低水位。

（2）巴彦高勒水文站控制断面上河床形态的变化主要表现为，过水断面面积年际间变化幅度较大，无明显趋势。河道主蓄水槽位置由原来明显偏左变为向右拉伸趋势，应为左岸淤积右岸冲刷作用的结果，现状河底高程较 2007 年无明显抬升。

（3）三湖河口水文站控制断面上河床形态的变化主要表现为，过水断面面积呈现增加趋势。河床形态在 2008 年后出现突变，现状河底高程较 2006 年抬升了将近 2m。

（4）头道拐水文站控制断面上河床形态的变化主要表现为，过水断面面积呈现不稳定趋势，2010 年出现急剧减少现象。河床形态的演变规律为中心蓄水河槽逐渐向右岸偏移，应为右岸冲刷作用的结果。现状河底高程较 2006 年抬升了将近 1m。

综上所述，宁蒙河段主要控制断面的过水面积并没有出现逐年递减的趋势，说明整个河道在上游调控水量的条件下有淤有冲，虽然河底高程全线都有所抬升，但是河道的过流能力并没有持续衰减。

7.3　河道形态演变影响因子分析

河床演变是水流与河床相互作用的结果。水流作用于河床使河床发生变化；变化的河床又反过来作用于水流，影响水流的结构，表现为泥沙的冲刷、搬移和堆积，从而导致河床形态的不断变化。在自然条件下，河床总是处在不停的变化之中，当在河床上修筑水工建筑物以后，河床的变化会受到一定程度的改变或制约。黄河河床演变剧烈而复杂，由于来水量及其过程、来沙量及其组成、河床泥沙组成的不同，河床的纵向变形常表现为强烈的冲刷和淤积，横向变形常表现为大幅度的平面摆动。

黄河上游河道依据地理特征来看，可以分为山地峡谷段和冲积平原段。碛口断面以上除宁夏平原外的河段多位于山地峡谷区，碛口断面以下的内蒙古河段基本上位于冲积平原区。山地峡谷段河床主要由基岩、卵石所组成。冲积平原段分为碛口至三湖河口段。该河段由于没有较大支流的汇入，床面物质主要为自上游携带而来的细颗粒泥沙以及风沙入黄沉降而来，巴彦高勒局部河段表现出游荡性特征，河道泥沙主要为细沙。自三湖河口断面以下至头道拐区间，大量发源于黄土高原地区的支流汇入，特别是从右岸汇入的十大孔兑，是该河段泥沙的主要来源，主要由细沙和粉沙组成。

7.3.1　主要变化河段影响因子分析

近年来宁蒙河段河道断面变化剧烈，经查阅大量文献资料并分析其原因，主要分为自然因素的改变和人为因素的影响。

7.3.1.1 自然因素

（1）气温变化的影响。在全球变暖的气候背景下，黄河流域的气候特点也发生了改变。气温是反映气候的一个重要指标，20世纪80年代以来，黄河流域气温明显升高，降水有所减少，水资源情势发生了变化。1961—2000年，流域年平均温度升高了0.6℃。黄河流域降水总体呈波动下降趋势，且以20世纪90年代降水最少，进21世纪以来，降水略有增加。宁蒙河段的水沙变化也受到气候变化的影响，其对径流量的影响占径流量减少总量的40%。径流量的减少势必会对河道淤积状况造成影响，因此气温的变化影响不可忽略。

（2）地球自转速率变化的影响。河流的流量和输沙量是河流演变的动力因素，它们与地球自转速率变化之间有着一定的相关关系。当地球自转速率发生加快或变慢的转折时，黄河流域往往出现相应的流量急剧增大或减少，年输沙量也相应急剧增大或减少。

（3）降雨量。从流域自然因素来看，自1950年以来，黄河上游水量的主要来源区（兰州以上流域），降雨量尽管年际变幅较大，且存在丰枯的周期性循环，但并没有发生明显的增多或减少。考虑兰州至头道拐区间的流域对黄河上游干流水量的补给只占到其总水量的1%，区间降雨量的年际变化对整个上游水量的影响不大，可以认为降雨自然因素对水沙的影响有限，头道拐断面形态调整及对水沙的响应主要受到人类活动的影响，尤其是水利工程。

7.3.1.2 人为因素

（1）水利工程的影响。从多年的河道变化情况看出，自然因素对河道变化的影响是有限的，而人为因素对河道变化的影响尤为明显，尤其是水利工程的影响。1990—2010年，受到人类活动的影响，宁蒙河道形态发生了巨大的变化，黄河水沙变化出现了一些新特点。自上游干流修建了龙羊峡、刘家峡、盐锅峡、八盘峡、青铜峡、三盛公等一系列水利枢纽建成使用后，极大地改变了水库下游干流的水沙搭配情况，汛期洪峰削弱，洪水历时缩短，而相应延长了中、枯水期历时。汛期内蒙古河段的流量经常小于$1000\text{m}^3/\text{s}$，且长时间处于$100\sim300\text{m}^3/\text{s}$的流量级，致使河道淤积严重，同流量水位明显抬高，另外内蒙古境内的季节性河流在夏季发生的高含沙洪水挟带大量泥沙汇入黄河，在黄河干流形成沙坝，使河床明显抬高。

当流域水沙情况发生改变后，河流通常能够通过自身的不断调整，逐步达到新的平衡状态。从遥感数据与实测断面数据来看，黄河宁蒙河段从2005年后逐渐在向新的平衡状态靠近。

宁蒙河段已调整为新的态势，对防凌有利有弊。但从实情而言，利大于弊。例如，头道拐断面河道的横向摆动幅度呈减小趋势，特别是自1986年龙羊峡水库与青铜峡、刘家峡水库联合运用以来，其横向摆动速率大幅减小，断面形态及位置趋于稳定，河岸发生坍塌后退的机会减少，有力地保护了当地百姓正常的生活和生产。

（2）河道建筑的水沙影响。冲积性河道的河床演变主要取决于来水来沙条件和河床边界条件。一般情况下，水沙条件的改变会引起河床的冲淤调整，而断面形态的改变反过来又会影响到河道输沙，两者是相互作用相互影响，但总有一方是起决定作用。

架设浮桥、河道整治工程等也对河道及周边环境造成了一定的影响。浮桥为缓解黄河两岸之间的交通压力、促进黄河两岸的经济增长起到了重要作用。然而，黄河下游河道演变规律的特殊性及浮桥本身的技术特点，使得由浮桥引起的河道险情不断发生。浮桥对桥前壅水的影响、浮桥转角对流速的影响、浮桥对水流挟沙能力的影响均能导致下游河道的改变。疏浚工程也是影响河道输沙能力的一个重要的人为因素。挖除淤塞河道的砂石等淤积物，目的是为了把河道取直，从而改善河流的输沙能力。

7.3.2　典型河段河道形态变化影响因子分析

从 7.2 分析可以看出，从青铜峡至头道拐河段的河道形态自 1990—2010 年以来，不论是河道的摆幅还是河道的宽度均有了明显的变化。现结合冰坝及凌灾多发地带选出几个典型的变化河段，并分析其河道变化的影响因子。需要说明的是图中的地理坐标名称是结合冰灾多发地附近的村落或建筑物名称，为方便描述而添加的。

选取的两个典型河段分别为五原—乌拉特前旗河段、乌拉特前旗—达拉特旗河段，两个河段均位于巴彦高勒至头道拐段间，巴彦高勒—头道拐河段为冲积型平原河道，此河段不仅河道变迁显著而且是冰坝、冰灾多发地段，因此选为典型河段作为分析对象。

典型河段一：五原县至乌拉特前旗河段，此河段位于巴彦高勒至三湖河口河段间，如图 7-17 所示。

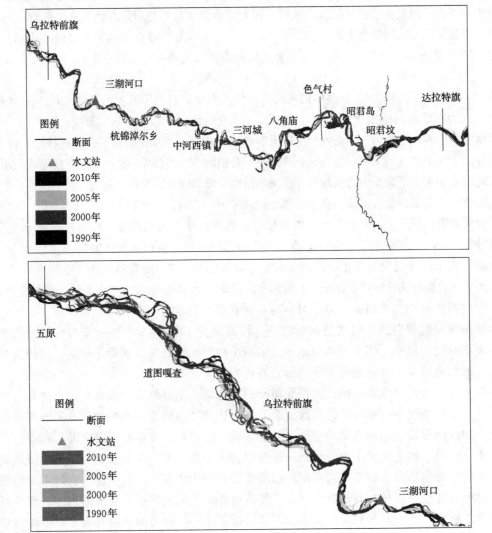

图 7-17　典型河段位置

影响因子：上游来水来沙量。

从图 7-17 中可以看出，该河段 20 年间河道宽度变化不明显，但是河道摆幅却相当剧烈，几乎成辫状交织状态。分析其演变原因为：该典型断面位于巴彦高勒至三湖河口段，上游自 1961 年 3 月盐锅峡水库修成蓄水运行后，又相继建成了三盛公水利枢纽、青铜峡水库及刘家峡水库，各水库的陆续运行导致下游河道相应产生调整、再造，河宽、比降、槽深等要素都发生新的变化。根据盐锅峡及三盛公枢纽资料，盐锅峡从 1961 年 5 月至 1965 年末库区内淤积 1.55 亿 m^3，三盛公枢纽 1961 年 5 月至 1966 年 10 月库区内淤积 0.62 亿 m^3，两库共拦泥沙近 2.2 亿 m^3，平均每年减少 0.36 亿 m^3。同期内三盛公枢纽下游河道出现了较长距离的冲刷，渡口堂至三湖河口段的河床比降由 1956 年的 1/6750 到 1967 年变为 1/5950，输沙量 1.6 亿 m^3，整个河段表现为上冲下淤状态。当龙羊峡、刘家峡的联合调度后，来水来沙条件的改变造成了河道新的变迁。

典型河段二：乌拉特前旗至达拉特旗河段。该河段位于三湖河口—头道拐河段间。

影响因子：上游来水来沙量、区间水沙汇入量

因巴彦高勒—三湖河口河段有冲有淤，故三湖河口站的来水来沙量有别于巴彦高勒站，但大体接近。三湖河口—头道拐河段的冲刷量和巴彦高勒—三湖河口河段有很大区别，其主要原因是三湖河口—头道拐区间有十大孔兑泥沙的输入。

分析三湖河口—头道拐河段汛期冲淤量与干流、支流（即位于黄河右岸的十大孔兑）来沙量的关系可见（见图 7-18），该河段冲淤量与支流来沙关系更为密切：孔兑发生洪水的年份往往正是该河段淤积严重的年份。同时，上游来沙也是造成该河段淤积的重要因素，不可忽视。因此，1990—2010 年来由于上游龙羊峡、刘家峡两水库的联合运用，以及三盛公水库的运行，加之 20 世纪 90 年代以来上游来水持续偏枯，河套地区工农业用水量迅速增长，十大孔兑入黄泥沙量剧增，综合因素的影响造成了该河段河宽变窄、河道变迁。

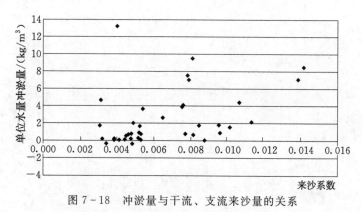

图 7-18 冲淤量与干流、支流来沙量的关系

7.4 河道形态演变趋势分析

纵观 1990—2010 年的河道变化可知，不论河道的摆幅变化还是河道宽度的变化，河道形态演变与当地气候条件、上游来水来沙条件有着密切的关系。考虑黄河上游还有诸多

在建的水利枢纽工程，如黄河海勃湾水利枢纽工程，其建设的过程及建成运行后对下游的来水来沙条件势必会造成影响。因此，在未来几年内，气候变化不大的条件下，河道形态演变趋势如下：

（1）河道水工建筑物的增加会造成下游河道冲淤情况的继续变化，河型的变化也会随之改变；

（2）气候条件的不断变化势必与人类活动对河道的影响效应相叠加，进一步使河道变窄，降低河流输沙能力，从而对河道形态产生影响；

（3）根据近10年宁蒙河段下游河道弯曲系数略有逐渐增大的趋势，可以预测今后此河段有可能维持目前较大的弯曲度或略有增加。

7.5 宁蒙河段水文站及堤防布设概况

7.5.1 水文站布设概况

宁蒙河段主河道主要水文站的包括：青铜峡、石嘴山、磴口、巴彦高勒、三湖河口、昭君坟和头道拐分布如图7-19所示，各水文站的基本情况见2.3节。

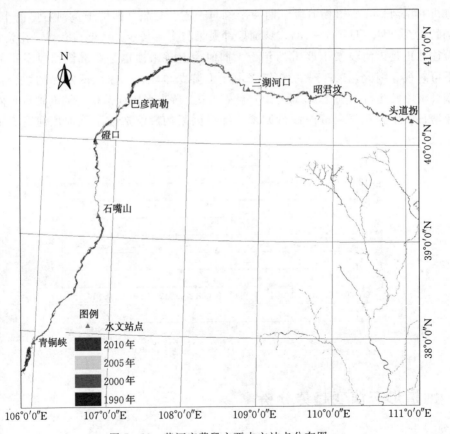

图7-19 黄河宁蒙段主要水文站点分布图

7.5.2　堤防布设概况

根据实测资料，黄河宁蒙河段从下河沿至头道拐，左、右岸基本布设堤坝防护，整个河段间，有堤坝损坏现象，堤坝材料不一，河堤防洪标准低，沙土坝所占比重较大。随着国家和地方政府对水利基础建设投资力度的加大，近年来，已陆续对黄河宁蒙河段堤防实施了加高、修复、新建，以及支流入汇口水段堤防的修建工程。宁蒙河段现状堤防布设情况如图 7-20 所示。

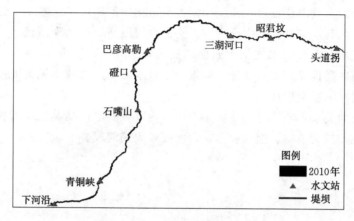

图 7-20　黄河宁蒙河段堤防布设状况

7.6　本章小结

本章通过对黄河河道遥感影像分析、关键控制断面多年过水断面形状和面积分析、河槽纵比降分析，得到如下结论：

（1）河面宽度：从空间上来讲，黄河从上游的青铜峡断面至下游的头道拐段面，河面的平均宽度是呈现递减趋势的，即下游河段表现出萎缩趋势，尤其是从巴彦高勒开始出现较为严重的萎缩现象，例如石嘴山断面多年平均河面宽度约为 730m，而巴彦高勒断面多年平均河面宽度仅约为 360m，沿水流方向河面萎缩达到一半以上。从时间上来讲，整个河道并没有表现出随着时间逐渐萎缩的迹象，除头道拐以外，各断面从 1990—2010 年的 20 年间基本上处于变窄与增宽交替演进趋势，每 5 年之间的变幅最大可达 500m 左右，最小 200m 左右。

（2）主河槽摆动幅度：从空间上来讲，上游青铜峡至石嘴山断面间虽有部分河段呈现出震荡，但相较于下游河段来讲较为稳定，下游从巴彦高勒至头道拐间的河段摆动较为频繁与复杂，尤以巴彦高勒至三湖河口间河段较为显著，摆幅量平均约达 750m，最大约达 1030m。从三湖河口至头道拐间的摆幅则出现渐减趋势，依次摆幅量约为 400～300m。从时间上来说，刘家峡投入使用以后的 1990—2000 年，10 年间河道的摆动较为显著，之后的 2000—2010 年整个河道摆动量虽略有减少，但仍未显现出稳定态势。从方向上来讲，近 20 年黄河总体上趋向于右摆。

（3）河道弯度：从空间上来说，上游青铜峡至巴彦高勒河段相对比较顺直，弯曲度较小，平均弯曲系数仅为 1.1 左右，从巴彦高勒开始至头道拐河段弯曲度大幅度升高，平均弯曲系数最大达到 1.7 左右。越往下游河湾越多，三湖河口—头道拐间河段河湾分布最多，弯曲度最大，其中最大河湾（温布壕村—五兑沟村）的弯曲系数高约达 7.0。从时间上来讲，上游青铜峡至巴彦高勒河段多年维持较稳定状态，巴彦高勒开始至头道拐河段，弯曲系数年际间变动很大，总体上呈现出增加趋势，即此河段随着时间的推移越来越弯曲。尤其是 1990—2000 年变幅较大，2005—2010 年相对变幅较小。

（4）断面形态：黄河从甘肃兰州至内蒙古头道拐的河床纵比降基本上是沿水流方向呈逐渐减小趋势，尤其在宁夏石嘴山至内蒙古头道拐河段间的纵比降值较小，不利于河道的冲刷。根据逐年同期测得的水文站大断面图显示，2007—2010 年间除了三湖河口断面之外，其他断面河底高程并无显著抬升，同水位下过水面积的增减亦无太大波动，没有表现出明显和单调的冲刷或淤积状态。

（5）与凌灾的关系：经统计，凌灾多发生于内蒙古的巴彦高勒至头道拐河段，而此河段恰好是在形态上较为萎缩、摆动较多、弯曲度较大的河段。

宁蒙河段关键控制断面过水能力分析

水库防凌安全泄量是指凌汛期水库下泄流量能适应下游河道冰下过流能力，不造成冰塞、冰坝壅水而形成灾害的安全流量。分析刘家峡水库下游河道关键控制断面过水能力以及流量演进，可以初步得到刘家峡水库凌汛期的安全下泄流量的阈值，再结合气温等凌灾影响因子，可进一步提高阈值精度。推求满足阈值的刘家峡水库下泄流量，既可保证下游防凌安全，又可论证增大黄河上游梯级水电站的发电效益的可行性，以填补青海地区冬季的电力缺口。

SL 428—2008《凌汛计算规范》吸收了近年来我国寒冷地区凌汛计算的经验和较成熟的科研成果。本章节参照 SL 428—2008 的要求，对收集整理的基本资料进行复核评价。本章节既涉及河流凌汛分析计算，也包含工程凌汛分析计算的内容。河流凌汛分析的重点是确定水位流量关系及凌汛期尤其是封冻期的冰下过流能力。工程凌汛分析计算所涉及的工程主要是水库工程及堤防工程。

8.1　宁蒙河段关键控制断面水位流量关系分析

在分析凌汛期宁蒙河段关键控制断面的水位流量关系基础上，结合由宁蒙河段堤防资料得出防凌安全水位，即可确定各断面凌汛期内的最大过流能力。

8.1.1　水位流量相关理论与方法

8.1.1.1　水位流量关系的概念及分类

一个测站的水位流量关系，是指测站基本水尺断面处的水位与通过该断面的流量之间的关系。水位流量关系可分为稳定和不稳定两类。

（1）稳定的水位流量关系。稳定的水位流量关系是指同一水位只有一个相应流量，其关系呈单一曲线，并满足曼宁公式：

$$V = \frac{1}{n}R^{\frac{2}{3}}S^{\frac{1}{2}} \tag{8.1}$$

$$Q = A\bar{v} \tag{8.2}$$

式中：Q 为流量，m^3/s；A 为断面面积，m^2；$\bar{v}$ 为断面平均流速，m/s；n 为河床糙率；R 为水力半径，通常用平均水深代替，m；S 为水面比降。

式（8.1）、式（8.2）表明，要使水位流量关系保持稳定，必须在同一水位下，断面面积 A，水力半径 R，河床糙率 n 和水面比降 S 等因素均保持不变，或者各因素虽有变化，但对流量的影响能相互补偿。由此可见，在测站控制良好、河床稳定的情况下，其水位流量可以保持稳定的单一关系，点绘出的水位流量关系曲线，点距较密，分布呈带状，没有系统的偏差。在稳定水位流量关系曲线上，由已知的水位过程可求得相应的流量过程。

（2）不稳定的水位流量关系。在天然河道里，断面各项水力因素的变化对水位流量关系的影响不能相互补偿，水位流量关系难以保持稳定，不同时期同一水位通过的流量不是定值，点绘出的水位流量关系曲线，点距分布比较散乱。其原因是受到多重因素的影响：如河槽冲淤（本质是断面过水面积的改变）、洪水涨落（本质是洪水波产生的附加比降的变化）、冰情凌灾、变动回水及障碍物阻水（主要包括河道内桥梁、吊桥、浮桥等建筑物及水生植物等）等因素。

8.1.1.2　凌汛期水位流量关系曲线的定线方法及要求

对于测站良好、各级水位流量关系都保持稳定的测站，定线精度符合规范要求，可采用单一曲线法定线推流。在实际应用中，单一曲线法有图解法和解析法两种形式。当测验河段受断面冲淤、洪水涨落、变动回水或其他因素的个别或综合影响，使水位流量关系不呈单一关系时，水位流量关系的确定方法归纳起来分为两种类型：一种是水力因素型，可表示为 $Q = f(Z, x)$ 的形式，x 为某一水力因素；另一种是时序型，表示为 $Q = f(Z, t)$ 的形式，t 为时间。

拟定凌汛期水位流量关系应符合 SL 428—2008 的要求：①有实测水位、流量以及冰情资料时，可根据实测资料拟定水位与流量关系曲线。有冰凌影响的实测水位资料、上下游有可供移用的流量资料时，可根据实测水位和移用流量拟定水位与流量关系曲线；②凌汛期水位与流量关系由于受凌汛期不同时期的凌情影响，可分别拟定流凌期、封河期和开河期的水位与流量关系曲线；③推算水位与流量关系时应考虑断面冲淤变化、下游工程等因素的影响；④拟定的水位与流量关系曲线应从依据资料、河段控制条件以及凌汛期不同阶段的冰情特点等方面，检查其合理性。

河道内凌汛期因冰凌阻水作用，凌汛期不同时期的水位流量关系是不同的：①流凌期受流凌密度变化、河势等因素的影响，水位流量关系表现较为复杂，在拟定水位流量关系时，需考虑流凌密度的影响；②封河期的水位流量关系较为稳定，基本为单一曲线，但也需考虑冰盖下过流能力的影响；③开河期水位流量关系也较复杂，主要与开河形势、来冰量、槽蓄水增量等因素有关，在拟定水位流量关系时需考虑上述因素的影响。

8.1.1.3　水位流量关系曲线的合理性检查

水位流量关系曲线的合理性检查包括曲线的定线精度计算和检验两个部分。稳定的水位流量关系曲线、临时曲线法的主要曲线及经单值化处理的单一线，均应计算关系点对关系线的标准差和随机不确定度。下河沿水文站、石嘴山水文站、巴彦高勒水文站、三湖河口水文站、头道拐水文站在凌汛期内均采用流速仪法测流。SL 247—1999《水文资料整编规范》规定了流速仪法测流单一曲线法定线的精度指标，见表 8-1。

表 8-1　　　　　　　　　　　水位流量关系定线指标　　　　　　　　　　　　%

站　类	系统误差	随机不确定度
一类精度	1	8
二类精度	1	10
三类精度	2	11

为了正确绘制水位流量关系曲线，按照国际标准化组织（ISO）1100/2 的要求，还应进行三项检验，即符号检验、适线检验、偏离数值检验。当上述三项检验结果均接受原假设时，应认为定线正确；若三项检验（或其中一项、二项检验）结果拒绝原假设，则应分析原因，对原定线适当修改，重新检验。

宁蒙河段地处干旱区且受变动河床影响，凌汛期的水流中还夹杂冰体，其水位流量关系一般表现为复杂的嵌套曲线，对其定线不仅要分时期进行，且定线之后的精度也较低，常常不能满足表 8-1 的精度要求，因此也应按流凌期、封河期及开河期 3 个阶段进行合理性检查。由于制定 SL 247—1999 时面向的整编对象多取自于湿润地区，且较少考虑到复杂凌情对水位流量关系曲线的影响，规定的定线精度偏高。因此，凌汛期水位流量关系曲线的合理性检查可根据各测站特性，参照该规范有关条款的规定，具体分析研究确定。SL 195—97《水文巡测规范》中条款 4.3.7 对此亦有说明。

8.1.1.4　凌汛期流量测验及水位观测方法

凌汛期流量测验与畅流期相同，均采用流速仪测流。封冻期观测水位较畅流期水位观测略为复杂，应符合 GBJ 138—90《水位观测标准》的要求：将水尺周围的冰层打开，捞除碎冰，待水面平静后观读自由水面的水位。打开冰孔后，当水面起伏不息时，应测记平均水位；当自由水面低于冰层底面时，应按畅流期水位观测方法观测；当水从孔中冒出向冰上四面送流时，应待水面回落平稳后观测；当水面不能回落时，可筑冰堰，待水面平稳后，观测或避开流水处另设新水尺进行观测。当发生全断面冰上流水时，应将冰层打开，观测自由水面的水位，并量取冰上水深；当水下已冻实时，可直接观读冰上水位。当发生层冰层水时，应将各个冰层逐一打开，然后再观测自由水位。当上述情况只是断面上的局部现象时，应避开这些地点重新凿孔，设尺观测。当水尺处冻实时，应向河心方向另打冰孔，找出流水位置，增设水尺进行观测；当全断面冻实时，可停测，记录冻实时间。

8.1.2 宁蒙河段关键控制断面分析

为确定宁蒙河段凌汛期各阶段的过流能力，根据黄河上游的河道情况、水利工程及水文站的分布，确定了宁蒙河段的5个较有代表性的水文站测流断面为关键控制断面，即下河沿水文站基本水尺断面、石嘴山水文站测流断面、巴彦高勒水文站测流断面、三湖河口水文站测流断面和头道拐水文站基本水尺断面，如图8-1所示。2007—2010年凌汛期各断面最高最低水位统计见表8-2。

表8-2　　　　　　　　2007—2010年凌汛期各断面最高最低水位　　　　单位：m

年　度	水位	下河沿	石嘴山	巴彦高勒	三湖河口	头道拐
2006—2007	最低	1229.92	1086.18	1050.06	1018.68	986.21
	最高	1231.23	1089.43	1053.68	1020.67	989.25
2007—2008	最低	1229.83	1086.22	1050.36	1019.04	987.15
	最高	1231.82	1089.47	1053.63	1021.18	989.36
2008—2009	最低	1229.85	1086.04	1050.27	1018.70	986.35
	最高	1231.70	1089.98	1052.96	1020.95	989.11
2009—2010	最低	1229.80	1086.08	1050.07	1018.38	986.34
	最高	1231.78	1089.52	1053.47	1020.88	988.90
2010—2011	最低	1229.70	1086.24	1049.94	1018.29	986.02
	最高	1231.65	1088.85	1052.87	1020.62	989.44

由表8-2可知，2006—2010年历年凌汛期内：下河沿站最低水位为1229.70m，最高水位为1231.82m；石嘴山站最低水位为1086.04m，最高水位为1089.98m；巴彦高勒站最低水位为1049.94m，最高水位为1053.68m；三湖河口站最低水位为1018.29m，最高水位为1021.18m；头道拐站最低水位为986.02m，最高水位为989.36m。

8.1.2.1 关键控制断面冲淤分析（2007—2010年）

下河沿水文站和头道拐水文站测流断面均在基本水尺断面；石嘴山水文站测流断面于1992年由基本断面以上62.7m上迁到基本断面以上1540m；巴彦高勒水文站测流断面于1992年由基本断面上迁到基本断面以上40m；三湖河口基本水尺断面2006年以后不再施测大断面，改用基下220m测流断面（该断面2002年启用）。各水文站断面的测量工作一年进行至少两次，分别是每年的3月和10月。本节收集到2007—2010年关键控制断面的测量数据，详细的数据见2.3节。将该数据绘制成大断面图，如图8-1所示。

（1）下河沿水文站。本节采用2007年以来对下河沿基本水尺断面的6次测量数据，分别是2007年3月28日、2008年4月4日、2009年3月29日、2010年3月25日、2010年10月6日、2010年10月14日，以分析下河沿断面近年来的冲淤变化，见表8-3。根据该表绘制的历年断面形态见图8-1（a）。分析该图可知：前5的断面基本形态没有发生大的变化，仅2010年10月14日测得断面的主槽右岸轻微淤积，即该断面历年形态变化不大。

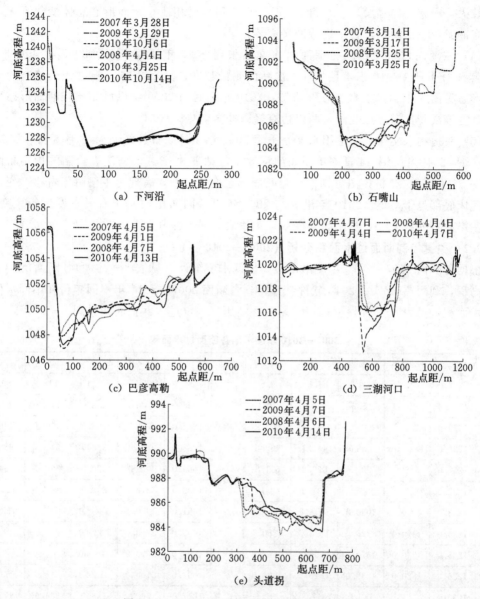

图 8-1 2007—2010 年不同年份各站测流断面

（2）石嘴山水文站。石嘴山水文站采用 2007 年 3 月 14 日、2008 年 3 月 25 日、2009 年 3 月 17 日、2010 年 3 月 25 日 4 次断面测量数据，见表 8-3。根据该表绘制的历年断面形态见图 8-1（b）。分析该图可知：近 4 年断面基本形态未发生大的变化，仅在局部有冲刷和淤积，总体上冲淤交替。2010 年与前几年同期相比，冲淤变化主槽较突出，表现为左冲右淤，河底趋于平坦。

（3）巴彦高勒水文站。巴彦高勒水文站采用 2007 年 4 月 5 日、2008 年 4 月 7 日、2009 年 4 月 1 日、2010 年 4 月 13 日 4 次断面测量数据，见表 8-3。根据该表绘制的历年断面形态见图 8-1（c）。分析该图可知：2007 年、2008 年、2009 年及 2010 年断面形态变化较大，河床有冲有淤。2010 年汛后与 2009 年汛后相比，断面形态总体变化不大，仅局部有冲淤，主槽淤积，右岸边滩冲淤交替。

（4）三湖河口水文站。三湖河口水文站采用 2007 年 4 月 7 日、2008 年 4 月 4 日、2009 年 4 月 4 日、2010 年 4 月 7 日 4 次断面测量数据，见表 8-3。根据该表绘制的历年断面形态见图 8-1（d）。分析该图可知：2010 年汛后与 2009 年汛后相比，断面形态变化较大，主槽淤积，深泓点变浅，两岸边有轻微冲淤变化。

（5）头道拐水文站。头道拐水文站采用 2007 年 4 月 5 日、2008 年 4 月 6 日、2009 年 4 月 7 日、2010 年 4 月 14 日 4 次断面测量数据，见表 8-3。根据该表绘制的历年断面形态见图 8-1（e）。分析该图可知：历年断面形态变化剧烈，表现为主槽每年右移，变宽变浅，河床底部趋于平坦。2010 年汛后与 2009 年汛后同期相比，断面形态发生较大变化，主槽左岸向右缩约 40m，过水断面变窄，主槽底有局部冲刷。

8.1.2.2　关键控制断面过水面积分析（2007—2010 年）

根据各断面 2007—2010 年凌汛期最高最低水位统计（见表 8-2）和各断面历年实测河底高程，利用 AutoCAD2010 软件计算得到各断面 2007—2010 年不同年份在不同水位下的过水面积，见表 8-3，根据该表绘制的各站历年水位过水面积曲线见图 8-2。

表 8-3　　　　　　　　　2007—2010 年凌汛期各断面过水面积　　　　　　　　单位：m²

断面	水位/m	2007 年	2008 年	2009 年	2010 年	断面	水位/m	2007 年	2008 年	2009 年	2010 年
下河沿	1227.0	3.6	11.5	7.5	9.5	石嘴山	1085.0	2.5	0.4	11.6	89.5
	1228.0	65.9	85.3	70.1	74.4		1086.0	149.0	65.5	179.3	232.9
	1229.0	231.0	253.0	244.5	246.8		1087.0	379.0	198.0	400.3	446.0
	1230.0	420.0	440.0	432.1	432.8		1088.0	618.0	388.0	642.6	689.7
	1231.0	618.0	636.0	629.2	631.8		1089.0	882.0	629.0	899.0	934.5
	1232.0	830.0	846.0	833.2	834.7		1090.0	1210.0	893.0	1194.9	1214.5
	1233.0	1060.0	1080.0	1046.6	1051.4		1091.0	1600.0	1240.0	1500.2	1520.6
	1234.0	1310.0	1320.0	1273.2	1280.7		1092.0	2060.0	1620.0		
	1235.0	1560.0	1570.0	1506.2	1513.9		1093.0	2570.0	2090.0		
	1236.0	1820.0	1830.0	1817.3	1826.5		1094.0	3100.0	3130.0		
巴彦高勒	1050.0	207.0	145.0	217.9	153.6	三湖河口	1017.0	66.3	158.0	364.6	171.7
	1050.5	347.0	253.0	299.6	314.7		1017.5	170.0	243.0	461.8	294.5
	1051.0	497.0	393.0	454.1	521.6		1018.0	276.0	335.0	566.6	417.7
	1051.5	660.0	547.0	658.1	729.4		1018.5	384.0	431.0	683.2	541.4
	1052.0	863.0	761.0	875.3	939.6		1019.0	493.0	533.0	806.0	667.1
	1052.5	1090.0	1010.0	1109.8	1165.4		1019.5	605.0	647.0	930.0	799.7
	1053.0	1370.0	1300.0	1367.9	1420.6		1020.0	805.0	823.0	1055.1	968.5
	1053.5	1660.0	1600.0	1628.9	1680.7		1020.5	1140.0	1140.0	1550.7	1211.5
	1054.0	1960.0	1930.0	1891.4	1943.0		1021.0	1500.0	1490.0	1902.5	1606.4
	1054.5	2550.0	2280.0	2153.7	2206.4		1021.5		1860.0	2248.9	

续表

断面	水位/m	2007 年	2008 年	2009 年	2010 年	断面	水位/m	2007 年	2008 年	2009 年	2010 年
头道拐	985.0	99.7	74.6	24.0	117.9	头道拐	987.5	935.0	864.0	719.3	755.7
	985.5	236.0	185.0	97.7	210.4		988.0	1140.0	1070.0	878.9	937.3
	986.0	400.0	346.0	250.0	333.8		989.0	1700.0	1630.0	1447.9	1489.0
	986.5	574.0	517.0	405.2	464.7		990.0	2340.0	2280.0	2099.5	2143.4
	987.0	752.0	690.0	566.4	601.9		991.0	3090.0	3030.0	2827.2	2873.9

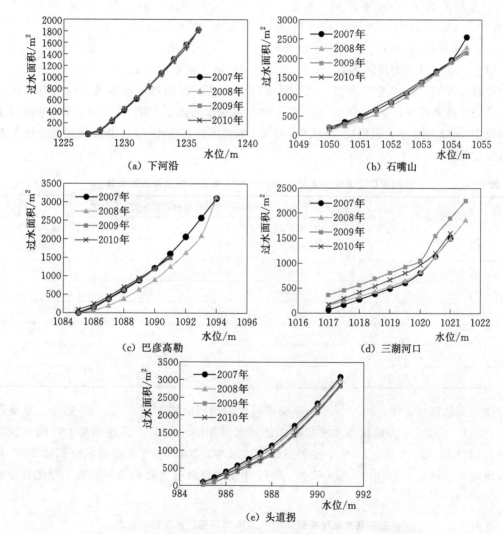

图 8-2   2007—2010 年不同年份各断面过水水位过水面积曲线

（1）下河沿水文站。2007—2010 年凌汛期后下河沿水位面积曲线如图 8-2（a）所示。从该图可以看出：2007—2010 年下河沿水文站基本水尺断面的过水面积随水位的升高逐渐增大，相同水位情况下不同年份的过水面积变化不到 1%。

（2）石嘴山水文站。2007—2010 年凌汛期后石嘴山水位面积曲线见图 8-2（b）。从该图可以看出：2007—2010 年石嘴山水文站流速仪测流断面的过水面积随水位的升高逐渐增大，除 2008 年同水位条件下过水面积偏小之外，其余各年的过水面积曲线变化不大。2010 年汛后相对于 2009 年汛后，在水位为 1087m、1088m、1089m、1090m 时，过水面积分别增大 11.4%、7.32%、3.95%、1.64%。

（3）巴彦高勒水文站。2007—2010 年巴彦高勒水位面积曲线见图 8-2（c）。从该图可知：2007—2010 年巴彦高勒水文站流速仪测流断面的过水面积随水位的升高逐渐增大，除 2009 年同水位条件下过水面积略微偏小之外，其余各年的过水面积曲线变化不大。2010 年汛后相对于 2009 年汛后，在水位为 1051.0m、1051.5m、1052.0m、1052.5m、1053.0m、1053.5m、1054.0m 时，过水面积分别增大 5.03%、14.88%、10.83%、7.35%、5.01%、3.85%、3.18%、2.75%。

（4）三湖河口水文站。2007—2010 年三湖河口水位面积曲线如图 8-2（d）所示。从该图可知：2007—2010 年三湖河口水文站流速仪测流断面的过水面积随水位的升高逐渐增大，同水位条件下，2007 年、2008 年、2009 年过水面积依次增大，2010 年该断面过水面积较 2009 略有减小，但仍比 2007 年、2008 年大。2010 年汛后过水面积相对于历年变化百分比见表 8-4。

表 8-4   三湖河口流速仪测流断面 2007—2010 年汛后过水面积变化表

水位级/m	2010 年汛后过水面积相对于各年变化百分比/%		
	2007 年	2008 年	2009 年
1018.0	51.3	24.7	−26.3
1018.5	41.0	25.6	−20.7
1019.0	35.3	25.2	−17.2
1019.5	32.2	23.6	−14.0
1020.0	20.3	17.7	−8.2
1020.5	6.3	6.3	−21.9
1021.0	7.1	7.8	−15.6

（5）头道拐水文站。2007—2010 年头道拐水位面积曲线如图 8-2（e）所示。从该图可知：2007—2010 年头道拐基本水尺断面的过水面积随水位的升高逐渐增大，同水位条件下，2007 年、2008 年、2009 年过水面积依次减小，2010 年该断面过水面积较 2009 年略有增加，但仍比 2007 年、2008 年小。2010 年凌汛期后过水面积相对于历年变化百分比见表 8-5。

表 8-5   头道拐基本水尺断面 2007—2010 年汛后过水面积变化表

水位级/m	2010 年汛后过水面积相对于各年变化百分比/%		
	2007 年	2008 年	2009 年
986	−16.6	−3.5	33.5
986.5	−19.0	−10.1	14.7
987	−20.0	−12.8	6.3

续表

水位级/m	2010 年汛后过水面积相对于各年变化百分比/%		
	2007 年	2008 年	2009 年
987.5	−19.2	−12.5	5.1
988	−17.8	−12.4	6.6
989	−12.4	−8.6	2.8
990	−8.4	−6.0	2.1

8.1.3 关键控制断面水位流量关系曲线研究

8.1.3.1 下河沿水文站水位流量关系分析及曲线拟定

根据表 2.11 绘制下河沿水文站基本水尺断面的 2006—2007 年度、2007—2008 年度、2008—2009 年度、2009—2010 年度的水位流量散点图,如图 8-3 所示。由该图知下河沿站凌汛期水位变幅约为 2m。

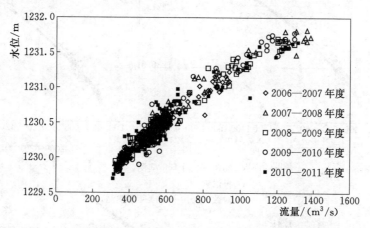

图 8-3　下河沿水文站 2006—2010 年度凌汛期水位流量散点

由于该断面自 2007 年以来基本形态没有发生大的变化,只存在局部冲刷,相同水位情况下不同年份的过水面积变化不到 1%,可以预计该断面 2011 年桃汛、伏汛、秋汛引起的冲淤和过水面积也不会发生很大的变化;同时,将各年度的水位流量关系曲线与根据下河沿报汛表绘制的曲线比对,发现各年的水位流量关系非常稳定,如图 8-4 所示,将 2010—2011 年度凌汛期的水位流量关系曲线作未来凌汛期的参考报汛曲线是合理的。

对下河沿水文站 2010—2011 年凌汛期逐日水位流量散点进行定线,如图 8-4 (e) 所示。拟合的对数曲线表达式如下:

$$Z = 1.279\ln Q + 1222.396 \tag{8.3}$$

式中:Z 为凌汛期下河沿站水位,m;Q 为凌汛期下河沿站流量,m^3/s。

式 (8.3) 的相关系数为 0.95。由流量查读水位的误差不大于 0.5m。

按照 8.1.1.3 节的要求对下河沿站水位流量关系曲线进行合理性检查。2006—2010 年凌汛期下河沿水文站共有 756 个测点,即测点总数 $n = 756$ 个。参照 SL 247—1999《水文

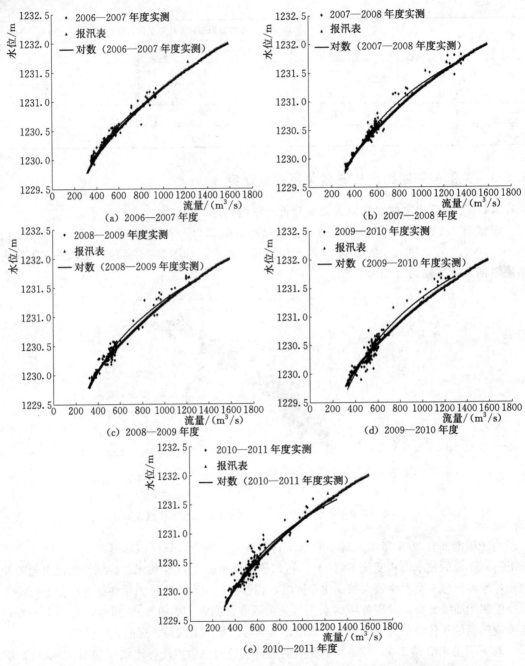

图 8-4　下河沿水文站 2007—2010 年度水位流量关系曲线与报汛曲线的对比

资料整编规范》中的有关要求，计算得到该曲线的系统误差为 5.9%，随机不确定度为 16.4%，两者均大于三类精度水文站显著性水平为 0.05 的定线精度临界值（见表 8-1），即该曲线的精度不能满足规范要求。但考虑到凌汛期水位流量受冰凌影响的程度较大，相同流量情况下的水位呈现出 0.5m 左右的波动，而且规范要求本身针对的不是干旱区发生凌汛时的水位流量，所以可认为该曲线基本能够满足凌汛期报汛和整编的要求。

　　对下河沿站水位流量关系曲线分别进行符号检验、适线检验及偏离数值检验。置信水平均为95%。符号检验计算得检验统计量约为2.51，大于临界值1.96。适线检验计算得检验统计量约为7.86，大于临界值为1.64。偏离数检验中$k=756-1=755$趋向于无穷，此时对应的临界值为1.96。计算得检验统计量约为30.37，所以拒绝原假设，即符号检验结果不合理。下河沿水文站凌汛期在多重因素的影响下水位流量关系比畅流期散乱得多，但经检验表明基本能满足2011—2012年凌汛期报汛要求。

8.1.3.2　其他水文站水位流量关系分析

　　根据第2章各站的实测水位流量资料，分别绘制石嘴山水文站测流断面、巴彦高勒水文站测流断面、三湖河口水文站测流断面和头道拐水文站基本水尺断面的2006—2007年、2007—2008年、2008—2009年、2009—2010年的水位流量散点，见图8-5（a）、图8-6（a）、图8-7（a）、图8-8（a）。从该图可知：各站凌汛期水位变幅依次为4.0m、3.5m、3.0m、3.5m，且各站凌汛期水位流量关系都不稳定，因此分"畅流期""流凌期、封河期""封冻期、开河期"分别绘制各站水位流量散点，见图8-5～图8-8。

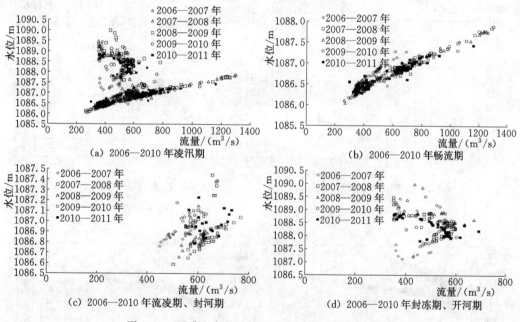

图8-5　石嘴山水文站2006—2010年水位流量散点

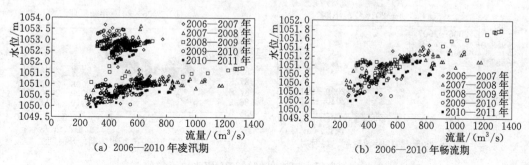

图8-6（一）　巴彦高勒水文站2006—2010年水位流量散点

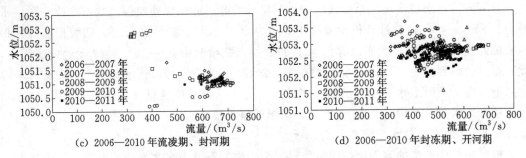

（c）2006—2010年流凌期、封河期　　　　（d）2006—2010年封冻期、开河期

图8-6（二）　巴彦高勒水文站2006—2010年水位流量散点

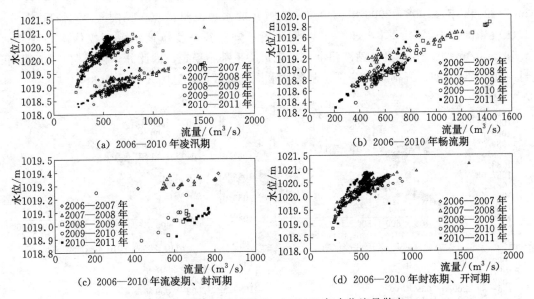

（a）2006—2010年凌汛期　　　　（b）2006—2010年畅流期

（c）2006—2010年流凌期、封河期　　　　（d）2006—2010年封冻期、开河期

图8-7　三湖河口水文站2006—2010年水位流量散点

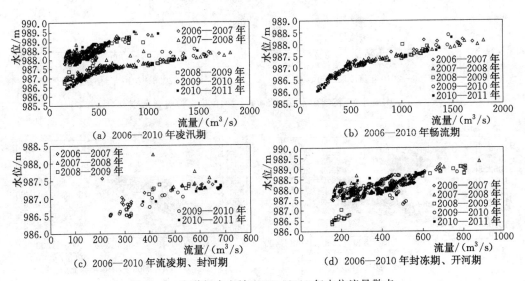

（a）2006—2010年凌汛期　　　　（b）2006—2010年畅流期

（c）2006—2010年流凌期、封河期　　　　（d）2006—2010年封冻期、开河期

图8-8　头道拐水文站2006—2010年水位流量散点

由图8-5~图8-8可知：各站无论是整个凌汛期还是凌汛期内分时段实测流量与相应水位的点据不能呈密集带状分布，呈现出单一绳套或极不规则、大小不一、位置不定的复式绳套，难以用一条曲线表示，同一水位（或流量）具有多个流量（或水位）与之对应。

以石嘴山水文站为例进行分析，由图8-5可知：

（1）石嘴山站历年封冻期—开河期水位流量散点呈现出流量增大水位降低的特点。宁蒙河段1951—2005年期间发生冰塞23次，其中青铜峡—石嘴山发生冰塞11次，占冰塞总次数的48%，说明该段发生冰塞几率极高。这是因为流凌期、封河期及封冻期间青铜峡水库下泄流量呈现出先大后小的规律，为冰塞的形成提供了条件。形成冰塞的过程在水位流量关系上表现为流量减小水位上升，冰塞消失过程表现为流量增大水位减小，从而解释了该站封冻期间流量增大水位降低的反常现象。

（2）石嘴山站凌汛期相同时期内各年的水位流量散点分布变化较大，主要原因是该断面基本形态没有发生大的变化，局部却存在冲刷和淤积，相同水位下不同年份的过水面积略有变化，各年度冰清情况各异，因此造成相同时期相同流量不同年份对应的水位变幅甚至达到3m，所以即使分时期拟定该断面凌汛期水位流量关系，精度也难以满足要求。

巴彦高勒、三湖河口、头道拐断面历年形态及过水面积变化更大，各年凌汛期分时期水位流量关系散点分布也更为散乱。相同流量、相同时期对应不同年份的水位值相差也较大，各年水位流量关系曲线的代表性均不强。

8.1.3.3　基于包线法的水位流量关系曲线

由于凌汛期分时期的水位流量关系十分复杂，一个流量对应多个水位，或一个水位对应多个流量，难以表达其复杂的水位流量关系。在防凌调度中为了安全起见，在同一个流量下，取可能出现的最高水位对防凌是有利的，也是十分保守的做法。故采用包线法表示复杂的水位流量关系，即采用分时期的水位流量散点的上包曲线来代替各时期水位流量关系曲线，该曲线横坐标为流量，纵坐标为该流量在凌汛期某阶段（如流凌期）对应的可能最高水位，各站水位流量上包曲线见图8-9~图8-12。

下面以石嘴山站水位流量上包曲线为例分析其偏差，结果如下：采用2010年实测流量查读水位流量上包曲线，获得的水位与实测水位对比，畅流期后者较前者最高水位0.77m，流凌封河期最高水位0.58m，封冻开河期最高水位2.06m。由此可知，各站水位流量上包曲线用于预测水位非常保守，即将各水位流量上包曲线作为未来凌汛期报汛曲线是可靠的。

综上所述，本节得到了各断面（下河沿、石嘴山、巴彦高勒、三湖河口、头道拐）分时段（畅流期、封河期、封冻期、开河期）的水位流量关系曲线。根据各断面凌汛期封开河的时间节点，由流量查读相应的水位流量关系曲线，获得可能出现的最高水位即可作为该流量对应的水位值。若给定刘家峡控泄方案，由演进的流量过程结合水位流量关系曲线可获得对应的水位过程，再参照断面的过流能力，可为凌灾风险分析提供依据。

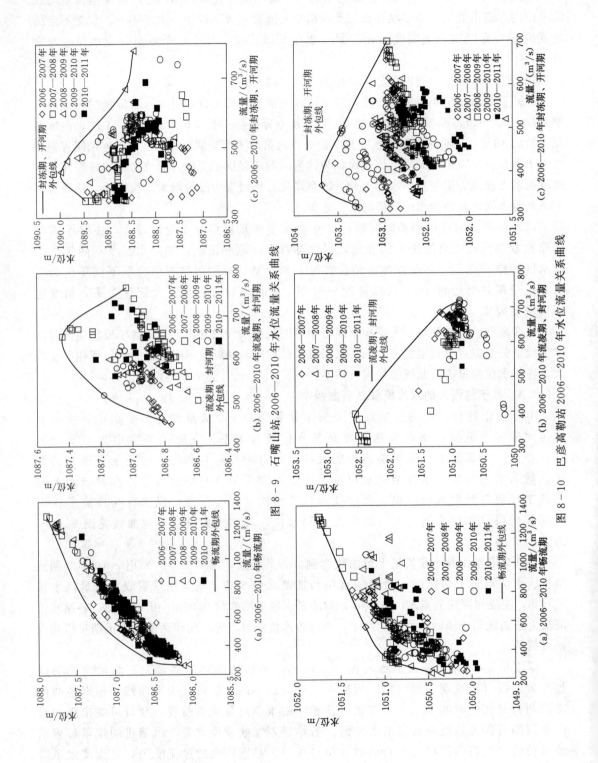

图 8-9　石嘴山站 2006—2010 年水位流量关系曲线

图 8-10　巴彦高勒站 2006—2010 年水位流量关系曲线

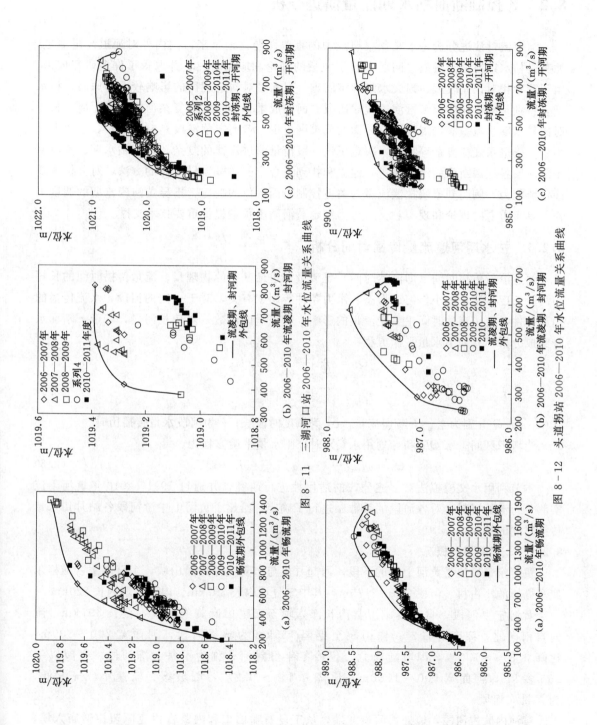

图 8-11　三湖河口站 2006—2010 年水位流量关系曲线

图 8-12　头道拐站 2006—2010 年水位流量关系曲线

8.2 各控制断面枯水期流量演进分析

河道流量演进分析是水文预报研究中的重要课题。近年来，国内外对河道流量演进，尤其是枯水期河道流量演进问题进行了大量的理论和应用研究，并取得了许多研究成果。由于测验相对误差较大、损失水量确定困难、引水量对演进规律的影响较大等原因，枯水期，特别是凌汛期的小流量演进规律研究方面的成果不多，针对复杂河槽、长距离、长历时的枯水期小流量演进规律研究方面的成果则更少。黄河宁蒙河段具有距离长、河道形态多变、引退水规律复杂等特点，决定了该河段流量演进规律的复杂。分析枯水期、凌汛期宁蒙河段各控制断面的流量演进，建立和找到适合宁蒙河段流量演算的方法，对分析各断面过流能力、阐明刘家峡控泄流量与关键控制断面水位的响应、指导黄河凌汛期的调度工作，具有重要的理论和现实意义，可为制定黄河防凌预案提供重要技术支撑。

8.2.1 枯水期河道流量传播时间分析

河道流量传播时间（即流达时间）是流量演进最基本的物理量。流量传播时间的长短与河段长度、流量大小、河道形态、水力条件等因素有关，对于一定的河段，水流传播的边界条件一定，流达时间主要受流量的影响，是流量的函数。对较长河段，基于下断面水量组成分析，有如下水量平衡方程：

$$Q_t = \alpha I_{t-1} + (1-\alpha)I_t \tag{8.4}$$

$$\alpha = \frac{\tau}{\Delta t} \tag{8.5}$$

式中：I、Q 分别为上、下断面流量；Δt 为调度时段长；τ 为河段水量传播历时。

当考虑区间来水 QR 和计划用水 QY 时，则水量平衡方程为：

$$Q_t = \alpha I_{t-1} + (1-\alpha)I_t + QR - QY \tag{8.6}$$

本节利用水文模拟法对上述公式的适用性进行研究，并通过 1991—2010 年黄河干流实测月旬流量资料，对各河段的系数 α 进行了确定，给出了黄河上中游河段各站月旬水量传播时间的结果。

8.2.1.1 宁蒙河段概况

黄河宁蒙段位于黄河上游的下段，西起甘肃与宁夏交界的黑山峡，东至内蒙古准格尔旗马栅镇的小占村。河段全长 1217km，其中宁夏境内长 397km、内蒙古境内长 820km。

黄河宁夏河段，自宁夏中卫县南长滩入境至石嘴山麻黄沟出境，全长 397km，流向自南向北，纬度增加 2°。黑山峡至枣园 135km 为峡谷河段，河面宽 200~300m，比降 0.8‰~1.0‰，因坡陡流急，仅冷冬年份封河；称为不常封冻河段。枣园以下 260 多 km，河面宽 500~1000m，比降 0.1‰~0.2‰，因坡缓、流速小、气温低，为常封冻河段。

黄河内蒙古河段，地处黄河最北端，从宁夏石嘴山市和内蒙古伊克昭盟拉僧庙入境，至伊克昭盟准格尔旗马栅的榆树湾出境，干流全长 820km，总落差仅 162.5m。该河段河宽坡缓，透迤曲折，虽地处上游，但在昭君坟至头道拐的河道比降仅为 0.09‰~0.11‰，已接近黄河河口的比降。河道流向从石嘴山至巴彦高勒为由西南流向东北，巴彦高勒至包头市为自西向东，包头市至清水河县的喇嘛湾为由西北流向东南，喇嘛湾至出境为由北向南。

　　宁蒙河段防凌的重要控制断面包括下河沿、青铜峡、石嘴山、巴彦高勒、三湖河口、头道拐，且黄河上中游重要控制水电站包括龙羊峡、刘家峡、青铜峡、万家寨水电站，各水文站及水电站分布图如图8-13所示。

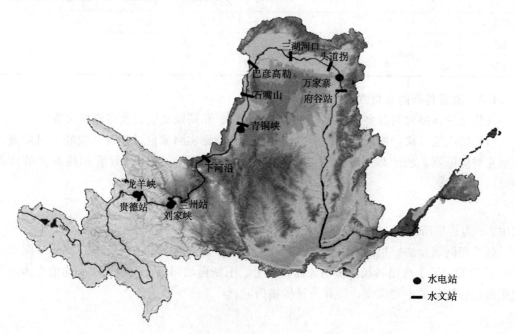

图8-13　黄河上中游重要水电站、水文站分布

8.2.1.2　节点概化

　　分析河道流量传播时间的第一步需要把实际的研究区域概化为由节点和连线组成的网络系统，该系统能够反映实际系统的主要特征及各组成部分之间的相互联系，又便于使用数学语言对系统中各种变量、参数之间的关系进行表述。

　　根据上述水文站点的分布图，龙羊峡水库控泄流量以贵德站流量为准，刘家峡控泄流量以兰州站流量为准，万家寨水库控泄流量以府谷站流量为准，将各站点按照实际顺序概化为节点图，如图8-14所示。

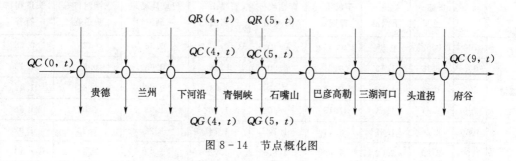

图8-14　节点概化图

黄河在宁夏河段，兰州至下河沿区间有祖厉河汇入，下河沿至青铜峡有清水河汇入，进入冲击型平原的内蒙河道后，区间的支流较少且均为雨洪产流的时令河，凌期几乎无水。各水文站参数见表 8-6。

表 8-6　　　　　　　　　　　　各 水 文 站 参 数

河段	贵德—兰州	兰州—下河沿	下河沿—青铜峡	青铜峡—石嘴山	石嘴山—巴彦高勒	巴彦高勒—三湖河口	三湖河口—头道拐	头道拐—府谷
距离/km	377	362	124	194	142	221	300	216
落差/m	957	256	96	48	38	34	30	195
比降/‰	2.540	0.707	0.774	0.250	0.267	0.154	0.100	0.903

8.2.1.3　流量传播的分析方法

分析流量传播时间有多种方法，如相应流量法、相同流量法、洪峰流量法等。

（1）相应流量法：根据实测资料，点绘上、下断面实测流量过程线，按峰谷对应或流量突变对应原则，统计相应流量在上、下断面的出现时刻，按下式计算相应流量的传播历时：

$$\tau = t_2 - t_1 \tag{8.7}$$

式中：τ 为传播历时；t_1、t_2 分别为相应流量在上、下断面的出现时间。

（2）相同流量法：根据实测资料，点绘各断面流量与断面平均流速关系曲线（图 $Q—V$），从图 $Q—V$ 上查出各级流量的流速，取上、下断面相同流量级的流速平均值作为该河段出现相应流量的平均流速，计算流量传播历时：

$$\tau = \frac{L}{\overline{V}} \tag{8.8}$$

式中：L 为河段长；$\overline{V}$ 为上、下断面平均流速。

8.2.1.4　河道流量传播时间计算

为了研究宁蒙河段各断面不同流量的传播时间，以推求流量的演进过程，本节采用相同流量法，根据 1991—2010 年实测资料以及 7.1 节中得到的各站各年水位流量关系曲线，分析计算黄河干流上中游河段不同流量情况下的流量传播历时，其分析结果见表 8-7 和表 8-8。

表 8-7　　　　　　　　　不同流量下各河段平均流速　　　　　　　流速单位：m/s

河段		贵德—兰州	兰州—下河沿	下河沿—青铜峡	青铜峡—石嘴山	石嘴山—巴彦高勒	巴彦高勒—三湖河口	三湖河口—头道拐	头道拐—府谷
流量/(m³/s)	100	0.92	0.86	0.30	0.40	0.47	0.36	0.23	0.58
	300	1.18	1.12	0.71	0.90	0.89	0.65	0.58	1.16
	500	1.43	1.32	0.93	1.15	1.11	0.86	0.82	1.45
	700	1.81	1.55	1.15	1.40	1.38	1.03	1.01	1.68
	1000	2.28	1.87	1.41	1.74	1.74	1.25	1.20	1.92
	1500	2.99	2.02	1.69	1.83	1.73	1.42	1.49	2.14

表 8－8　　　　　　　黄河贵德—府谷各河段不同流量的传播历时　　　　历时单位：h

流量 /(m³/s)	贵德— 兰州	兰州— 下河沿	下河沿— 青铜峡	青铜峡— 石嘴山	石嘴山 巴彦高勒	巴彦高勒— 三湖河口	三湖河口— 头道拐	头道拐— 府谷
100	114	117	116	133	83	170	360	71
300	89	90	49	60	45	94	145	52
500	73	76	37	47	36	72	102	41
700	58	65	30	38	29	59	83	36
1000	46	54	25	31	23	49	69	31
1500	35	50	20	29	23	43	56	28

利用相同流量法分析流量传播时间，原理清晰，方法简单。但该方法要求计算河段断面规则，变化较小，即上、下断面要有代表性。如果计算河段断面变化很大，则上下断面的流速均值就难以代表整个河段的平均流速，其计算结果也就与实际偏离较大。其次，该方法基于等流量统计传播历时，要求河段流量变化平稳，但实际上河段中大多有水量加入或引出，尤其在小流量时，水量的加入或引出，沙坡头、青铜峡、三盛公等水利工程的调蓄作用以及复杂凌汛情况等影响，使得各站点间的传播时间更为复杂，对计算结果影响就更大。黄委水文局根据 20 世纪 90 年代水文观测资料，结合经验判断，综合分析了干流各河段流量传播时间，见表 8－9。

表 8－9　　　　　　　　黄河干流各河段流量传播历时　　　　历时单位：h

流量/(m³/s)	兰州—下河沿	下河沿—石嘴山	石嘴山—头道拐	头道拐—潼关
100	93	90	190	130
300	84	80	170	120
500	76	74	150	114
700	71	70	140	100
1000	65	65	130	90
1500	59	60	120	80

由表 8－8 和表 8－9 可以看出，两种计算结果不完全相同，表 8－8 的结果较表 8－9 偏大，主要原因是：

（1）区间支流加入的影响。流量级较小时，支流加入对流达时间的影响较大，引起断面流量、过水面积的加大，流速减小，流达时间延长，计算误差较大；流量级较小时两者误差最大。如兰州—下河沿段，由于有祖厉河汇入，流量级为 100m³/s 的计算结果较表 8－9 计算结果的绝对误差达 24h，相对误差达 20%，下河沿至青铜峡有清水河汇入，导致下河沿—石嘴山段的流达时间误差偏大；当河道流量增大时，支流加入的影响相对减小，计算误差也就减低，如兰州—下河沿段流量级为 300m³/s 的流达时间与表 8－9 计算结果绝对误差为 6h，相对误差为 6.7%，流量级为 500m³/s 时绝对误差几乎为零。

（2）受区间划分密度的影响较大。黄河上游贵德—府谷段 1936km 的主河道，划分越细，站点越多，各段面过流能力、大断面等资料越详尽，计算误差越大，如下河沿—青铜峡、青铜峡—石嘴山段的不同流量级的流达时间较下河沿—石嘴山偏大；反之，站点划分越稀疏，各站点趋于同一化，同流量级的流达时间偏小。

（3）受水库、电站等工程重新调蓄的影响较大。由于黄河干流梯级水库对水量进行了重新分配，河道流量的演进受到人为因素的影响，计算结果误差偏大。如贵德—兰州站段受刘家峡水库影响、下河沿—石嘴山段受青铜峡水库影响，使得表 8-8 的计算结果较表 8-9 的误差偏大，同样呈现出流量级越小误差越大、流量级越大误差越小的统计规律。

由以上分析，结合经验判断，考虑支流加入、电站划分密度及水库等对计算结果的影响，表 8-8 的计算结果较符合实际，在凌汛期流量在 $300\sim700\text{m}^3/\text{s}$ 区间内，各河段传播历时相对误差均在 $\pm15\%$ 以内，精度满足要求，可用于枯水期流量演进模型的建立，同时，为宁蒙河段槽蓄水增量的推算及演进模型参数的率定奠定了基础。

8.2.2 枯水期河道流量演进

8.2.2.1 演进公式的建立

以往对枯水期河道流量的演算从两种观点研究：一是着眼于下断面的流量是如何组成的；二是着眼于上断面一个单位的流量到达下断面时其时程是如何分配的。前者常用马斯京根法，后者常用汇流系数法研究。

对河道内流量演算可着眼于下断面的流量组成，据此有两种研究方法：一是相关分析法，统计分析下断面径流量与上断面不同时段径流量的相关关系，建立上下断面径流量相关关系，如贵德至兰州断面月流量演算方程见表 8-10；二是水文模拟法，采用流量演算方程导出径流演算公式。下面采用水文模拟法，利用马斯京根法推导河道流量演进公式。

表 8-10 贵德至兰州断面月流量演算方程

月份	月径流量演算方程	评定合格率/%	检验合格率/%
11	$Q_{兰州,t}=136+0.528Q_{兰州,t-1}-0.09Q_{贵德,t-1}$	100	80
12	$Q_{兰州,t}=182+0.292Q_{兰州,t-1}+0.02Q_{贵德,t-1}$	95	80
1	$Q_{兰州,t}=93.5+0.206Q_{兰州,t-1}+0.52Q_{贵德,t-1}$	100	100
2	$Q_{兰州,t}=38.7+1.10Q_{兰州,t-1}-0.41Q_{贵德,t-1}$	100	100
3	$Q_{兰州,t}=262+0.677Q_{兰州,t-1}-0.34Q_{贵德,t-1}$	95	100

注 贵德至兰州距离 377km，其间有隆务河、大夏河、洮河、湟水、大通河等支流汇入。

马斯京根法是由 McCarthy 在 1938 年提出并在 30 年代首先应用于美国马斯京根河的一种方法，该方法认为在一个河段中，河道槽蓄量 W 与某一"特征流量"Q 之间存在线性关系，即

$$W=KQ'=K[xI+(1-x)Q] \tag{8.9}$$

该公式与河段水量平衡方程：

$$\left(\frac{I_1+I_2}{2}\right)\Delta t-\left(\frac{Q_1+Q_2}{2}\right)\Delta t=W_2-W_1 \tag{8.10}$$

联解可得

$$Q_2=C_0I_2+C_1I_1+C_2Q_1 \tag{8.11}$$

或

$$Q_t = C_0 I_t + C_1 I_{t-1} + C_2 Q_{t-1} \tag{8.12}$$

其中

$$C_0 = \frac{0.5\Delta t - Kx}{0.5\Delta t + K(1-x)} \tag{8.13}$$

$$C_1 = \frac{0.5\Delta t + Kx}{0.5\Delta t + K(1-x)} \tag{8.14}$$

$$C_2 = \frac{K(1-x) - 0.5\Delta t}{0.5\Delta t + K(1-x)} \tag{8.15}$$

$$C_0 + C_1 + C_2 = 1 \tag{8.16}$$

式中：I_1、I_2 为上断面时段初、末流量；I_t、I_{t-1} 为上断面本时段、上时段流量；Q_1、Q_2 为下断面时段初、末流量；Q_t、Q_{t-1} 为下断面本时段、上时段流量；K、x 为河段水力、水文特征参数；K 为槽蓄系数；x 为权重因子。

由式（8.11）～式（8.14）可得

$$K = \frac{1 - C_0}{C_0 + C_1}\Delta t \tag{8.17}$$

$$x = \frac{C_1 - C_0}{2(1 - C_0)} \tag{8.18}$$

上式表明，K、x 与 C_0、C_1、Δt 有关，而与 C_2 无关。可以证明，当上游无流量注入时，C_2 是流量消退系数，即

$$C_2 = \mathrm{e}^{-\frac{\Delta t}{k}} \tag{8.19}$$

在用马斯京根法对河段洪水流量演算时，为使流量在 Δt 时间及沿河长的变化都接近于线性，Δt 取值应 $\leqslant K$，河段短时取 $\Delta t = K$，河段太长时，应分段演算。

对河道内水量演算，由于流量的传播在月、旬水量中已呈模糊，K、x 更是概念模糊，因而，在水量演算中 K、x 已演变为一种水量演算系数。据于这种观点，可把马斯京根公式作为一种水文模拟公式，并进行如下推导：

（1）当 $C_1 = C_0 = 0$ 时，有 $Q_t = C_2 Q_{t-1}$，同时可证明

$$C_2 = \mathrm{e}^{-\frac{\Delta t}{k}} \tag{8.20}$$

（2）当 $C_1 = C_2 = 0$ 时，有 $Q_t = C_0 I_t$。

由 $K = \dfrac{1 - C_0}{C_0 + C_1}\Delta t$ 得

$$C_0 = \frac{\Delta t}{K + \Delta t}$$

因此

$$Q_t = \frac{\Delta t}{K + \Delta t} I_t \tag{8.21}$$

如果 $K \ll \Delta t$，则 $Q_t = I_t$，即河段很短时下断面径流量等于上断面径流量。

（3）当 $C_0 = C_2 = 0$ 时，有

$$Q_t = C_1 I_{t-1} = \frac{\Delta t}{K} I_{t-1} \tag{8.22}$$

如果 $K = \Delta t$，则有 $Q_t = I_{t-1}$，即河段很长时下断面径流量等于上断面前一时段径流量。

（4）当 $C_0 = 0$ 时，有

$$Q_t = C_1 I_{t-1} + C_2 Q_{t-1} = \frac{\Delta t}{K} I_{t-1} + \left(1 - \frac{\Delta t}{K}\right) Q_{t-1} \tag{8.23}$$

如果 $K = \Delta t$，则有 $Q_t = I_{t-1}$。

（5）当 $C_1 = 0$ 时，有

$$Q_t = C_0 I_t + C_2 Q_{t-1} = \frac{\Delta t}{K + \Delta t} I_t + \frac{K}{K + \Delta t} Q_{t-1} \tag{8.24}$$

如果 $K = \Delta t$，则有 $Q_t = \frac{1}{2} I_t + \frac{1}{2} Q_{t-1}$；

如果 $K \ll \Delta t$，则 $Q_t \approx I_t$。

（6）当 $C_2 = 0$ 时，有

$$Q_t = C_0 I_t + C_1 I_{t-1} = \left(1 - \frac{K}{\Delta t}\right) I_t + \frac{K}{\Delta t} I_{t-1} \tag{8.25}$$

如果 $K = \Delta t$，则有 $Q_t = I_{t-1}$；如果 $K \ll \Delta t$，则 $Q_t \approx I_t$。

（7）当 $I_t = I_{t-1} = I_{t-2} = \Lambda = \bar{I}$ 时，有

$$Q_t = (C_0 + C_1) \bar{I} + C_2 Q_{t-1} = (1 - C_2) \bar{I} + C_2 Q_{t-1} \tag{8.26}$$

进一步变换得：

$$Q_t - Q_{t-1} = (1 - C_2) \bar{I} - Q_{t-1} + C_2 Q_{t-1} = \left(1 - e^{-\frac{\Delta t}{K}}\right) (\bar{I} - Q_{t-1}) \tag{8.27}$$

如果 $K = \Delta t$，则 $Q_t = 0.632 \bar{I} + 0.368 Q_{t-1}$；如果 $K \ll \Delta t$，则 $Q_t \approx \bar{I}$。

通过上述推导分析可知：

（1）河段很长时，即当 $K = \Delta t$ 时，有 $Q_t = I_{t-1}$，但其前提是 $C_0 = 0$，$C_2 = 0$。$C_2 = 0$ 表明河段的蓄水消退很快，Q_{t-1} 不影响 Q_t，式（8.22）就是在此条件下成立。有当 C_1 接近 1 时，本时段下断面径流量可以采用上断面前一时段径流量。若河段蓄水消退很慢，C_2 及 C_0 不为 0，即使 $K = \Delta t$ 时也不应采用 $Q_t = I_{t-1}$，而应采用 $Q_t = \frac{1}{2} I_t + \frac{1}{2} Q_{t-1}$ 或 $Q_t = 0.632 \bar{I} + 0.368 Q_{t-1}$。

（2）河段很短时，即当 $K \ll \Delta t$ 时，有 $Q_t \approx I_t$，这是在 $C_1 = 0$，$C_2 = 0$ 的条件下推导的结果，表明河段蓄水消退很快及 $C_0 = 1$ 时，本时段下断面径流量可移用本时段上断面径流量。

（3）爱尔兰杜格教授认为，对于概念性模型，不能很过分强调模型的物理概念。按这一观点，上述推导的公式均可试用，视河段蓄水消退快慢和径流量时程变化情况适当选用。

从实用角度，在 $\Delta t > K$ 的情况下，本研究推荐式（8.22）和式（8.23）为河道水量演算公式，即：

$$Q_t = \frac{\Delta t}{K + \Delta t} I_t + \frac{K}{K + \Delta t} Q_{t-1} \tag{8.28}$$

$$Q_t = \left(1 - \frac{K}{\Delta t}\right) I_t + \frac{K}{\Delta t} I_{t-1} = (1 - \alpha) I_t + \alpha I_{t-1} \tag{8.29}$$

由以上推导可以证明，该式可用于河段内月、旬流量的传播演算。

8.2.2.2 河段水量损失分析

黄河上游贵德—府谷段总长 1936km，沿途有多条支流汇入，且蜿蜒曲折，产生了一定的水量损失，尤其是宽阔的平原河段和水库汇水区，其蒸发、渗漏等损失量所占总水量的比例较大，在宁蒙河段枯水期河道流量演进研究中是一项不可忽视的变量。但在以往的工作中，对黄河宁蒙河段的水量损失研究很少，基本都不考虑水量损失项，必然影响成果的精度，降低成果的实用性。

水量损失是指天然损失水量，主要包括水面蒸发和渗漏。按损失主体可分为库区水量损失和河道水量损失。库区水量损失对于各水库或多或少都普遍存在，其损失量大小主要与水库规模和库区水文地质条件有关；河道水量损失中蒸发项也在各河段都普遍存在，而渗漏损失可能只存在于局部河段或局部时段。就黄河上游而言，在贵德断面以上，主要为山谷河道，河面狭窄，河床多为基岩，隔水性能强，除少量的蒸发损失外，河道渗漏损失很少，甚至局部河段有时会出现地下水补给河川径流现象；贵德—头道拐站，黄河流经宁蒙平原，河面宽阔，河床土质疏松，蒸发渗漏量增大。

由此可见，除库区水量损失外，黄河上游河段水量损失主要发生在贵德—头道拐区间的宁蒙河段。下面主要对这两个河段的蒸发和渗漏损失做一分析，而库区损失一般在水库规划设计时都有分析，本节不再赘述。

河段水量损失计算主要有以下两种方法。

（1）根据损失的物理成因，利用水文地质及气象资料通过水力学的方法计算。计算水面蒸发损失的一般公式为

$$E = E_m (H_\text{上} + H_\text{下}) \alpha L \tag{8.30}$$

式中：E 为水面蒸发量；E_m 为蒸发能力；$H_\text{上}$、$H_\text{下}$ 分别为河段上、下断面水面宽；a 为水面宽折算系数；L 为河段长度。

河道净蒸发量是河道蒸发量与降雨量（P）的差，计算公式为

$$E = (E_m - P)(H_\text{上} + H_\text{下}) \alpha L \tag{8.31}$$

渗漏损失通常利用单位河长单位时间的渗漏量来计算，计算公式为

$$W_\text{渗} = \frac{1}{n} \sum_{i=1}^{n} (q_i / Q_i) Q L t \beta \tag{8.32}$$

式中：n 为河段内侧渗断面数；q_i、Q_i 分别为第 i 断面单位河长渗漏量及相应的河道月平均流量；L 为河段长度；Q 为河道月平均流量；t 为天数；β 为修正系数。

资料允许时也可利用基于达西定律的渗流公式计算河段的渗漏损失量。

（2）利用河段水文资料通过水量平衡来推算河段水量损失。假设河段上、下断面的实测径流量为 $W_\text{上}$、$W_\text{下}$，河段区间来水量为 R（包括支流加入及灌区退水），区间用水为 W，河段损失水量为 LOS，则根据水量平衡有：

$$LOS = W_\text{上} - W_\text{下} + R - W \tag{8.33}$$

根据黄委会水文局《1952—1990 年水文基本资料审查评价及天然径流量计算》成果，

利用水力学法和水量平衡法计算了宁蒙河段的损失水量，其结果见表8-11。

表 8-11　　　　　　　　黄河宁蒙河段水量损失计算结果　　　　　　单位：亿 m³

河段	贵德—兰州	兰州—下河沿	下河沿—石嘴山	石嘴山—头道拐
净蒸发量	0.104	23.32	30.78	81.87
渗漏量	19.036	10.77	−46.6	174.28
总损失量	19.14	34.09	−15.82	256.15
年均损失	0.49	0.87	−0.4	6.57

需要说明的是，表8-11中宁蒙河段计算结果来源于水量平衡法，而目前的水文测验资料尚不能控制全部来、用水量，所以其结果可能与实际的蒸发、渗漏量有差距。另外，表中蒸发是按式（8.31）计算的是净蒸发量，如果考虑直接落到河面的降雨，按式（8.33）计算，则贵德—至头道拐河段的年均水量损失约8.4亿 m³。据黄委会水调局提供的数据，宁蒙河段年损失水量按10亿 m³ 计，其中11月至次年6月损失为6.7亿 m³，下河沿断面以上占18.7%，下河沿—石嘴山区间占31.3%，石嘴山—头道拐河段占50%；下游河段水量损失取值与计算结果一致。考虑目前黄河上游支流来水尚未完全得到控制，区间来水 R 可能偏小的情况，可以认为宁蒙河道的水量损失取值基本合理。

8.2.2.3　区间入流及引水的处理

上述水量演算方程是在河段内无其他加入和支出项时推导的，当区段有入流和用水时，应将区间入流和用水作为平衡项考虑其影响。设 QR 表示区间入流，QY 表示区间用水，通过实测资料演算，认为可按以下方法考虑：

（1）当区间入流与区间用水之差（$QR-QY$）小于下断面流量5%时，可忽略不计，仍按式（8.28）演算。

（2）当（$QR-QY$）占到下断面流量5%~15%时，可按式（8.34）演算：

$$Q_t = (1-\alpha)I_t + \alpha I_{t-1} + (QR-QY) \tag{8.34}$$

在式（8.34）中，（$QR-QY$）未考虑传播问题，仅作为下断面节点水量平衡项直接加入，究竟是否需要考虑传播时间，在具体操作时可根据各河段主要取水口、入水口位置按以下原则考虑：如果主要取水口或入水口位置在靠近上断面的1/5河段长范围内，可将其并入上断面径流量中一同考虑传播问题；当在1/5~3/5范围内时，可将其单独演算至下断面；当在靠近下断面2/5河段长范围内时可不考虑传播问题，直接按式（8.28）演算。

（3）当（$QR-QY$）占到下断面水量的15%以上时，可按有大支流加入进行演算：

$$Q_t = (1-\alpha_干)I_t + \alpha_干 I_{t-1} + [(1-\alpha_干)QR_t + \alpha_支 QR_{t-1}] - QY \tag{8.35}$$

进入枯水期后，黄河宁蒙河段的平均流量较小，区间的支流较少，几乎没有流量的汇入。因此，宁蒙河段在枯水期的区间入流可忽略不计。考虑黄河宁蒙河段在枯水期11月和3月分别承担着青铜峡灌区和河套灌区的冬灌、春灌要求，从黄河干流分别向青铜峡的河西总干渠、河东总干渠以及巴彦高勒（总、沈、南）等干渠引水灌溉。11月引水的旬平均流量最大为 $400 m^3/s$，占该旬区间流量的40%~60%，是组成河道内流量的重要组成部分，不可忽略，而巴彦高勒（南）干渠的引水流量仅有 $20~30 m^3/s$，小于巴彦高勒—三湖河口区间流量的5%，可忽略不计。表8-12给出了2002—2010年河西总干渠、河东总干渠、巴彦高勒（总）以及巴彦高勒（沈）四条干渠各年的引水时间及旬平均引水流量。

表 8－12　　　　　　　　　　黄河宁蒙河段各干渠引水流量结果　　　　　　单位：亿 m³/s

年　份	月	旬	河西总干渠	河东总干渠	巴彦高勒（总）	巴彦高勒（沈）
2002—2003	11	上	351	38	0	1
		中	309	20	0	0
2003—2004	11	上	376	107	112	4
		中	394	59	0	0
		下	64	0	0	0
2004—2005	11	上	400	102	129	11
		中	386	55	0	0
		下	36	0	0	0
	3	下	54	0	0	0
2005—2006	11	上	343	98	204	19
		中	378	74	0	0
	3	上	28	0	0	0
		中	57	0	0	0
		下	66	0	0	0
2006—2007	11	上	342	92	197	21
		中	405	80	0	0
		下	144	0	0	0
	12	上	51	0	0	0
	3	上	68	0	0	0
		中	66	0	0	0
		下	66	0	0	0
2007—2008	11	上	291	53	186	23
		中	381	101	0	0
		下	99	16	0	0
	3	中	69	0	0	0
		下	75	0	0	0
2008—2009	11	上	294	53	161	18
		中	377	82	0	0
		下	70	0	0	0
	3	上	83	0	0	0
		中	85	0	0	0
		下	107	0	0	0
2009—2010	11	上	320	62	418	46
		中	370	102	0	0
		下	23	1	0	0
	3	上	70	0	0	0
		中	79	0	0	0

8.2.2.4　演进参数 α 的确定

（1）单一河段 K、α 的确定。有三种方法：一是根据马斯京根方程 $W = KQ' = K[xI + (1-x)Q]$ 为线性的原则，利用河段内无区间入流及引水的实测流量资料，用试错法确定 x，当选定的 x 使 $W \sim Q'$ 关系线为直线时，$W \sim Q'$ 的斜率即为 K 值；二是采用设定流量相应的流速，计算 $\tau = 0.278L/v$；三是优化法，根据河段多年实测资料，应用演算公式实际演算河道径流，以演算值与实测值误差最小或演算合格率最高（误差小于等于 20% 为合格）为目标确定相应的 K 值。这三种方法一般联合使用，即以 $K = \Delta W/\Delta Q'$ 值或 $\tau = 0.278L/v$ 值为初始值，以优化法确定的值为最终采用值。

（2）多河段演进参数 $K(i)$ 的确定。由于河道的径流演进受到各河段的河道特性、水力特性的影响，多河段的径流演算有别于单一河段，各河段的 K 将受制于多河段径流累计演算结果的约束。此时，各河段 K 的确定以最终断面的演算合格率最高为最好。一般认为合格率达到 70% 以上便认为 K 可行。

8.2.2.5　黄河上中游各站月、旬流量实际演算

1. 演算公式

根据式（8.35）采用以下公式进行演算：

$$Q_t = \left(1 - \frac{K}{\Delta t}\right)I_t + \frac{K}{\Delta t}I_{t-1} + (QP - QY) = (1-\alpha)I_t + \alpha I_{t-1} + q_{区} \tag{8.36}$$

式中：$\alpha = K/\Delta t$ 称为径流演算经验参数，是河段流量演算需确定的一个重要参数；$q_{区}$ 为河段区间水量变化量，采用下断面与上断面月径流量之差。

2. 月径流演算参数 $\alpha_{月}$ 与旬径流演算参数 $\alpha_{旬}$ 关系研究

当不考虑区间入流及引出项，河段水量平衡方程为

$$(I - Q)\Delta t = \Delta W \tag{8.37}$$

槽蓄方程为：　　　　　　$W = KQ$，即 $\Delta W = K\Delta Q$

在退水情况下有：　　　　$I = 0，-Q\Delta t = K\Delta Q$

对上式两边积分并整理可得：　　$\dfrac{Q_{t+\Delta t}}{Q_t} = e^{-\frac{\Delta t}{K}}$ $\tag{8.38}$

令 $e^{-\frac{\Delta t}{K}} = D$，称为退水常数或消退系数。

若 $\Delta t = 1$ 天，记 $D_1 = e^{-\frac{1}{K}}$；若 $\Delta t = 0.5$ 天（12h），记 $D_{0.5} = e^{-\frac{1}{2K}}$，则有：

$$Q_{t+日} = Q_{t+0.5日+0.5日} = Q_{t+0.5日}\,D_{0.5} = Q_t D_{0.5} D_{0.5} = Q_t D_{0.5}^2 = Q_t D_1 \tag{8.39}$$

同理：　　　　　　　　　$Q_{t+月} = Q_t D_{旬}^3 = Q_t D_{月} \tag{8.40}$

又根据泰勒展开式：$e^{-x} = 1 - x + \dfrac{x^2}{2} + \Lambda$ 及 $\alpha = \dfrac{K}{\Delta t}$ 可得：

$$D = e^{-\frac{\Delta t}{K}} \approx 1 - \frac{\Delta t}{K} = 1 - \frac{1}{\alpha} \tag{8.41}$$

故：　　　　$\alpha_{旬} = \dfrac{1}{1 - D_{旬}}，\ \alpha_{月} = \dfrac{1}{1 - D_{月}} = \dfrac{1}{1 - D_{旬}^3} \tag{8.42}$

由此可见，D 越小，即退水越迅速，α 就越小；当 $D_{旬}$ 一定时，有 $\alpha_{月} < \alpha_{旬}$。

3. 月径流演算参数 $\alpha_月$ 与旬径流演算参数 $\alpha_旬$ 优选

在各河段旬水量传播计算中，为保证头道拐站演算精度满足一定要求，径流演算参数 $\alpha_月$ 须优选确定。根据 8.2.1.4 推求的黄河贵德—府谷各河段不同流量的传播历时，以旬、月为时段，考虑各区间流量的流达时间，率定流量演进模型参数，其优选结果见表 8-13。

表 8-13   枯水期各河段径流演算系数取值

断面		贵德	兰州	下河沿	石嘴山	巴彦高勒	三湖河口	头道拐	府谷
距离/km		377	362	318	142	221	300	216	
流速/(m/s)		1.43	1.32	1.17	1.11	0.86	0.82	1.45	
$\tau = 0.278\dfrac{L}{v}$		3.05	3.17	3.15	1.48	2.97	4.23	1.30	
$K = \dfrac{\Delta W}{\Delta Q}$		2.40	2.50	2.80	6.98	29.18	13.53	1.15	
初定值	$\alpha_旬$	0.17	0.25	0.27	0.287	0.385	0.352	0.13	
	$\alpha_月$	0.056	0.082	0.088	0.082	0.096	0.082	0.043	
优化值	$\alpha_旬$	0.066	0.082	0.082	0.291	1.216	0.564	0.049	
	$\alpha_月$	0.041	0.050	0.045	0.065	1.006	0.683	0.030	

注   贵德站—头道拐段 11 至次年 3 月河道月平均流量均在 500m³/s 左右，故表中设定流量按 500m³/s 计。

由表 8-13 各区间径流演算参数，可以得到各区间流量演进的公式：

贵德—兰州站：$Q_t = 0.934I_t + 0.066I_{t-1} + q_区$

兰州—下河沿站：$Q_t = 0.918I_t + 0.082I_{t-1} + q_区$

下河沿—石嘴山站：$Q_t = 0.918I_t + 0.082I_{t-1} + q_区$

石嘴山—巴彦高勒站：$Q_t = 0.709I_t + 0.291I_{t-1} + q_区$

巴彦高勒—三湖河口站：$Q_t = -0.216I_t + 1.216I_{t-1} + q_区$

三湖河口—头道拐站：$Q_t = 0.436I_t + 0.564I_{t-1} + q_区$

头道拐—府谷站：$Q_t = 0.952I_t + 0.048I_{t-1} + q_区$

其中，I_t、I_{t-1} 为上断面本时段、上时段流量；Q_t 为下断面本时段流量；q 区为河段区间水量变化量，采用下断面与上断面月（旬）流量之差。

由于上述各区间流量演进方程已考虑了不同流量级流达时间对下游站点流量演进的影响，在已知上断面本时段、上时段流量和河段区间水量变化量的条件下，可直接推算下断面本时段的流量过程。

8.2.2.6 结果检验

根据黄河贵德—府谷各断面 1991—2005 年实测径流资料，本节以石嘴山—头道拐段 2005—2010 年 11 月至次年 3 月各旬平均流量为基础数据，检验上述流量演进公式的应用效果。鉴于篇幅有限，这里仅列出 2004—2005 年的计算结果。石嘴山—头道拐段 2005—2010 年 11 月至次年 3 月各旬平均流量为基础数据，检验上述流量演进公式的应用效果。鉴于自 2004 年 12 月 28 日头道拐开始封河，29 日巴彦高勒站封河，2005 年 1 月 8 日石嘴山封冻；2 月 15 日青铜峡水库封河段开河，3 月 4 日石嘴山"文开河"，3 月 18 日巴彦高勒站开河，19 日、20 日头道拐、三湖河口站相继开河，3 月 30 日内蒙古河段全线开通。据此，将枯水期 11 月至次年 3 月按照凌情分为畅流期和凌汛期。$q_区$ 为河段区间水量变化量，畅流期采用下断面与上断面旬流量之差；凌汛期采用区间槽蓄流量，具体的计算结果见表 8-14。

表 8-14　　　　　　宁蒙河段 2004—2005 年防凌期各旬径流演算结果

流量单位：m^3/s，误差：%

时段		时期	石嘴山站实测流量	巴彦高勒实测流量	三湖河口实测流量	头道拐实测流量	石巴区间演算流量	绝对误差	相对误差	巴三区间演算流量	绝对误差	相对误差	三头区间演算流量	绝对误差	相对误差
11月	上旬	畅流期	552	477	485	358	487	10	2	557	72	14	383	25	7
	中旬		583	633	501	478	552	−81	−13	549	48	7	518	40	8
	下旬		690	735	713	575	676	−59	−8	671	−42	−6	610	35	6
12月	上旬		635	675	661	411	620	−55	−8	660	−1	0	416	5	1
	中旬		574	660	543	437	560	−100	−15	703	160	72	417	−20	−4
	下旬		605	573	223	340	617	44	8	935	712	347	237	−103	−30
1月	上旬	凌汛期	544	264	205	180	776	512	194	764	559	234	271	91	50
	中旬		452	406	239	231	865	459	113	1059	820	181	366	135	59
	下旬		519	450	453	242	889	439	98	1145	692	134	563	321	133
2月	上旬		431	512	517	373	934	422	82	1190	673	135	739	366	98
	中旬		540	539	498	506	954	415	77	1194	696	144	789	283	56
	下旬		647	642	484	524	1053	411	64	1386	902	166	781	257	49
3月	上旬		547	655	543	486	954	299	46	1521	978	149	852	366	75
	中旬		394	554	656	583	918	364	66	1207	551	58	1083	500	86
	下旬		473	574	945	1268	317	−257	−45	940	−5	−1	840	−428	−34

由于将枯水期分为畅流期和凌汛期，根据不同时段的计算结果，分析得出石嘴山—头道拐各区间旬流量演进结果如下：

（1）根据畅流期流量演进的计算结果，给定各站上断面实测入流量，由各区间流量演进公式求解得到下断面演算出流量，将计算结果与下断面实测出流量进行对比，推算出演算合格率，来验证区间流量演进的推导公式。以上表为例，对 2005—2010 年石嘴山—头道拐各河段畅流期旬、月的演进结果进行整理，得到畅流条件下流量演进结果统计表，见表 8-15。

表 8-15　　　　　　　　　畅流期演进结果统计表

年份	演算合格率/%							
	旬 演 算				月 演 算			
	石嘴山	巴彦高勒	三湖河口	头道拐	石嘴山	巴彦高勒	三湖河口	头道拐
2005	100	80		100	100	60		80
2006	100	80		100	100	100		100
2007	100	80		100	100	80		100
2008	93	80		100	100	100		100
2009	100	87		100	100	100		100
2010	100	93		100	100	100		100

由表 8 - 15 可以看出，从石嘴山演算到巴彦高勒、从巴彦高勒演算三湖河口、从三湖河口演算到头道拐，枯水期畅流条件下河道流量演进的平均合格率达 83% 以上，证明推算的各区间流量演进公式可以应用于枯水期畅流条件下河道流量演进的计算。

（2）采用上述各区间流量演进公式推算的畅流期和凌汛期流量演进计算结果差异明显：畅流条件下石嘴山—头道拐段，无冰凌对水流的影响，各区间演算误差较小，相对误差均在 ±20% 以内，演算精度较高，基本满足流量演进的规范要求；进入凌汛期，由于河段内产生冰花、冰絮等冰水混合物，且河段行流受气温、流凌密度等复杂凌情影响，区间流量的演进与畅流期不同，推算的流量最大相对误差达到了 234%，演算结果精度极差，基本上不具备应用价值。凌汛期流量演进的计算结果较实测流量大出很多，主要原因是：在凌汛期，河道内流量受气温影响水温下降，形成冰花、冰凌、冰絮、冰块等，特别是封河期在河道表面形成了厚厚的冰层，河道中一部分流量转换为槽蓄水增量，打破了河道内的水量平衡，使得观测下断面的流量减少，而采用马斯京根法得到的各区间断面流量演进公式没有考虑槽蓄水增量，推算的流量远远大于实测流量。

可见，马斯京根法仅适合对畅流情况下的河道流量进行演进，在凌汛期，需考虑凌情因子对流量演进的影响，对凌汛期流量演进需要重新选定更为合适、精确的方法进行研究。以下对凌汛期冰流演进进行重点分析。

8.3　各控制断面凌汛期冰流演进分析

8.3.1　冰流演进的基本方程

连续方程：

$$\frac{\partial A}{\partial t} + \frac{\partial Q}{\partial l} = 0 \tag{8.43}$$

$$\frac{\partial A}{\partial t} + \frac{\partial VA(h)}{\partial l} = 0 \tag{8.44}$$

水冰两相流运动方程（Wei 和 Li，1996；魏良琰，1999a）：

$$\frac{\partial VA(h)}{\partial l} + \frac{\partial V^2 A(h)}{\partial l} + gA(h)\frac{\partial h}{\partial l} - gA(h)(S_0 - S_f) = 0 \tag{8.45}$$

式中：V 为两相流断面平均流速，m/s；A 为过流面积，m^2；h 为水深，m；S_0 为河段纵坡；S_f 为河段摩阻坡；g 为重力加速度，9.81m/s^2；t 为时间，s；l 为河长，m。

将连续方程简化为水量平衡方程，运动方程简化为河段槽蓄方程，从而建立由水量平衡方程和槽蓄方程求出的冰流演进方程：

$$Q_1 = C_0 I_2 + C_1 I_1 + C_2 Q_2 \tag{8.46}$$

式中：I_1、I_2 为上断面时段初、末流量；Q_1、Q_2 为下断面时段初、末流量；C_0、C_1、C_2 为马斯京根系数。

8.3.2　凌汛期流量变化

实测资料统计表明，在凌汛期封河前畅流条件下，河段内流量小，水量的自然损耗较小，且无区间入流和引水，凌汛期未封河前畅流期的水量大致平衡，直接采用上述枯水期河道流量演进模型进行流量演算。

由于凌汛期河道内上有冰盖、冰丘、悬冰或柱状冰，下有如冰花、碎冰等，水流速度减小，同流量水位较枯水期畅流期增高，且水位流量关系多变，引起凌汛期流量变化趋于复杂。进入不稳定封河期，由于冰底阻水及冰盖下糙率增大，冰下过流能力急剧减小，形成小流量的演进过程。稳定封冻后，冰盖下冰花随水流冲蚀，过流增大，但与枯水期封河前畅流期相比，河道内流量属蓄水过程，需探讨河道流量冰下的过流能力。开河后，各站按照文开河和武开河或混合型方式开河，影响开河过程主要是气温变化，其次是封河期槽蓄水增量及上游来水流量。随着温度的升高，河道内槽蓄水增量逐渐释放，开河流量增大，易产生较大凌峰，造成凌汛灾害。

鉴于上述不同凌汛期流量的变化过程，根据黄河上游凌汛期河段的特点，将宁蒙河段分为不稳定封冻河段和稳定封冻河段，在凌汛期不同时段（封冻期、开河期）分别就不同河段不同时段下的冰流演进进行研究。

8.3.3 不稳定封冻河段冰流演进

不稳定封冻河段系指河道内大部分年份出现封冻，极少数年份不封冻的现象。在封冻年份中遇到奇寒气温，河道内会全部被冰覆盖，一般年份冰覆盖河段只占河道长的50%～60%，少数年份封冻长只有数十千米到百余千米。由于在一年中会出现数次封、开现象，且每年的封冻长度、位置不确定，不稳定封冻段的冰流演进非常复杂。

鉴于不稳定封冻河段冰流演进的复杂性和多变性，拟通过建立河段上断面凌汛期平均入流量与区间槽蓄水增量的数学关系来推求下断面的出流过程。

8.3.3.1 封河期冰流演进

1. 水流演进特点

封冻期河道槽蓄水增量普遍增加，解冻期槽蓄水增量释放。本节以2004—2005年凌汛期宁蒙河段凌情情况为例，分析凌汛期各断面流量的演进特点。

2004年11月上旬末，受冷空气作用影响，内蒙古地区气温下降，11月14日内蒙河段日平均气温稳定转负，24日强冷空气入境，内蒙河段气温下降，24日三湖河口断面首先流凌，25日、26日头道拐、巴彦高勒开始流凌。11月27日在冷空气影响下，包头市九原区磴口取水口弯道处出现首封，随后向上游延伸封冻2km。12月20日，寒潮入侵，三湖河口封冻。22日石嘴山出现流凌，27日受冷空气气温再次下降，期间封河速度加快，1天封冻长度达40～60km。12月28日头道拐封河，29日巴彦高勒站封河，2005年1月2日，内蒙河段全线封冻，封冻历时37天。8日石嘴山封冻，13日宁蒙河段进入稳封期，封河长度为878km，其中宁夏封冻158km，内蒙河段720km稳定封冻河段全线封河。2月下旬宁蒙河段气温回升，宁夏河段开始解冻。2月15日，青铜峡水库封河段开河，同时永宁县—石嘴山河段自上而下进入开河期；2月26日石嘴山大桥以下—麻黄沟河段开河。3月4日石嘴山"文开河"，5日宁夏河段全部开通；此后内蒙河段气温回暖，冰层缓慢融化，进入缓慢开河期。3月18日巴彦高勒站开河；19日、20日头道拐、三湖河口站相继开河；3月30日内蒙河段全线开通。

图 8-15 为 2004—2005 年凌汛期石嘴山—头道拐各断面流量传播过程。由图可见，2004 年 12 月末、2005 年 1 月初黄河宁蒙河段全面封河，头道拐以上三湖河口以下各断面流量明显低于石嘴山断面流量，河道槽蓄水增量增加。到 2005 年 2 月中下旬，气温回升，河道解冻，巴彦高勒断面流量超过石嘴山断面流量，河道内槽蓄水增量释放；随着气温回暖，进入开河期后区间水位上升，头道拐站于 3 月下旬出现，凌峰流量达到 1268m³/s。

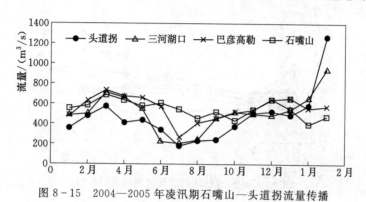

图 8-15　2004—2005 年凌汛期石嘴山—头道拐流量传播

图 8-16 为 2004—2005 年 1 月石嘴山和头道拐断面累计流量对比。从 12 月下旬到次年 3 月中旬，石嘴山—头道拐区间河道的槽蓄水增量达到了 12.61 亿 m³。

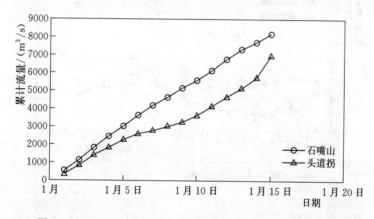

图 8-16　2004—2005 年 1 月石嘴山和头道拐流量累计过程

图 8-17 为 1991—2005 年以来冰情较为严重的年份封冻解冻期间头道拐站的出流过程（图中横坐标为从封河开始的天数）。

分析图 8-17 可以看出，封冻期头道拐出流过程大致可以分为四个阶段：即封冻阻塞阶段、低流量持续阶段、冰盖下稳定出流阶段和流量回升阶段。

图 8-18 为 2004—2005 年石嘴山、巴彦高勒流量及槽蓄流量变化过程。可以看出，由于石嘴山出流模式较稳定，石嘴山—巴彦高勒区间的槽蓄流量主要随石嘴山入流过程而变化。

通过对历史凌汛期资料以及典型年凌汛期河段断面流量的分析，石嘴山—巴彦高勒河段凌汛期水流演进有以下两个特点：

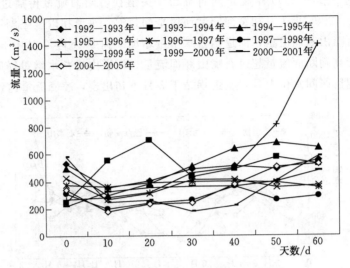

图 8-17　头道拐站封、开河期流量过程线

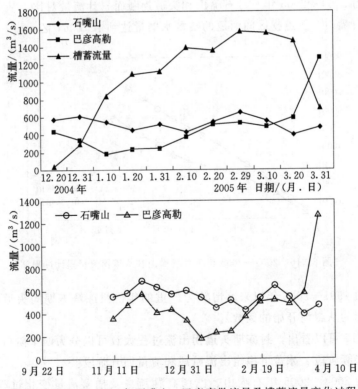

图 8-18　2004—2005 年石嘴山、巴彦高勒流量及槽蓄流量变化过程

（1）在封河期，各河段水流极不稳定。尤其是再封河初期，由于冰盖的存在，增加了湿周，增大了水流阻力，冰花、流冰阻塞冰下过流断面，使过水断面减小，断面水位壅高。

（2）封冻期断面出流过程具有明显的流量急剧下降、小流量维持、冰盖下稳定泄流和流量回升四个阶段。

2. 封河期河道槽蓄水增量变化

根据影响河道槽蓄水增量的主要因素，考虑历年宁蒙河段封冻程度，以2004—2005年为例，分析槽蓄水增量与入流量的关系。表8-16列出了2004—2005年封开河期石嘴山、头道断面流量及区间槽蓄水增量。由黄委水文局统计结果可知，石嘴山—巴彦高勒、巴彦高勒—三湖河口、三湖河口—头道拐、石嘴山—头道拐凌汛期对应的传播时间分别为2天、3天、5天、10天。因此，石嘴山—头道拐流量间隔以一旬为准。

表8-16　　2004—2005年封开河期石嘴山、头道拐断面流量及区间槽蓄水增量

项　目	12月		1月			2月			3月	
	中旬	下旬	上旬	中旬	下旬	上旬	中旬	下旬	上旬	中旬
石嘴山流量/(m³/s)	635	574	605	544	452	519	431	540	647	547
石修正流量/(m³/s)	574	605	544	452	519	431	540	647	547	394
头道拐流量/(m³/s)	437	340	180	231	242	373	506	524	486	583
槽蓄水增量/亿 m³	0.33	2.82	7.27	9.41	10.59	11.97	11.73	12.18	13.45	12.61

将石嘴山入流量（错开传播时间）减去头道拐断面的出流量，再将流量转换为水量，绘制2004—2005年石嘴山—头道拐水量差与区间槽蓄水增量的相关关系，如图8-19所示。

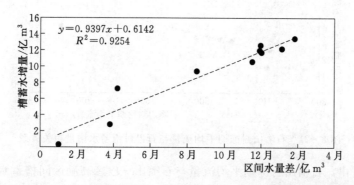

图8-19　2004—2005年石嘴山—头道拐区间水量差及槽蓄水增量相关关系

由图8-19可以看出，2004—2005年石嘴山—头道拐区间水量差与槽蓄水增量有很好的相关性，相关系数 $R=0.98$，可见上下断面间的槽蓄水增量主要由区间进出口的水量差所产生。进入封冻期后，上断面流量演进到下断面后减少，形成区间槽蓄水增量。由此，根据区间流量差可推算区间槽蓄水增量：

$$y = 0.9397x + 0.6142 \tag{8.47}$$

3. 演算方法

首先由石嘴山入流过程计算石嘴山站封冻期平均流量，然后估算出石嘴山至各区间的槽蓄水增量。将整个封河期槽蓄水增量进行逐旬分配，最后由石嘴山入流过程扣除分配的当旬槽蓄水增量，计算封冻期下游断面的出流量，即可演算出不稳定封冻河段封河期下游

各断面的流量。本节以 2004—2005 年石嘴山演算至巴彦高勒站为例。图 8-20 为历年石嘴山站封冻期的平均流量（1990—1991 年、1991—1992 年及 2000—2001 年未封河）。

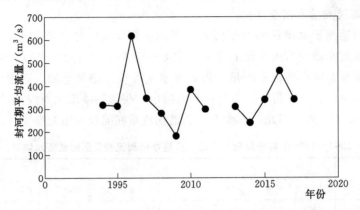

图 8-20　历年石嘴山站封河期平均流量

由于石嘴山—巴彦高勒凌汛期传播时间仅为 2 天，故该区间不考虑流达时间对流量演进的影响。据此，可根据历年石嘴山站封河期平均流量，建立石嘴山—巴彦高勒区间槽蓄水增量与入流量的关系，如图 8-21 所示。

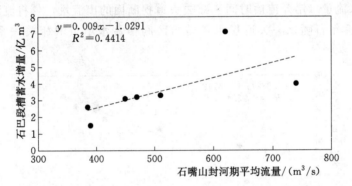

图 8-21　石嘴山封冻期平均流量与石巴段槽蓄水增量相关关系

由图可以看出，石嘴山封冻期平均流量与石嘴山—巴彦高勒区间槽蓄水增量的相关系数 $R=0.69$，符合规范要求，说明两者之间的相关性较好。通过相关关系拟合可得如下关系：

$$y = 0.009x + 1.0291 \tag{8.48}$$

给定 2004—2005 年石嘴山封河期流量过程，由式（8.49）推求出石嘴山—巴彦高勒的区间槽蓄水增量，计算结果见表 8-17。

表 8-17　　　　　　　　　2004—2005 年封河期巴彦高勒站出流量计算结果

项　目	1 月			2 月			3 月
	上旬	中旬	下旬	上旬	中旬	下旬	上旬
石嘴山站入流量/(m³/s)	544	452	519	431	540	647	547
估算槽蓄水增量/亿 m³	3.70	3.70	3.70	3.70	3.70	3.70	3.70

续表

项　目	1月			2月			3月
	上旬	中旬	下旬	上旬	中旬	下旬	上旬
实测槽蓄水增量/亿 m³	2.52	3.40	3.76	4.07	3.31	3.38	3.90
演进巴彦高勒站出流量/(m³/s)	243	418	526	474	490	611	571
实测巴彦高勒站出流量/(m³/s)	264	406	450	512	539	642	655
相对误差/%	6	3	17	−7	−9	−5	−13

由表 8−17 可知，演算的巴彦高勒站出流量较实测流量相对误差均在±20％以内，满足径流演进的精度，证明该方法可以用于不稳定封冻河段封河期的冰流演进。

8.3.3.2　开河期冰流演进

开河过程有文开河和武开河或混合型，影响开河过程的主要因素是气温变化，其次是封河期槽蓄水增量和上游来流量。在不稳定封河河段，受气温频繁转正转负的影响，河道表面无法形成厚厚的冰盖，受主流位置影响，河道主河槽内又清沟。河道内为冰片、冰花、冰絮、冰块等组成的冰水混合物，封、开河期槽蓄水增量明显少于稳定封冻河段。与不稳定封冻河段封河期各断面的冰流演进相比，开河期温度迅速升高，槽蓄水增量释放速度快于其形成过程，开河期持续时间相对较短，其冰流演算方法与 8.3.3.1 类似。

8.3.4　稳定封冻河段冰流演进

稳定封冻河段系指在每一个凌汛年度中河道内经常封冻的河段。在稳定封冻河段内，封河日期、开河日期、冰情随气温和水流的变化而变化。由于稳定封冻河段主要集中在内蒙古河段，受地理位置影响气温偏低，易形成稳定的冰盖，河段过流基本上都在冰下。因此，稳定封冻河段内的冰流演进主要是冰下过流能力的分析和计算。

8.3.4.1　凌汛期河道冰流演进模型

依据水冰两相流基本方程和运动方程，由水量平衡方程和槽蓄方程求出的冰流演进方程 ［见式（8.45）］，建立凌汛期河道冰流演进模型。

8.3.4.2　河段划分

自 1986 年龙羊峡水库运用以来，宁蒙河段封河上首在青铜峡至石嘴山之间，且凌汛期兰州至石嘴山基本无区间径流加入，使得凌汛期河道流量减小。除凌汛前秋、冬灌与开河期流量较大之外，流凌期、封河期和封冻期宁蒙河段的河道流量在 $200 \sim 1000 m^3/s$ 之间，且无区间入流和引水流量。因此，在稳定封冻河段不考虑区间入流、引水及水量损失的条件下，将黄河上游龙羊峡—万家寨河段按照图 8−14 进行节点划分，然后应用畅流期演进天数，从石嘴山站演算至头道拐站，并对封河、开河期径流系数进行修正，演进系数各站相同，见式（8.49）。

$$C_0 = 0.05, C_1 = 0.9, C_2 = 0.05 \tag{8.49}$$

河段划分为：石嘴山—巴彦高勒；巴彦高勒—三湖河口；三湖河口—头道拐。

8.3.4.3 各站冰下过流能力计算

在稳定封冻河段冰流的演进时段分为封河期和开河期。考虑气温对不同时段流量演进的影响，分别采用不同气温对应的修正系数对封河期和开河期流量进行修正。鉴于流量的修正均以畅流期演进计算的流量为依据，而 8.2.2.6 中通过演进方法计算的流量已考虑了流达时间的影响，可直接用于推算下断面的流量过程，故而冰下过流能力研究的主要内容是对流量进行修正，进而获得稳定封冻河段的冰流演进过程。

1. 封河期修正

由于黄河上游区下段河段冰下过流主要与气温有关，本研究利用畅流期流量和封河期流量相关系数，建立与气温的相关关系：

$$Q_1 = \beta_f Q_0 \tag{8.50}$$

式中：Q_1 为预测流量；Q_0 为畅流期流量（由演进方法计算所得），m^3/s；β_f 为封河期修正系数。

β_f 与流冰密度和冰盖厚度成反比，温度 T 与流冰密度和冰盖厚度成反比，气温越低，流冰密度和冰盖厚度越大，所以 β_f 与气温成正比，且 $\beta_f \leqslant 1$。由于黄河上游封河首在青铜峡与石嘴山之间封河，石嘴山以上站点均不封河，贵德站、兰州站、下河沿站、青铜峡站的 β_f 为 0，其他各站主要封河修正系数为：

石嘴山站：$\beta_f = 0.0436(27.27 + T)$

巴彦高勒站：$\beta_f = 0.0688(20.00 + T)$

三湖河口站：$\beta_f = 0.0054(20.00 + T) + 0.2$

头道拐站：因 β_f 与 T 的相关性差，故采用多年平均值，即从封河前 3 日至封河后 7 日求出每日的多年平均 β_f，各 β_f 值为：0.913、0.816、0.691、0.664、0.953、1.0014、0.973、0.806、0.757、0.811。

府谷站：$\beta_f = 0.048(28.80 + T)$

2. 开河期修正

开河期是槽蓄水增量的释放过程，河道流量明显比演进求得的流量大，同样需要对流量进行修正，即：

$$Q_{开} = \beta_k Q_0 \qquad \beta_k \geqslant 1 \tag{8.51}$$

式中：$Q_{开}$ 为开河时流量，m^3/s；Q_0 为畅流期流量（用演进方法计算），m^3/s；β_k 为开河期修正系数，β_k 与开河时气温成正比关系。

同理，石嘴山以上站点均不封河也不开河，贵德站、兰州站、下河沿站、青铜峡站的 β_k 为 0，其他各站主要封河修正系数为：

石嘴山站：$\beta_k = e^{0.042}(T + 6)$

巴彦高勒站：$\beta_k = 0.098e^{0.0035}(T + 3)$

三湖河口站：$\beta_k = 0.54e^{0.02}(T + 2)$

头道拐站：$\beta_k = 0.604e^{0.045}(T + 10)$

府谷站：$\beta_k = 0.542e^{0.021}(T + 7)$

3. 冰下过流能力计算

由上述方程求出各站修正系数 β_k 或 β_f，由演进的畅流期流量 Q_0（枯水期畅流条件下黄河上中游各站旬、月流量实际演进结果见表 8-13、表 8-14）乘以修正系数，即可求出各站封、开河时的河道过流能力。根据黄河水利委员会水文局成果分析，封河流量不宜大于 $700\text{m}^3/\text{s}$，故计算值凡超过 $700\text{m}^3/\text{s}$ 均按 $700\text{m}^3/\text{s}$ 控制。本节以 2004—2005 年石嘴山—头道拐封冻期流量演进为例，求解封冻期各断面的过流能力。

2004 年 12 月 28 日头道拐封河，29 日巴彦高勒站封河，2005 年 1 月 2 日内蒙古河段全线封冻，封冻历时 37 天；8 日石嘴山封冻，13 日宁蒙河段进入稳封期。2 月 15 日，青铜峡水库封河段开河，3 月 4 日石嘴山"文开河"，5 日宁夏河段全部开通；3 月 18 日巴彦高勒站开河；19 日、20 日头道拐、三湖河口站相继开河；3 月 30 日内蒙古河段全线开通，具体的计算结果见表 8-18、表 8-19。

可以看出：在凌汛期，无论是封河期还是开河期，采用修正系数法求解的石嘴山—巴彦高勒区间的演进流量较马斯京根法的计算结果更接近于巴彦高勒站的实测流量，相对误差均在 ±20% 以内，基本满足径流的精度要求。通过修正流量系数，考虑了气温、槽蓄水增量对凌汛期流量的影响，演进的流量与下断面实测流量相吻合，证明修正系数法可以用于凌汛期的径流演进计算。

表 8-18　　　　　　　　　**2004—2005 年径流修正参数计算结果**　　　流量单位：m^3/s；气温：℃

站点	参　数	12 月		1 月			2 月		3 月		
		中旬	下旬	上旬	中旬	下旬	上旬	中旬	上旬	上旬	中旬	下旬
巴彦高勒	畅流期流量	—	617	776	865	889	934	954	1053	954	918	317
	气温	—	−8.3	−14.2	−13.3	−10.4	−12.2	−9.5	−5.5	−2.8	6.0	18.0
	修正系数	—	0.8	0.4	0.4	0.6	0.5	0.7	1.0	1.0	0.8	2.07
三湖河口	畅流期流量	703	935	764	1059	1145	1190	1194	1386	1521	1207	940
	气温	−11.2	−18.2	−19.0	−16.3	−11.2	−12.7	−8.6	−12.5	−7.4	−12.9	0.0
	修正系数	0.7	0.3	0.3	0.4	0.7	0.6		0.6	0.9	0.6	1.1
头道拐	畅流期流量	417	237	271	366	563	739	789	781	852	1083	840
	气温	−5.3	−11.1	−16.9	−17.3	−11.7	−13.7	−11.8	−9.9	−3.2	−3.4	−8.0
	修正系数	0.9	1.0	0.7	0.7	0.5	0.6	0.8	0.8	0.8	0.8	1.3

注　封河期修正系数大于 1 或开河期修正系数小于 1 时均取值为 1 计算。

表 8-19　　　　　　　　　**2004—2005 年凌汛期各旬段径流演算结果**　　　流量单位：m^3/s；误差：%

站　点		石嘴山站实测流量	巴彦高勒实测流量	三湖河口实测流量	头道拐实测流量	石巴区间演算流量	绝对误差	相对误差	巴三区间演算流量	绝对误差	相对误差	三头区间演算流量	绝对误差	相对误差
12 月	中旬	—	—	543	437	—			490	−53	−10	381	−56	−13
	下旬	605	573	223	340	494	79	14	210	−13	−6	230	−110	−32
1 月	上旬	544	264	205	180	280	−16	−6	210	5	2	187	7	4
	中旬	452	406	239	231	350	56	14	280	41	17	243	12	5
	下旬	519	450	453	242	490	−40	−9	490	37	8	282	40	16

续表

站　点		石嘴山站实测流量	巴彦高勒实测流量	三湖河口实测流量	头道拐实测流量	石巴区间演算流量	绝对误差	相对误差	巴三区间演算流量	绝对误差	相对误差	三头区间演算流量	绝对误差	相对误差
2月	上旬	431	512	517	373	413	99	19	420	−97	−19	441	68	18
	中旬	540	539	498	506	490	49	9	560	62	12	560	54	11
	下旬	647	642	484	524	700	−58	−9	420	−64	−13	564	40	8
3月	上旬	547	655	543	486	700	−45	−7	630	87	16	530	44	9
	中旬	394	554	656	583	623	−69	−12	724	68	10	568	−15	−3
	下旬	473	574	945	1268	656	−82	−14	1034	89	9	1092	−176	−14

采用马斯京根法与修正系数法计算的结果进行对比，见表 8-20。

表 8-20　　　　2004—2005 年凌汛期径流演进结果比较　　　流量单位：m³/s；误差：%

		实测流量		修正系数法			马斯京根法		
		石嘴山	巴彦高勒	演进流量	绝对误差	相对误差	演进流量	绝对误差	相对误差
12月	下旬	605	573	494	79	14	617	44	8
1月	上旬	544	264	280	−16	−6	776	512	194
	中旬	452	406	350	56	14	865	459	113
	下旬	519	450	490	−40	−9	889	439	98
2月	上旬	431	512	413	99	19	934	422	82
	中旬	540	539	490	49	9	954	415	77
	下旬	647	642	700	−58	−9	1053	411	64
3月	上旬	547	655	700	−45	−7	954	299	46
	中旬	394	554	623	−69	−12	918	364	66
	下旬	473	574	656	−82	−14	317	−257	−45

8.3.5　实例应用

为了将各控制断面凌汛期的冰流演进结果应用于实际，以得到宁蒙河段关键控制断面的过流能力，为进一步分析宁蒙河段关键控制断面的过流能力提供技术支撑，以 2004—2005 年刘家峡—头道拐 11 月至次年 3 月各站的流量演进过程为例，给出具体的计算步骤及结果。通过结果检验，以进一步验证不同时段（畅流期、封河期、封冻期和开河期）、不同河段（不稳定封冻河段、稳定封冻河段）流量演进的准确性和可靠性。

8.3.5.1　给定算例

宁蒙河段 2004—2005 年凌汛期的特点是：流凌时间晚、首封时间早，由于受气温回升影响，流凌时间延长，导致各水文站封河时间偏晚；气温变幅大，冰层厚；封河水位偏高、槽蓄水增量大；堤防偎水段落长，偎水深度大，险情和凌灾损失严重，凌情情况较往年更为复杂。因此，选取 2004—2005 年作为流量演进的算例。

2004—2005 年刘家峡—头道拐 11 月至次年 3 月各站的流量演进需要的资料包括：各站凌汛期封开河日期、刘家峡控泄流量、各旬各站的气温、各区间槽蓄水增量、区间来水、水量损失、引水等。所需资料见表 8-21～表 8-24，区间水量损失及引水资料见表 8-19～表 8-20。

表 8-21　　　　　石嘴山—头道拐 2004—2005 年凌汛期封、开河日期

站点	石 嘴 山			巴 彦 高 勒			三 湖 河 口			头 道 拐		
时期	封河期	封冻期	开河期	封河期	封冻期	开河期	封河期	封冻期	开河期	封河期	封冻期	开河期
日期(月．日)	1.8	1.3	3.4	12.29	1.3	3.18	12.20	1.3	3.20	12.28	1.3	3.19

表 8-22　　　　刘家峡 2004—2005 年 11 月至次年 3 月各旬控泄流量　　　单位：m³/s

日期	11 月			12 月			1 月			2 月			3 月		
	上旬	中旬	下旬	上旬	中旬	下旬	上旬	中旬	下旬	上旬	中旬	下旬	上旬	中旬	下旬
刘家峡	930	676	514	465	499	499	452	447	448	448	446	386	303	275	447

表 8-23　　　　石嘴山—头道拐 2004—2005 年各旬平均气温　　　单位：℃

日期	11 月			12 月			1 月			2 月			3 月		
	上旬	中旬	下旬	上旬	中旬	下旬	上旬	中旬	下旬	上旬	中旬	下旬	上旬	中旬	下旬
石嘴山	5.1	−0.1	−4.3	0.2	−2.0	−8.4	−8.5	−9.2	−7.0	−8.2	−6.5	−2.8	−0.7	−2.0	9.1
巴彦高勒	5.2	−0.7	−3.5	−1.0	−3.5	−11.8	−14.2	−13.3	−10.4	−12.2	−9.5	−5.5	−3.8	−3.3	6.3
三湖河口	4.6	−1.4	−3.4	−1.0	−4.2	−9.4	−13.4	−13.2	−8.7	−12.0	−8.6	−5.8	−2.4	−4.5	6.0
头道拐	3.6	−2.9	−4.5	−2.8	−5.3	−11.1	−16.9	−17.3	−11.7	−13.7	−11.8	−9.9	−3.2	−3.4	4.1

表 8-24　　　　石嘴山—头道拐 2004—2005 年各区间槽蓄水增量　　　单位：亿 m³

日期	11 月			12 月			1 月			2 月			3 月		
	上旬	中旬	下旬	上旬	中旬	下旬	上旬	中旬	下旬	上旬	中旬	下旬	上旬	中旬	下旬
石巴区间	0	0	0	0	0	0.28	2.24	3.40	3.76	4.07	3.31	3.38	3.90	4.33	3.01
巴三区间	0	0	0	0	0.21	2.55	4.59	5.73	6.12	5.91	5.85	6.45	7.29	5.68	3.16
三头区间	0	0	0	0	0.12	0.19	0.44	0.29	0.71	1.99	2.57	2.34	2.25	2.60	0.49

8.3.5.2　演进计算

1. 时段、河段的划分

根据 2004—2005 年石嘴山—头道拐凌汛期封、开河日期，将 11 月至次年 3 月按照凌情特征日期依次划分为畅流期、封河期、封冻期、开河期。由于宁蒙河段历年封河河段主要是内蒙河段，刘家峡—青铜峡断面基本不产生冰凌，可将该段的流量演进按照畅流条件下枯水期的流量演进进行计算。由 1991—2010 年历年封开河情况可知，石嘴山站出现过未封河的情况。因此，将石嘴山—巴彦高勒确定为不稳定封冻河段，巴彦高勒—三湖河口、三湖河口—头道拐段为稳定封冻河段。

2. 计算方法

在畅流期，采用马斯京根法进行计算，具体的计算过程可参见 8.2.2；在不稳定封冻

河段，将凌汛期分为封河期和开河期，根据建立的上断面凌汛期平均入流量与区间槽蓄水增量的数学关系来推求下断面的出流过程，具体的计算过程参见8.3.3；在稳定封冻河段，采用修正流量系数的方法，对畅流条件下得到的流量进行封河期、开河期内的修正，得到流量的演进过程。

3. 演进计算

考虑到刘家峡—兰州区间的区间入流，根据刘兰区间的来水预测，由1991—2010年历年刘家峡控泄流量与兰州断面流量的分析可知，两者之间的相关系数 $R=0.999$，证明两序列间具有很好的相关性，具体的分析和验证可参见8.2.2。鉴于刘家峡站与兰州站的距离很近，可以考虑用兰州站的径流序列来代表刘家峡站进行流量的演进计算。由考虑大夏河区间流量的刘家峡—兰州站相关关系可知：

$$y = 1.0774x + 14.195 \tag{8.52}$$

式中：x 为考虑区间入流的刘家峡出库流量，m^3/s；y 为兰州断面流量，m^3/s。

由表8-22刘家峡2004—2005年11月至次年3月各旬控泄流量，考虑大夏河区间来水对兰州断面流量的补给，根据式（8.53），可推算出兰州断面11月至次年3月各旬的断面流量，计算结果见表8-25。由计算结果可以看出，计算的兰州断面流量较实测流量最大误差-14%，最小误差为0，符合精度要求，考虑区间入流后的兰州断面流量与兰州站基本保持一致，可以用于河道流量的进一步演进计算。

表 8-25   兰州断面 2004—2005 年 11 月至次年 3 月各旬断面流量

流量单位：m^3/s；误差：%

日期	11月			12月			1月			2月			3月		
	上旬	中旬	下旬	上旬	中旬	下旬	上旬	中旬	下旬	上旬	中旬	下旬	上旬	中旬	下旬
刘家峡	930	676	514	465	499	499	452	447	448	448	446	386	303	275	447
区间入流	85	75	66	60	58	44	43	44	40	40	38	38	40	48	54
兰州实测	1115	956	600	569	608	610	551	534	536	541	543	503	400	362	535
兰州计算	1101	818	634	575	610	596	544	540	537	537	533	468	381	358	550
绝对误差	-14	-138	34	6	2	-14	-7	6	1	-4	-10	-35	-19	-4	15
相对误差	-1	-14	5	1	0	-2	-1	1	0	-1	-2	-7	-5	-1	3

在推求获得兰州站各旬的流量之后，参考8.2.2节中给出的各区间流量演进公式，即可推算兰州—下河沿、下河沿—石嘴山各区间的流量演进。由于该区间内基本不封河，可按照枯水期畅流条件下的演进公式进行直接计算，计算结果见表8-26。

表 8-26   刘家峡—石嘴山 2004—2005 年防凌期旬段径流演算结果

流量单位：m^3/s；误差：%

时 段		刘家峡控泄流量	兰 州		下河沿	石 嘴 山		误 差	
			实测流量	演进流量	演进流量	演进流量	实测流量	绝对	相对
11月	上旬	930	1115	1101	841	665	552	113	20
	中旬	676	956	818	649	586	583	3	0
	下旬	514	600	634	580	605	690	-85	-12

时　段		刘家峡控泄流量	兰　州		下河沿	石　嘴　山		误差	
			实测流量	演进流量	演进流量	演进流量	实测流量	绝对	相对
12月	上旬	465	569	575	607	598	635	−37	−6
	中旬	499	608	610	597	552	574	−22	−4
	下旬	499	610	596	548	541	605	−64	−11
1月	上旬	452	551	544	540	537	544	−7	−1
	中旬	447	534	540	537	537	452	85	19
	下旬	448	536	537	537	533	519	14	3
2月	上旬	448	541	537	533	478	431	47	11
	中旬	446	543	533	473	485	540	−55	−10
	下旬	386	503	468	388	487	647	−160	−25
3月	上旬	303	400	381	360	473	547	−74	−14
	中旬	275	362	358	534	473	394	79	20
	下旬	447	535	550	533	470	473	−3	−1

　　从表 8-26 可知：从刘家峡演进到石嘴山，石嘴山演进流量与实测流量基本一致。由于青铜峡库区至石嘴山断面在凌汛期有少量河段封河，河道中产生的槽蓄水增量破坏了畅流条件下的区间水量平衡。鉴于 2004—2005 年凌汛期，特别是封开河阶段青铜峡—石嘴山断面槽蓄水增量的资料所限，进入凌汛期后时段计算的演进流量偏大，加之各站之间误差的累积，石嘴山断面演进流量的误差同步增大，但其相对误差基本满足±20%的精度要求，适宜用于下断面的流量演进。

　　上述时段、河段划分中将石嘴山—巴彦高勒段假定为不稳定封冻河段，该区间流量演进的方法见 8.3.3。在巴彦高勒—头道拐的稳定封冻河段，流量演进计算方法见 8.3.4 所述，具体的计算结果见表 8-27。

表 8-27　　石嘴山—头道拐 2004—2005 年 11 月至次年 3 月各旬段径流演算结果　　单位：m^3/s

时　段		石嘴山演进值	巴彦高勒		三湖河口		头　道　拐		误差/%	
			实测值	演进值	实测值	演进值	实测值	演进值	绝对	相对
11月	上旬	665	477	487	485	557	358	383	−25	−7
	中旬	586	633	552	501	549	478	518	−40	−8
	下旬	605	735	676	713	671	575	610	−35	−6
12月	上旬	598	675	620	661	660	411	416	−5	−1
	中旬	552	660	560	543	490	437	381	56	13
	下旬	541	573	617	223	210	340	230	110	32
1月	上旬	537	264	243	205	210	180	187	−7	−4
	中旬	537	406	418	239	280	231	243	−12	−5
	下旬	533	450	526	453	490	242	282	−40	−17

续表

时　　段		石嘴山演进值	巴彦高勒		三湖河口		头道拐		误差/%	
			实测值	演进值	实测值	演进值	实测值	演进值	绝对	相对
2月	上旬	478	512	474	517	420	373	441	−68	−18
	中旬	485	539	490	498	560	506	560	−54	−11
	下旬	487	642	611	484	420	524	564	−40	−8
3月	上旬	473	655	571	543	630	486	530	−44	−9
	中旬	473	554	243	656	724	583	568	15	3
	下旬	470	574	418	945	1034	1268	1092	176	14

综合表 8-26、表 8-27 的计算结果，可以得到 2004—2005 年 11 月至次年 3 月各旬刘家峡—头道拐断面的流量演进过程，见表 8-28 和图 8-22。

表 8-28　　刘家峡—头道拐 2004—2005 年 11 月至次年 3 月各旬段径流演算结果　　单位：m^3/s

时　　段		刘家峡控泄流量	兰州站	下河沿	石嘴山	巴彦高勒	三湖河口	头道拐
11月	上旬	930	1101	841	665	487	557	383
	中旬	676	818	649	586	552	549	518
	下旬	514	634	580	605	676	671	610
12月	上旬	465	575	607	598	620	660	416
	中旬	499	610	597	552	560	490	381
	下旬	499	596	548	541	617	210	230
1月	上旬	452	544	540	537	243	210	187
	中旬	447	540	537	537	418	280	243
	下旬	448	537	537	533	526	490	282
2月	上旬	448	537	533	478	474	420	441
	中旬	446	533	473	485	490	560	560
	下旬	386	468	388	487	611	420	564
3月	上旬	303	381	360	473	571	630	530
	中旬	275	358	534	473	243	724	568
	下旬	447	550	533	470	418	1034	1092

由 2004—2005 年 11 月至次年 3 月各旬刘家峡—头道拐断面的流量演进结果可以看出：

（1）上游站点的演进精度最高，随着误差的累积下游演进误差逐渐增大，且演进流量基本上都小于实测值。

（2）受青铜峡水库的调节作用，下河沿—石嘴山断面流量演进过程与石嘴山实测径流过程明显不一致：实测径流过程呈现出锯齿状分布，演进的径流过程趋于平稳。

（3）畅流条件下各站的流量演进效果最好；进入流凌、封河期后，石、巴、三、头各站的演进精度明显下降，主要原因是：受温度、槽蓄水增量等因素影响，流量演进不同于畅流条件下的演进过程，径流精度明显下降，但低于要求的±20％以内，满足精度要求。

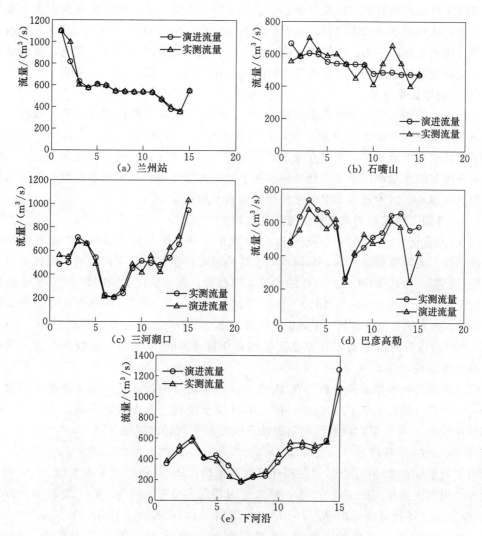

图 8-22　各断面旬径流演进结果与实测流量对比

8.4　刘家峡关键断面水位的响应

本章节中分时期分段对宁蒙河段各关键断面水位流量关系曲线进行绘制，通过对宁蒙河段关键控制断面枯水期河道流量传播时间和流量演进的计算，重点对凌汛期各控制断面的冰流演进进行分析，可给出任意刘家峡控泄流量过程下的不同时期（畅流期、封河期、封冻期、开河期）不同断面的流量演进过程，建立各区间流量演进与各控制断面水位的响应关系，进一步为分析各断面过流能力下的过流风险识别提供合理有效的科学依据。

8.4.1　刘家峡、青铜峡水库历年控泄流量概述

8.4.1.1　刘家峡水库防凌调度原则

黄河防汛总指挥部根据凌期气象、水情、冰情等因素，立足于防御黄河历史上发生最严重凌情，确保重要堤段不决口，确保群众生命安全。凌汛期（11月至次年3月）水库调度是黄河防凌工作的核心，也是防凌的重要手段。水库调度严格遵守"发电、供水服从防凌，防凌调度兼顾供水和发电，实现水资源的优化配置和合理利用"的原则。

8.4.1.2　调度运用方式

按照国务院颁布的《黄河水量调度条例》《黄河水量调度条例实施细则（试行）》和国家防总《黄河刘家峡水库凌期水量调度暂行办法》（国汛〔1989〕22号）中的有关规定，刘家峡水库下泄水量采用"月计划、旬安排"的调度方式，即提前五天下达次月的调度计划及次旬的水量调度指令。刘家峡水库下泄水量按旬平均流量严格控制，各日出库流量避免忽大忽小，水库日均下泄流量较指标偏差不超过5%。

8.4.1.3　开河、封河期刘家峡控泄流量变化趋势

进入20世纪90年代后，刘家峡12月至次年3月控泄流量逐步减小，多年平均值均小于设计值。黄河宁蒙段开河、封河期刘家峡控泄流量整体呈现下降趋势。具体又可分为两个阶段：第一阶段1991—2000年的明显下降趋势，第二阶段2000—2010年平稳趋势。

封河期控泄流量分析。在1990—2000年这一阶段，除1995—1998年由于受到上游来水的影响，来水明显偏枯，封河期刘家峡控泄流量均在560m³/s左右，最大630m³/s（1989年），2000年以后封河期刘家峡控泄流量相对下降100m³/s左右，但较为平缓，变化不大，基本维持在460m³/s左右。

开河期刘家峡控泄流量分析。在1990—2000年这一阶段，开河期刘家峡下泄量均在380m³/s左右，最大460m³/s（1992年）。同样由于受到上游来水的影响，1995—1998年区间流量偏小，2000年以后开河期刘家峡下泄流量平均相对以前下降80m³/s左右，基本维持在300m³/s左右。

（1）刘家峡在2000年以后封河期开河期流量均比2000年以前下降大约100m³/s。历史上最大封河流量年1989—1990年，最大开河流量年1991—1992年，比2008—2009年和2009—2010年封河流量相对大165m³/s、130m³/s，开河期大156m³/s。

2000—2009年多年平均下泄量12月至次年3月比设计值小218m³/s、199m³/s、209m³/s和197m³/s，比1989—2000下降47m³/s、25m³/s、58m³/s和77m³/s。

（2）宁蒙河段河床显示不出抬高的变化，泥沙淤积相对平缓，水文断面过流能力虽有变小的趋势，但气温变化仍是凌汛的主要影响因素，如1999—2000典型年，刘家峡封河期控泄流量为550m³/s，由于气温平和，加之调度得当，虽槽蓄水量大，但最终形成"文开河"形势。

8.4.2　各关键控制断面过流能力分析

5个关键控制断面中下河沿水文站的过流能力较大，且凌汛期内下河沿基本水尺断面

不会发生流凌封河，因此本节只考虑石嘴山水文站测流断面、巴彦高勒水文站测流断面、三湖河口水文站测流断面和头道拐水文站基本水尺断面的过流能力。

8.4.2.1　宁蒙河段堤防概况

宁蒙河段干流堤防连续段主要分布在下河沿至青铜峡水库之间、青铜峡至石嘴山的左岸、青铜峡至头道墩的右岸、三盛公以下的平原河道两岸；其余不连续分布在头道墩至石嘴山右岸及石嘴山至三盛公库区两岸。

宁夏河段干流堤防长约435km，设计防洪标准为20年一遇（下河沿站流量5620m³/s），堤防工程级别青铜峡至仁存渡河段标准为3级，其余为4级，中水整治流量青铜峡以上2500m³/s，青铜峡以下2200m³/s，建有坝垛379座，穿堤建筑物375座。内蒙古黄河干流共有堤防长976km，其中2级堤防530km，其余为3级堤防；防御洪水标准为50年一遇汛期洪水（防御巴彦高勒站洪峰流量5920m³/s）。有险工段92处，经初步治理的河道整治工程48处，长度76km，建有丁坝及坝垛844座，平顺护岸工程15处，穿堤建筑物329座。宁夏堤防均为土堤，大堤高度一般1～4m，堤顶宽4～6m，临背水边坡1∶1.5～1∶2。堤顶硬化为顶铺0.10m厚的碎石，宽5.0m。沿黄两岸防洪大堤共有各类穿堤建筑物900座，多为斗农渠（沟）涵，其中渠涵606座，占总数的67.3%；沟涵259座，占总数的28.8%；桥（涵）、闸35座，占3.9%。山洪沟、排水干沟等主要支流入黄口49处没有建筑物。

宁夏河段大堤是随着河道变迁逐年修建而成的，经过1964年、1981年和1992年3次较大规模的建设，逐步形成了现状堤防的格局。1998年以来，按照黄河宁夏段1996—2000年和2001—2005年防洪建设的总体安排，在对原有堤防进行加高、培厚的同时，新建了部分堤防，但对堤线未进行大的调整。目前全河段共有堤防总长448.07km，其中左岸282.43km；右岸165.64km。以青铜峡为界分为卫宁河段（下河沿至青铜峡）和青石河段（青铜峡至石嘴山），卫宁河段堤防总长172km（左岸85.0km；右岸87.0km），青石河段堤防总长276.07km（左岸197.40km；右岸78.67km）。

8.4.2.2　关键断面历史过流能力分析

基于各断面历史年份畅流期的水位流量关系曲线，得到历史过流能力分析结果如下：

（1）石嘴山水文站。石嘴山站2009年与1992年水位流量关系对比，曲线形态走向基本一致，整体向左上方抬升，1000m³/s流量的水位较1992年抬高约0.10m，较2008年降低约0.02m。

（2）巴彦高勒水文站。巴彦高勒站2009年与1992年水位流量关系对比，曲线形态发生变化，2009年落水两条线，但曲线整体向左上方抬升，同流量水位抬高。对应落水段1000m³/s流量水位较1992年抬高约0.55m，较2008年降低约0.11m。

（3）三湖河口水文站。三湖河口站2009年与1987年水位流量关系对比，曲线整体向左上平移，同流量水位普遍抬高。1000m³/s流量的水位较1987年抬高约1.4m，较2008年线下降1000m³/s流量对应水位0.18m。

（4）头道拐水文站。头道拐站2009年与1987年水位流量关系对比，曲线整体向左上方抬升，形态发生变化，为单一线。1000m³/s流量的水位较1987年抬高约0.10m，基本与2008年重合。

8.4.2.3　关键断面现状过流能力分析

宁蒙河段各断面纬度较高，冬季气温低，河道内产生冰凌，因此凌汛期的过流能力和畅流期的过流能力并不相同，应分别进行分析。

（1）畅流期。石嘴山站、巴彦高勒站、三湖河口站、头道拐站防凌临界水位分别为 1091.76m、1056.48m、1021.91m、991.45m。

由于缺少各站 2011—2012 年畅流期水位流量资料，所以畅流期水位流量关系曲线以各站 2006—2010 年畅流期（流凌期前及开河期后）水位流量散点为基础，见图 8-9（a）、图 8-10（a）、图 8-11（a）、图 8-12（a），经插补延长后得各站畅流期水位流量关系曲线，见图 8-23。

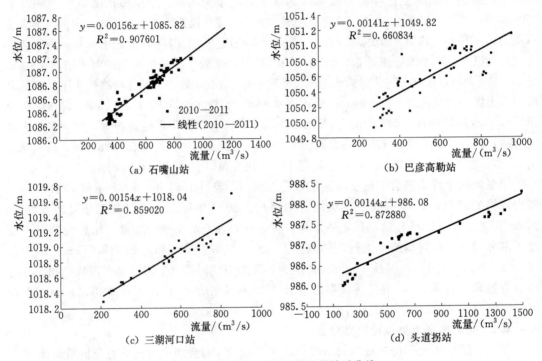

图 8-23　各站畅流期水位流量关系曲线

由防凌临界水位查读畅流期水位流量关系曲线推得的各站畅流期最大过流能力分别为 3808m³/s、4723m³/s、2513m³/s、3729m³/s 可作为各站畅流期的过流能力。

（2）凌汛期。进入凌汛期后，尤其是河道封冻后，水流的边界条件发生很大的变化，水流从明流转为类似的管流，流速减小，水位增高。因此，凌汛期过流能力相比畅流期会显著减小，且过流能力会随着冰清变化而变化，流凌期、封河期、封冻期、开河期的过流能力各不相同。稳封初期的过流能力最小，以后略有增加，到后期趋于稳定。因此重点分析稳封初期的过流能力，即冰下过流能力。

蔡琳等著《中国江河冰凌》中介绍了断面冰下过流能力的计算方法，提出了冰期流量改正系数 k_ω 的概念，指某一过水断面在相同的水位条件下，封冻后的冰下过流量 Q_1 与畅流期的过流量 Q_2 之比，即 $k_\omega = Q_1/Q_2$。冰期流量改正系数与畅流期流量成反比关系，畅流期流量越大，结冰后冰下过流量衰减比例也越大，畅流期流量小，结冰后断面流量减小的比例也小。所以结冰前流量变化范围较大，而封冻期出流过程却相对稳定。例如，黄河

下游艾山断面 k_ω 为 0.3~0.6，平均为 0.44。

宁蒙河段凌汛期气温较黄河下游低，流凌密度更大、封冻后冰厚更大，因此过流能力相比较畅流期减小的更大；同时，畅流期石嘴山站、巴彦高勒站、三湖河口站、头道拐站的最大过流能力分别为 3808m³/s、4723m³/s、2513m³/s、3729m³/s，即畅流期流量大，所以结冰后冰下流量衰减比例更大。综合上述原因，石嘴山站、巴彦高勒站、头道拐站冰期流量改正系数 k_ω 取 0.25，三湖河口站冰期流量改正系数 k_ω 取 0.35。此时，计算得到各站封冻期过流能力分别为：952m³/s、1181m³/s、879m³/s、932m³/s，见表8-29。

表 8-29 关键断面现状过流能力及历史最大流量 单位：m³/s

断 面	封 冻 期		畅 流 期	
	现状过流能力	历史最大流量	现状过流能力	历史最大流量
石嘴山	952	689	3808	5820
巴彦高勒	1181	700	4723	5290
三湖河口	879	750	2513	5500
头道拐	932	810	3729	5420

由表 2-15 可知：石嘴山站 1946 年 9 月 18 日出现最高水位 1092.35m，相应流量为 5820m³/s，该流量也是该站实测最大流量。由表 2-17 可知：巴彦高勒站 2003 年 9 月 6 日出现最高水位 1052.16m，相应流量为 1360m³/s。1981 年 9 月 19 日出现最大流量 5290m³/s，相应水位 1052.07m。由表 2-19 可知：三湖河口站 2003 年 9 月 7 日出现最高水位 1019.99m，相应流量 1460m³/s。1981 年 9 月 22 日出现建站以来最大流量 5500m³/s，相应水位 1019.97m。由表 2-21 可知：头道拐站 1967 年 9 月 21 日实测最高水位 990.69m，相应流量 5310m³/s。1967 年 9 月 19 日出现建站以来最大流量 5420m³/s，相应水位 990.62m。各站畅流期实测最大流量见表 8-29，分析可知各站畅流期实测最大流量的水位均小于各站保证水位，说明相比于历史年份，各站过流能力均呈现出下降趋势。

综上所述，现状过流能力在防凌临界水位以下，2006—2010 年封冻期石嘴山、巴彦高勒、三湖河口、头道拐站最大流量依次为 689m³/s，700m³/s，750m³/s，810m³/s，均小于封冻期现状过流能力，表明四个关键断面现状过流能力及历史最大流量均在安全范围以内。

8.4.3 刘家峡控泄流量与各断面水位的响应

在假定刘家峡控泄方案的基础上，通过预测各断面封开河日期、气温、槽蓄水增量以及区间来水过程，分畅流期、封期、封冻期和开河期计算刘家峡—头道拐各断面的流量演进过程，结合各断面分时期水位流量关系曲线，由演进的流量查水位流量关系，即可得到刘家峡控泄流量与各断面水位的响应关系。

假定刘家峡控泄方案，见表 8-30。根据 5.1.4，预测的各断面封开河时间见表 8-31。

表 8-30   刘家峡某年 11 月至次年 3 月各旬控泄流量   单位：m³/s

时间	11 月			12 月			1 月			2 月			3 月		
	上旬	中旬	下旬	上旬	中旬	下旬	上旬	中旬	下旬	上旬	中旬	下旬	上旬	中旬	下旬
刘家峡	1109	734	533	506	511	555	476	472	525	457	423	317	272	328	757

表 8-31   石嘴山—头道拐凌汛期封、开河日期预测值

站点	石嘴山		巴彦高勒		三湖河口		头道拐	
时期	封河期	开河期	封河期	开河期	封河期	开河期	封河期	开河期
日期（月.日）	1.15	2.23	12.22	3.8	12.8	3.17	12.14	3.14

按 8.3 中的凌汛期冰流演进计算步骤可以得到该控泄方案下各断面的演进流量，计算结果见表 8-32。

表 8-32   刘家峡—头道拐某年 11 月至次年 3 月各旬段径流演算结果   单位：m³/s

时 段		刘家峡控泄流量	演 进 流 量					
			兰州站	下河沿	石嘴山	巴彦高勒	三湖河口	头道拐
11 月	上旬	1109	1294	914	693	674	614	624
	中旬	734	880	673	626	625	632	631
	下旬	533	654	622	623	631	631	595
12 月	上旬	506	619	623	651	631	568	486
	中旬	511	623	653	583	579	422	404
	下旬	555	656	577	568	523	390	346
1 月	上旬	476	570	567	612	517	312	213
	中旬	472	567	616	558	436	298	205
	下旬	525	620	553	514	413	290	164
2 月	上旬	457	547	511	412	398	357	225
	中旬	423	508	403	416	415	389	383
	下旬	317	394	351	411	401	548	477
3 月	上旬	272	347	410	376	522	634	664
	中旬	328	416	846	381	614	981	837
	下旬	757	884	777	382	702	1097	1445

由表 8.32 得出的各控制断面的演进流量，在不同时期查各控制断面分期的水位流量关系，得到各断面的水位过程，见表 8-33。

表 8-33   刘家峡—头道拐某年 11 月至次年 3 月各旬水位过程   单位：m

时 段		下河沿	石嘴山	巴彦高勒	三湖河口	头道拐
11 月	上旬	1231.12	1087.38	1051.30	1019.53	987.51
	中旬	1230.72	1087.29	1051.26	1019.56	987.52
	下旬	1230.62	1087.29	1051.27	1019.38	987.48

续表

时　段		下河沿	石嘴山	巴彦高勒	三湖河口	头道拐
12 月	上旬	1230.63	1087.43	1051.68	1019.37	987.58
	中旬	1230.69	1087.36	1051.95	1020.65	987.37
	下旬	1230.53	1087.33	1052.28	1020.55	988.80
1 月	上旬	1230.51	1087.41	1053.40	1020.21	988.52
	中旬	1230.61	1089.29	1053.59	1020.18	988.45
	下旬	1230.47	1089.55	1053.65	1020.15	988.05
2 月	上旬	1230.37	1089.97	1053.67	1020.40	988.61
	中旬	1230.07	1089.98	1053.64	1020.54	988.73
	下旬	1229.89	1089.96	1053.68	1020.90	988.94
3 月	上旬	1230.09	1089.75	1053.40	1020.92	989.15
	中旬	1231.02	1089.78	1053.16	1019.75	989.31
	下旬	1230.91	1089.78	1052.96	1019.79	988.41

将演算水位与各断面的大断面图进行比对，结果表明，演算水位均处于河槽中较低位置，即各断面能安全通过该控泄方案下的演进流量。

8.5　本章小结

（1）基于 2006—2010 年历史实测资料，分析了宁蒙河段关键控制断面凌汛期的水位流量相关关系及其影响因素（河道形态）；绘制了各断面畅流期和凌汛期不同时期的水位流量关系曲线。

（2）通过对兰州—头道拐河道流量传播时间和枯水期河道流量演进的计算，采用马斯京根、修正系数等方法分时期（畅流期、封河期、封冻期、开河期）、分河段（稳定封冻河段、不稳定封冻河段）对宁蒙河段凌汛期各断面（下河沿、石嘴山、巴彦高勒、三湖河口、头道拐）的冰流演进进行了研究，结合具体的实例分析，验证了冰流演进的模型、算法和计算精度，给出了刘家峡不同控泄过程下兰州—头道拐各区间的流量演进结果。

（3）根据各断面水位流量关系，建立了各区间流量演进与各控制断面水位的响应关系，确定了关键控制断面的过水能力。现状条件下，石嘴山、巴彦高勒、三湖河口及头道拐四站最大过流能力：畅流期分别为 $3808\text{m}^3/\text{s}$、$4723\text{m}^3/\text{s}$、$2513\text{m}^3/\text{s}$、$3729\text{m}^3/\text{s}$，封冻期分别为 $952\text{m}^3/\text{s}$、$1181\text{m}^3/\text{s}$、$879\text{m}^3/\text{s}$、$932\text{m}^3/\text{s}$。

（4）由刘家峡不同控泄过程和兰州—头道拐各区间的流量演进结果，得到了各区间的水位变化过程，参照关键控制断面的过流能力，分析不同控泄方案下水位过程的安全性和可行性，为方案风险识别和防凌预案的制定提供技术支撑。

宁蒙河段封河期断面控泄流量方案研究

9.1 概述

宁蒙河段地处黄河流域最北段，纬度最低，基本处于稳定封河河段。在刘家峡水库投入运行前的 18 年时间内，宁蒙河段堤防决口 8 次，河段卡冰结坝 236 个，其中"文开河""半文半武开河"及"武开河"形式各站 1/3。随着 1987 年龙羊峡水电站的投入使用，黄河上游逐渐形成了龙刘梯级电站联合调度的新格局，加之近几年我国北方大部分地区由于冬季气温逐渐回升导致的暖冬等天气现象，有效降低了宁蒙河段凌汛灾害的严重程度。凌汛不同时期河道流量的变化对防凌安全有着直接影响，流凌封河期如果河道流量过小，水温较低，容易结冰并形成小流量、低冰盖封河，从而影响后期河道的过流能力，容易出现层水层冰、冰上过水的现象；反之，如果封河流量过大，则容易诱发冰塞灾害。在开河期，如果上游来水增大、流量增加，则会增加开河动力、增大凌峰流量，导致冰坝出现几率增加。综合多年实际运行经验，龙刘两库凌汛期河道水量调度应满足如下原则：①流凌期应适当增加河道来水量，以推迟封河时间并避免小流量封河。流凌期刘家峡水库出库流量一般应控制在 $600 \sim 700 \text{m}^3/\text{s}$；②封河期应保持封冻河段过流平稳，河道来水量应适当大于封河初期，且应随河道解封情况逐渐向开河流量递减。其中，封河期刘家峡水库出库流量一般应控制在 $700 \text{m}^3/\text{s}$ 左右；③开河期应严格控制刘家峡水库下泄流量，减小河道来水量，并维持冰封河段水位平稳、缓慢下降，使河道尽量以"文开河"形式解冻。其中，开河期应控制兰州断面流量在 $500 \text{m}^3/\text{s}$ 左右，最大不宜超过 $600 \text{m}^3/\text{s}$。每年 11 月至翌年 3 月为黄河上游梯级电站凌汛调度期，此时段梯级调度工作应首先在满足宁蒙河段防凌要求的前提下，兼顾发电、灌溉及供水需求，由此将下游河段发生凌汛灾害的几率降至最低，使下游宁蒙河段安全度过凌汛期。

宁蒙河段凌汛期长达 5 个月之久，此时正值西北电网用电高峰期，而龙刘两库的联合防凌操作方式对发挥梯级电站发电及调峰功能均产生了不利的影响。特别是 3 月开河期兰州断面控泄 $500\mathrm{m}^3/\mathrm{s}$ 的操作方式，使得上游龙羊峡电站出库流量大幅减小，从而使龙刘区间的拉西瓦、李家峡、公伯峡等梯级日调节电站发电能力明显减小，造成青海省冬季电力资源缺乏的电量供需矛盾日益突出。龙刘梯级电站联合防凌调度操作方式的其本质，是刘家峡电站在每年凌汛期初预留部分防凌库容，以拦蓄上游电站发电来水，从而使刘家峡水库承担上游龙羊峡等电站发电来水的反调节作用。但为满足凌汛期末下游河套灌区春灌水量需求，刘家峡水库预留防凌库容又不宜过大，以便使凌汛期末刘家峡水库水位能回蓄至正常高水位。可见，凌汛期在满足下游宁蒙河段防凌要求的前提下，最大程度发挥黄河上游梯级电站发电能力、缓解青海省季节性缺电状况的关键，是合理制定刘家峡水库预留防凌库容。通过刘家峡水库 1991—2002 年实际预留防凌库容资料及龙刘两库联合调度运行结果分析知，历史较多年份刘家峡水库凌汛期末水位均未回蓄至正常高水位，存在实际预留防凌库容使用不充分的特点。为此，考虑到流凌及封河期刘家峡水库控泄要求，本研究以 1991—2002 年龙刘两库联合运行实际资料为基础，拟定将封河期刘家峡水库控泄流量增加 $50\mathrm{m}^3/\mathrm{s}$ 和 $100\mathrm{m}^3/\mathrm{s}$ 两种方案，并以凌汛期龙刘梯级电站发电量最大和电网时段出力平稳为优化目标，探讨了在最大程度上发挥刘家峡电站预留防凌库容的前提下，增加龙羊峡电站冬季出库流量、提高龙羊峡及以下梯级电站发电能力，从而进一步充分发挥黄河上游水电资源优势、缓解青海省冬季时段性缺电状况的可行性和合理性。

9.2　不同控泄方案下青海梯级水电站发电能力分析

青海电网并网电量主要由水电、火电和小水电三大部分组成，其中黄河干流上的龙羊峡、李家峡、公伯峡、尼那、直岗拉卡、苏只、康杨、拉西瓦及积石峡 9 座大中型水电站年上网电量占全网电量的 50% 以上。梯级水电站基本概况见表 9-1。

表 9-1　　　　　　　黄河上游梯级水电站水库群主要特征参数

项目	正常蓄水位/m	死水位/m	调节性能	装机容量/MW	设计水头/m	保证出力/MW	年发电量/(亿 kW·h)	出力系数
龙羊峡	2600	2530	多年	1290	122	589.8	60	8.3
拉西瓦	2452	2440		4200	205	990	102.23	8.3
尼那	2236	2531.5	日	160	14	74.7	7.63	7.8
李家峡	2180	2178	日	2000	122	581	59	8.1
直岗拉卡	2050	2046	日	192	12.5	69.8	7.62	8
康杨	2033	2031	日	284	18.7	93.6	9.92	8.2
公伯峡	2005	2002	日	1500	99.3	492	51.4	8.3
苏只	1900	1897.5	日	225	16	82.4	8.79	8.2
积石峡	1856	1852	日	187	73	73	7.43	8.3

多年调节水库龙羊峡作为黄河上游梯级龙头水库，对增加梯级发电量、发挥水资源利用效率及缓解青海省冬季缺电状况发挥了不可替代的作用。发挥黄河上游梯级水电资源优势、缓解青海省冬季缺电状况的关键，是合理预留并充分利用凌汛期初刘家峡水库预留防凌库容，最大程度上增加龙羊峡水库对下游梯级电站的径流补偿作用。见表 9-2 为刘家峡水库 1991—2002 年实际预留防凌库容及凌汛期始末水位变化情况。

表 9-2　　刘家峡水库 1991—2002 年度凌汛期预留防凌库容及水位变化结果表

年　度	预留库容/(亿 m³/s)	初水位/m	末水位/m
1991—1992	13	1724.67	1722.01
1992—1993	7.4	1729.32	1733.5
1993—1994	11.9	1725.63	1733.43
1994—1995	12.1	1725.46	1734.17
1995—1996	3	1732.72	1734.47
1996—1997	9.2	1727.87	1729.12
1997—1998	17	1720.95	1730.35
1998—1999	8.8	1728.15	1731.04
1999—2000	16.6	1721.3	1733.4
2000—2001	17.8	1720.17	1732.63
2001—2002	13.2	1724.5	1734.98

由表 9-2 分析可知：刘家峡水库历年运行凌汛期末实际水位均未达到正常高水位（1735m），仅 1994—1995 年、1995—1996 年和 2001—2002 年度凌汛期末水位达到 1734m 以上，1991—1992 年、1996—1997 年度凌汛期末刘家峡水库水位均在 1730m 以下，不仅影响了凌汛期结束后下游河套灌区春灌任务对刘家峡水库的水量需求，限制了凌汛期上游龙羊峡水库出库流量及龙刘区间水量的大小，也制约了凌汛期青海电网所属梯级水电站发电能力的充分发挥，同时对增加封河期龙羊峡水库出库流量和龙刘区间来水量、提高梯级电站发电能力提供了可行空间。

9.2.1　龙刘两库实际运行条件下增加龙库下泄流量方案研究

若龙刘两库凌汛期以每年 11 月上旬至翌年 3 月下旬计，根据 1991—2002 年刘家峡水库实际预留防凌库容资料，暂不考虑凌汛期龙刘区间径流的汇入情况，以龙刘两库 1991—2002 实际运行过程为基础方案（记为方案一），考虑拟定将封河期龙羊峡出库流量及刘家峡入、出库流量分别增加 50m³/s 和 100m³/s 两种方案（分别记为方案二、方案三），由此在不影响下游宁蒙河段冬季防凌安全的前提下，增加龙刘区间青海电网所属径流式电站（拉西瓦、尼那、李家峡、直岗拉卡、康杨、公伯峡、苏只及积石峡）来水量。为分析 1991—2002 年黄河上游宁蒙河段封河期（12 月上旬至翌年 2 月下旬）增加龙刘两库下泄水量对青海省冬季缺电状况的缓解程度，若将龙刘区间径流式电站发电水头按其设计水头考虑，选取计算时段为月，经调节计算得不同方案下梯级电站联合调度运行结果如表 9-3，且不同方案下龙羊峡及龙积梯级电站发电量增加状况见表 9-4。

表 9-3　　　　　　1991—2002 年凌汛期不同控泄方案下梯级电站运行结果统计表

年　度	龙库下泄水量/(亿 m³/s)			龙库发电量/(亿 kW·h)			龙积梯级电站发电量/(亿 kW·h)		
	方案一	方案二	方案三	方案一	方案二	方案三	方案一	方案二	方案三
1991—1992	36.33	40.26	44.19	13.5	14.19	14.82	84.83	89.93	94.92
1992—1993	38.44	42.37	46.3	18.55	19.37	20.2	99.45	104.69	109.88
1993—1994	48.03	51.96	55.89	22.23	23.16	24.03	113.13	118.43	123.69
1994—1995	59.3	63.24	67.17	19.88	20.57	21.24	115.91	120.95	126
1995—1996	28.44	32.37	36.3	12.18	12.86	13.5	76.68	81.72	86.73
1996—1997	26.73	30.66	34.59	10.48	11.11	11.78	67.53	72.49	77.61
1997—1998	30.85	34.78	38.72	11.16	11.85	12.47	70.75	75.82	80.78
1998—1999	39.7	43.63	47.56	17.58	18.36	19.13	97.98	103.1	108.26
1999—2000	41.4	45.33	49.26	22.11	23.09	24.05	108.7	114.07	119.43
2000—2001	38.64	42.57	46.5	17.31	18.1	19.05	91.22	96.53	101.72
2001—2002	35.62	39.55	43.48	15.43	16.26	17.04	85.78	91.01	96.14

表 9-4　　　　　　1991—2002 年凌汛期不同方案下梯级电站发电量变化分析表

年　度	龙库发电量增加值/(亿 kW·h)		龙积梯级电站发电量增加值/(亿 kW·h)		龙库发电量增幅/%		龙积梯级电站发电量增幅/%	
	方案二	方案三	方案二	方案三	方案二	方案三	方案二	方案三
1991—1992	0.69	1.32	5.1	10.09	5.11	9.78	6.01	11.89
1992—1993	0.82	1.65	5.24	10.43	4.42	8.89	5.27	10.49
1993—1994	0.93	1.8	5.3	10.56	4.18	8.1	4.68	9.33
1994—1995	0.69	1.36	5.04	10.09	3.47	6.84	4.35	8.71
1995—1996	0.68	1.32	5.04	10.05	5.58	10.84	6.57	13.11
1996—1997	0.63	1.3	4.96	10.08	6.01	12.4	7.34	14.93
1997—1998	0.69	1.31	5.07	10.28	6.18	11.74	7.17	14.18
1998—1999	0.78	1.55	5.12	10.28	4.44	8.82	5.23	10.49
1999—2000	0.98	1.94	5.37	10.73	4.43	8.77	4.94	9.87
2000—2001	0.88	1.74	5.31	10.5	5.08	10.05	5.82	11.51
2001—2002	0.83	1.61	5.23	10.36	5.38	10.43	6.1	12.08
均值	0.78	1.54	5.16	10.29	4.94	9.7	5.77	11.51

注　方案一表示按照龙刘两库实际调度规则进行控泄；方案二表示封河期刘库控泄流量增加 50m³/s、方案三表示封河期刘库控泄流量增加 100m³/s。

由表 9-3、表 9-4 计算结果分析可知：

（1）当以 1991—2002 年度刘家峡水库实际预留防凌库容及梯级电站实际运行情况（方案一）为基础进行调节计算时，随着刘家峡水库封河流量的不断加大，龙刘梯级电站发电量也不断增加。其中，与梯级电站历年实际运行过程相比，在刘家峡水库封河流量增加 50m³/s 和 100m³/s 两种方案下（方案二、方案三），龙积梯级电站凌汛期发电量多年平均增加值分别为 5.16 亿 kW·h 和 10.29 亿 kW·h，增幅分别为 5.77% 和 11.51%；

（2）在梯级电站实际调度过程中，可通过合理制定并充分利用刘家峡水库预留防凌库容，在最大程度降低凌汛期下游河段凌汛风险并保障期末下游灌区水量需求的基础上，优化上游龙羊峡水库出库过程，充分发挥下游刘家峡水库对上游梯级电站发电用水的反调节功能，可在最大程度上提高青海电网所属梯级电站发电能力及冬季供电水平。

9.2.2　电网负荷需求下增加断面控泄流量方案研究

通过科学调度、合理控制凌汛期龙刘两库时段下泄水量，大大降低了下游宁蒙河段遭受凌汛灾害的威胁。对于黄河干流龙刘梯级电站，除需满足青海省用电需求之外，同时还担负着青海电网调峰任务。龙刘两库凌汛期严格控制出流过程的联合防凌操作方式对龙青段梯级电站发电效益的发挥无疑产生了不利的影响。宁蒙河段每年凌汛调度期正值西北电网用电高峰期，控制龙刘两库出库水量过程，加剧了梯级时段出力的不均匀性。特别是 3 月开河期，梯级水电站可调出力大幅降低，影响了电力系统的稳定运行和水电效益的充分发挥，同时也增加了火电系统的调峰负担。

鉴于当前青海省冬季电量供应紧张的现状，凌汛期黄河上游龙刘区间梯级电站调度除担负保障下游宁蒙河段凌汛安全及河套灌区春灌水量需求的任务之外，同时应使凌汛期梯级电站时段负荷尽量平稳、均匀，以维持电力系统稳定及电网调峰需求。为此，考虑以梯级时段最小出力最大化为目标，建立如下优化模型，通过对不同典型年流域来水过程进行调节计算，分析讨论增加龙羊峡冬季出库水平、从而缓解用电紧张状况的合理性和可行性。

（1）目标函数：系统优化本质是寻找决策变量在可行区域内的合理取值，以使期望目标函数最优，可见目标函数的取值其实带有一定的不确定性。鉴于冬季龙刘梯级水电站优化调度的主要目标是在满足防凌及供水的基础上，兼顾发电和调峰需求，为此考虑使梯级时段最小出力最大化，建立优化目标函数，见式（9.1）：

$$Ob = \max\{\min\sum N(n, t) \quad t = (1, 2, 3, \cdots)\} \tag{9.1}$$

式中：n，t 为电站、时段序号；$N(n, t)$ 为第 n 级电站、第 t 时段出力。

（2）约束条件：根据当前龙刘两库蓄水及来水预估，考虑宁蒙河段河道淤积、堤防建设现状及多年封开河水库运用经验，拟定刘家峡水库凌汛不同分期水量控泄原则，并在此基础上，考虑将刘家峡水库封河流量分别增加 50m³/s 和 100m³/s，由此拟定三种方案（分别记作方案一、方案二、方案三）。三种方案凌汛期刘家峡水库水量控泄原则见表 9-5。

表 9-5　　　　　　　　不同方案下刘家峡水库凌汛期控泄流量表　　　　　　单位：m³/s

方　案	时段	11 月	12 月	1 月	2 月	3 月
方案一	上旬	1027	492	436	450	340
	中旬	697	496	432	420	318
	下旬	525	513	485	337	605
	月平均	750	500	450	400	420

续表

方案	时段	11月	12月	1月	2月	3月
方案二	上旬	1027	542	486	500	340
	中旬	697	546	482	470	318
	下旬	525	563	535	387	605
	月平均	750	550	500	450	420
方案三	上旬	1027	592	536	550	340
	中旬	697	596	532	520	318
	下旬	525	613	585	437	605
	月平均	750	600	550	500	420

注 方案一表示按照龙刘两库运行特点拟定凌汛不同分期刘库控泄流量；方案二表示封河期刘库控泄流量增加 $50m^3/s$；方案三表示封河期刘库控泄流量增加 $100m^3/s$。

实际计算时，龙羊峡水库期初水位对龙刘两库联合调度方式的制定及刘家峡水库预留防凌库容的确定影响不大，故本次计算过程中不同年份凌汛期龙羊峡水库初始水位均取 2585m。考虑凌汛期后下游河套灌区春灌用水需求，假设刘家峡水库凌汛期末水位已回蓄至正常高水位 1735m。由此，通过初步拟定刘家峡水库期初水位，经迭代计算确定龙羊峡水库期末水位及刘家峡最佳防凌库容。同时，龙刘梯级其余电站按径流式电站考虑，只利用其（设计）水头进行发电，而不对径流过程进行调节，其余约束（如水位、库容等）条件与常规计算同。

（3）求解方法。式（9.1）为目标函数是在满足约束条件的基础上使计算期内梯级最小时段出力最大，其本质上是要求凌汛期内梯级时段出力稳定、均匀。本书采用自迭代模拟优化方法求解上述目标函数，其基本思路是：首先根据龙羊峡水库初始水位、出库流量、上游水情及下游用水计划，假设刘家峡期初水位；然后确定梯级各站时段出力，同时对模型约束条件进行判断。若模拟结果经水位、出力辨识满足要求，则进入下一时段；否则，重新模拟时段运行过程，直至满足约束要求。如此逐时段迭代模拟并反馈修正，至计算期末，完成一轮迭代。最后进行目标辨识，若模拟刘家峡水库期末水位达到正常高水位，则结束并输出计算结果；否则，加入修正量并反馈到输入端，进行新一轮迭代，直至期末水位满足要求。

（4）计算结果。龙羊峡水库在黄河上游区域处于龙头位置，其出库过程对下游梯级电站发电水平具有重要影响。本研究根据贵德站 1957—2000 年径流资料分析龙羊峡水库径流变化情况，经分析选取黄河上游流域来水丰枯变化典型年，见表 9-6。

表 9-6 　　　　　　　黄河上游来水典型年选取结果（贵德站）

名称	丰水年	偏丰年	平水年	偏枯年	枯水年
频率	5%	25%	50%	75%	95%
年份	1968	1985	1987	1999	1997

如上所述，为充分发挥刘家峡水库对上游梯级电站发电用水的反调节作用，最大程度上增加凌汛期龙刘两库出库过程、缓解青海省冬季电力资源短缺局面，在上述拟定的不同

方案刘家峡水库不同分期水量控泄原则的基础上，按照所建优化模型及求解算法对不同典型年凌汛期龙刘梯级径流资料进行调节计算，得各典型年梯级电站发电量统计结果见表9-7，其中丰水年（1968年）龙刘两库详细计算结果见表9-8。

表9-7　　龙积梯级电站不同典型年、不同方案凌汛期优化计算发电量结果表

年份	梯级电站电量/(亿 kW·h)			电量增加值/(亿 kW·h)			电量增幅/%		
	方案一	方案二	方案三	方案一	方案二	方案三	方案一	方案二	方案三
丰水年	104.58	110.63	116.60	—	6.05	12.02	—	5.79	11.49
偏丰年	104.32	110.42	116.45		6.10	12.13		5.85	11.63
平水年	104.20	110.20	116.16		6.00	11.96		5.76	11.48
偏枯年	104.13	110.17	116.04		6.04	11.91		5.80	11.44
枯水年	104.04	110.05	115.99		6.01	11.95		5.78	11.49
均值	104.25	110.29	116.25		6.04	11.99		5.79	11.50

注　方案一表示按照龙刘两库实际调度规则进行控泄；方案二表示封河期刘库控泄流量增加50m³/s；方案三表示封河期刘库控泄流量增加100m³/s。

表9-8　　龙刘两库凌汛期不同方案下优化计算结果表（丰水年：1968年）

方案	电站	月份	初水位/m	末水位/m	入库流量/(m³/s)	出库流量/(m³/s)	出力/MW	发电量/(亿 kW·h)
方案一	龙羊峡	11	2585.0	2585.8	576	460	499	3.60
		12	2585.8	2584.5	315	490	531	3.83
		1	2584.5	2582.3	235	525	561	4.04
		2	2582.3	2579.7	210	535	561	4.04
		3	2579.7	2576.6	256	630	646	4.66
	刘家峡	11	1723.6	1718.9	560	750	580	4.18
		12	1718.9	1720.5	560	500	380	2.74
		1	1720.5	1724.2	605	450	339	2.45
		2	1724.2	1728.9	615	400	327	2.36
		3	1728.9	1735.0	720	420	357	2.58
方案二	龙羊峡	11	2585.0	2585.8	576	460	499	3.60
		12	2585.8	2584.1	315	540	584	4.21
		1	2584.1	2581.5	235	565	602	4.33
		2	2581.5	2578.5	210	585	609	4.39
		3	2578.5	2575.5	256	630	640	4.61
	刘家峡	11	1723.8	1719.1	560	750	582	4.19
		12	1719.1	1720.7	610	550	419	3.02
		1	1720.7	1724.2	645	500	377	2.72
		2	1724.2	1728.8	665	450	368	2.65
		3	1728.8	1735.0	720	420	357	2.58

方案	电站	月份	初水位/m	末水位/m	入库流量/(m³/s)	出库流量/(m³/s)	出力/MW	发电量/(亿 kW·h)
方案三	龙羊峡	11	2585.0	2585.8	576	460	499	3.60
		12	2585.8	2583.7	315	590	638	4.60
		1	2583.7	2580.7	235	625	662	4.77
		2	2580.7	2577.2	210	635	656	4.72
		3	2577.2	2574.1	256	630	633	4.56
	刘家峡	11	1723.6	1718.9	560	750	580	4.18
		12	1718.9	1720.5	660	600	456	3.29
		1	1720.5	1724.2	705	550	415	2.99
		2	1724.2	1728.9	715	500	409	2.95
		3	1728.9	1735.0	720	420	357	2.58

注 方案一表示按照龙刘两库运行特点拟定凌汛不同分期刘库控泄流量；方案二表示封河期刘库控泄流量增加50m³/s；方案三表示封河期刘库控泄流量增加100m³/s。

若以方案一对应梯级计算结果为基础方案，经比较分析知，由于不同方案封河期刘家峡水库控泄要求不同，流凌（11月）及开河期（3月）龙刘两库控泄要求均相同，故不同方案流凌期（11月）梯级电站电量相同，封河期（12月至次年2月）梯级电站电量增幅较大，开河期（3月）梯级电站电量相差不大。不同典型年、不同方案下凌汛期梯级不同电站发电量及其增幅变化情况见表9-9～表9-11。

表9-9　　　龙积梯级电站丰水年（1968年）不同方案发电量计算结果表　单位：亿 kW·h

电站	11月	12月			1月		
		方案一	方案二	方案三	方案一	方案二	方案三
龙羊峡	3.60	4.21	4.21	4.60	4.04	4.33	4.77
拉西瓦	6.60	5.50	6.05	6.60	5.50	6.05	6.60
尼那	0.54	0.45	0.49	0.54	0.45	0.49	0.54
李家峡	4.57	3.81	4.19	4.57	3.81	4.19	4.57
直岗拉卡	0.44	0.37	0.41	0.44	0.37	0.41	0.44
康杨	0.66	0.55	0.61	0.66	0.55	0.61	0.66
公伯峡	4.40	3.46	3.78	4.09	3.52	3.84	4.15
苏只	0.67	0.53	0.57	0.62	0.54	0.58	0.63
积石峡	2.62	2.25	2.48	2.70	2.25	2.48	2.70
梯级	24.10	21.13	22.79	24.82	21.03	22.98	25.06
增幅	—	—	1.66	3.69	—	1.95	4.03
龙羊峡	3.60	4.04	4.39	4.72	4.66	4.61	4.56
拉西瓦	6.60	4.95	5.50	6.05	4.95	4.95	4.95
尼那	0.54	0.40	0.45	0.49	0.40	0.40	0.40

电站	11 月	12 月			1 月		
		方案一	方案二	方案三	方案一	方案二	方案三
李家峡	4.57	3.43	3.81	4.19	3.43	3.43	3.43
直岗拉卡	0.44	0.33	0.37	0.41	0.33	0.33	0.33
康杨	0.66	0.50	0.55	0.61	0.50	0.50	0.50
公伯峡	4.40	3.21	3.52	3.84	3.34	3.34	3.34
苏只	0.67	0.49	0.54	0.58	0.51	0.51	0.51
积石峡	2.62	1.90	2.11	2.32	2.03	2.03	2.03
梯级	24.10	19.25	21.24	23.21	20.15	20.10	20.05
增幅	—	—	1.99	3.96	—	—	—

表 9 - 10　　青海梯级电站平水年（1987 年）不同方案发电量计算结果表　　单位：亿 kW·h

电站	11 月	12 月			1 月			2 月			3 月		
		方案一	方案二	方案三	方案一	方案二	方案三	方案一	方案二	方案三	方案一	方案二	方案三
龙羊峡	3.58	3.76	4.14	4.52	3.95	4.31	4.66	3.93	4.27	4.59	4.52	4.47	4.42
拉西瓦	6.60	5.50	6.05	6.60	5.50	6.05	6.60	4.95	5.50	6.05	4.95	4.95	4.95
尼那	0.54	0.45	0.49	0.54	0.45	0.49	0.54	0.40	0.45	0.49	0.40	0.40	0.40
李家峡	4.57	3.81	4.19	4.57	3.81	4.19	4.57	3.43	3.81	4.19	3.43	3.43	3.43
直岗拉卡	0.44	0.37	0.41	0.44	0.37	0.41	0.44	0.33	0.37	0.41	0.33	0.33	0.33
康杨	0.66	0.55	0.61	0.66	0.55	0.61	0.66	0.5	0.55	0.61	0.05	0.50	0.50
公伯峡	4.40	3.46	3.78	4.09	3.52	3.84	4.15	3.21	3.52	3.84	3.34	3.34	3.34
苏只	0.67	0.53	0.57	0.62	0.54	0.58	0.63	0.49	0.54	0.58	0.51	0.51	0.51
积石峡	2.62	2.25	2.48	2.70	2.25	2.48	2.70	1.9	2.11	2.32	2.03	2.03	2.03
梯级	24.08	20.68	22.72	24.74	20.94	22.96	24.95	19.14	21.12	23.08	20.01	19.96	19.91
增幅	—	—	2.04	4.06	—	2.02	4.01	—	1.98	3.94	—	—	—

表 9 - 11　　青海梯级电站枯水年（1997 年）不同方案发电量计算结果表　　单位：亿 kW·h

电站	11 月	12 月			1 月			2 月			3 月		
		方案一	方案二	方案三	方案一	方案二	方案三	方案一	方案二	方案三	方案一	方案二	方案三
龙羊峡	3.57	3.74	4.12	4.49	3.92	4.27	4.62	3.89	4.22	4.54	4.44	4.39	4.34
拉西瓦	6.60	5.50	6.05	6.60	5.50	6.05	6.60	4.95	5.50	6.05	4.95	4.95	4.95
尼那	0.54	0.45	0.49	0.54	0.45	0.49	0.54	0.40	0.45	0.49	0.40	0.40	0.40
李家峡	4.57	3.81	4.19	4.57	3.81	4.19	4.57	3.43	3.81	4.19	3.43	3.43	3.43
直岗拉卡	0.44	0.37	0.41	0.44	0.37	0.41	0.44	0.33	0.37	0.41	0.33	0.33	0.33
康杨	0.66	0.55	0.61	0.66	0.55	0.61	0.66	0.50	0.55	0.61	0.50	0.50	0.50
公伯峡	4.40	3.46	3.78	4.09	3.52	3.84	4.15	3.21	3.52	3.84	3.34	3.34	3.34
苏只	0.67	0.53	0.57	0.62	0.54	0.58	0.63	0.49	0.54	0.58	0.51	0.51	0.51

续表

电站	11月	12月			1月			2月			3月		
		方案一	方案二	方案三	方案一	方案二	方案三	方案一	方案二	方案三	方案一	方案二	方案三
积石峡	2.62	2.25	2.48	2.70	2.25	2.48	2.70	1.90	2.11	2.32	2.03	2.03	2.03
梯级	24.07	20.66	22.70	24.71	20.91	22.92	24.91	19.10	21.07	23.03	19.93	19.88	19.83
增幅	—	—	2.04	4.05	—	2.01	4.00	—	1.97	3.93	—	—	—

注　方案一表示按照龙刘两库运行特点拟定凌汛不同分期刘库控泄流量；方案二表示封河期刘库控泄流量增加
50m³/s；方案三表示封河期刘库控泄流量增加100m³/s。

由表9-9~表9-11计算结果分析知，随着不同方案下刘家峡水库封河流量的不断增加，由于受多年调节水库龙羊峡的调蓄作用及龙刘两库的控泄制约，各典型年龙积梯级电站发电量变化趋势基本相同，电量增幅相差不大。如图9-1所示为不同方案下丰水年（1968年）梯级电站电量变化趋势，可见龙积梯级发电量增幅较快且对青海电网贡献较大的电站有龙羊峡、拉西瓦、李家峡、公伯峡及积石峡五座电站。如图9-2所示为丰水年（1968年）不同方案凌汛期逐月梯级发电量变化趋势图。

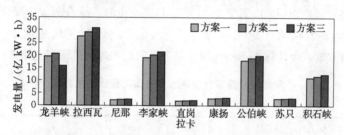

图9-1　梯级电站不同方案凌汛期发电量变化趋势图（丰水年：1968年）

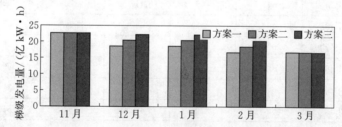

图9-2　不同方案计算梯级时段发电量变化趋势图（丰水年：1968年）

（5）结果分析。

由上述计算结果分析可知：

1）多年调节水库龙羊峡作为黄河上游龙头水库，其来水丰枯程度对下游梯级电站发电效益的发挥影响较小，且已有研究表明龙羊峡水库初始水位对制定龙刘两库凌汛期联合防凌调度计划影响不大。龙羊峡水库的出库流量既决定了凌汛期青海电网电量的平衡性，同时对刘家峡水库防凌调度和下游河道安全具有至关重要的作用。可见，进一步发挥黄河上游梯级电站发电效益，关键是在满足龙刘两库联合防凌调度规则的基础上，充分发挥刘家峡水库反调节作用，最大程度上优化龙羊峡水库泄流过程。

2）由图9-1、图9-2分析可知，不同典型年优化计算结果龙刘梯级时段出力变化平稳、电量增幅相差不大，且梯级对青海电网发电贡献较大的电站有龙羊峡、拉西瓦、李家峡、公伯峡及积石峡五座电站。

3）通过对黄河上游梯级电站不同典型年优化计算可知，与龙刘两库实际凌汛调度规则相比，刘家峡水库封河流量增加 $50 m^3/s$ 和 $100 m^3/s$ 两种方案下（方案二、方案三），龙积梯级电站发电量分别可增加约 6.04 亿 kW·h 和 11.99 亿 kW·h，增幅分别为 5.79% 和 11.50%。可见，与当前青海省冬季约缺电 13 亿 kW·h 的现状相比，增加封河期刘家峡水库控泄流量，可在较大程度上缓解青海省冬季用电紧张的局面。

9.2.3 2010—2011 年度防凌方案研究

（1）黄委会防凌预案分析。截至 2010 年 9 月 17 日，龙刘两库共蓄水 229.30 亿 m^3/s，其中龙羊峡水库蓄水 199.60 亿 m^3/s，刘家峡水库蓄水 29.70 亿 m^3/s。黄委会水文局根据上游来水预报并结合未来一段时间水库蓄水、泄流等情况的预测，预估至 2010 年 11 月初，龙刘两库共蓄水 230 亿 m^3/s，其中龙羊峡水库蓄水 200 亿 m^3/s，刘家峡水库蓄水 30 亿 m^3/s，两库总蓄水量比多年（1989—2009 年）同期均值 179.40 亿 m^3/s 多 50.60 亿 m^3/s。由此，黄委会水文局通过黄河流域主要区间 2010 年 11 月至 2011 年 3 月来水预测，综合考虑宁蒙河段河道淤积、堤防建设现状及多年封开河水库运用经验，拟定内蒙古河段封河流量取 $500 m^3/s$、$550 m^3/s$、$600 m^3/s$ 三种不同方案，经计算得不同封河流量下刘家峡水库出库流量见表 9-12。

表 9-12　　　　　　　　不同封河流量下刘家峡水库出库流量计算成果表

流量单位：m^3/s；水量单位：亿 m^3/s

封河流量	时段	11 月	12 月	1 月	2 月	3 月	总水量
500	上旬	969	442	416	399	272	62.28
	中旬	641	446	412	370	328	
	下旬	466	485	459	277	757	
	月平均	692	459	429	350	452	
550	上旬	1039	474	446	428	292	66.81
	中旬	688	479	442	397	351	
	下旬	500	520	492	297	813	
	月平均	742	492	460	375	485	
600	上旬	1109	506	476	457	311	71.28
	中旬	734	511	472	423	375	
	下旬	533	555	525	317	867	
	月平均	792	525	491	401	518	

注　资料来自黄委会"2010—2011 年度黄河防凌工作会议"讲话稿。

综合分析年度流域来水、宁蒙河段过流能力等情况，黄委会推荐 2010—2011 年度采用 $550 m^3/s$ 封河流量方案。由此根据宁蒙河段封开河情况、实时水情和气温变化对泄流能力的影响对方案进行适当调整，得 2010—2011 年度凌汛期刘家峡水库各月、旬详细控泄流量拟采用值见表 9-13。

表 9 – 13　　　　　　　　2010—2011 年度凌汛期刘家峡水库控泄计划表　　　　　　单位：m³/s

旬月	11 月	12 月	1 月	2 月	3 月
上旬	1050	500	460	430	300
中旬	680	480	460	400	350
下旬	500	500	460	300	800
月平均	740	490	460	380	480

注　资料来自黄委会"2010—2011 年度黄河防凌工作会议"讲话稿。

（2）利用优化模型建立防凌预案。实际上，截至 2010 年 11 月下旬，刘家峡水库水位已蓄至 1720m 左右。为此，控制 2010—2011 年封河初期刘家峡水位为 1720m，龙羊峡水位为 2585m，拟定刘家峡水库封河流量为 500m³/s、550m³/s、600m³/s 三种方案（记为方案一、方案二、方案三），结合流域来水预报、下游河道过流能力及多年封开河运行经验，利用上述建立的梯级最小时段负荷最大化模型对各种方案进行调节计算。经计算知，上述三种方案下，青海电网龙积梯级电站凌汛期发电量分别 113.90 亿 kW·h、119.73 亿 kW·h 和 125.54 亿 kW·h，且不同方案下龙刘两库运行过程见表 9 – 14。

表 9 – 14　　　　　　2010—2011 年度不同封河流量下龙刘两库优化运行结果表

方案	电站	月份	初水位 /m	末水位 /m	入库流量 /(m³/s)	出库流量 /(m³/s)	发电量 /(亿 kW·h)
方案一	龙羊峡	11	2585.00	2584.40	378	450	3.50
		12	2584.40	2582.20	198	480	3.70
		1	2582.20	2579.20	140	525	3.96
		2	2579.20	2575.90	136	535	3.93
		3	2575.90	2572.20	195	630	4.50
	刘家峡	11	1724.10	1719.20	550	750	4.20
		12	1719.20	1720.50	550	500	2.75
		1	1720.50	1724.30	605	450	2.45
		2	1724.30	1728.90	615	400	2.36
		3	1728.90	1735.00	720	420	2.58
方案二	龙羊峡	11	2585.00	2584.40	378	450	3.50
		12	2584.40	2581.80	198	530	4.08
		1	2581.80	2578.30	140	575	4.32
		2	2578.30	2574.60	136	585	4.27
		3	2574.60	2570.90	195	630	4.45
	刘家峡	11	1724.10	1719.20	550	750	4.20
		12	1719.20	1720.50	600	550	3.02
		1	1720.50	1724.30	655	500	2.72
		2	1724.30	1728.90	665	450	2.65
		3	1728.90	1735.00	720	480	2.58

方案	电站	月份	初水位 /m	末水位 /m	入库流量 /(m³/s)	出库流量 /(m³/s)	发电量 /(亿 kW·h)
方案三	龙羊峡	11	2585.00	2584.40	378	450	3.50
		12	2584.40	2581.40	198	580	4.45
		1	2581.40	2577.50	140	625	4.67
		2	2577.50	2573.30	136	635	4.59
		3	2573.30	2569.50	195	630	4.40
	刘家峡	11	1724.10	1719.20	550	750	4.20
		12	1719.20	1720.50	650	600	3.29
		1	1720.50	1724.30	705	550	2.99
		2	1724.30	1728.90	715	500	2.95
		3	1728.90	1735.00	720	530	2.58

注　方案一、方案二、方案三表示 2010—2011 年度刘家峡水库封河流量分别取 500m³/s、550m³/s 和 600m³/s 三种方案。

黄河防办自 1989 年开始凌汛期全河水量调度以来，刘家峡水库凌汛期多年平均泄水量为 65.98 亿 m³/s，且 11 月至翌年 3 月各月平均下泄流量分别为 737m³/s、496m³/s、451m³/s、407m³/s 和 434m³/s。为此，综合分析 2010—2011 年度流域来水、下游宁蒙河段过流能力及河道堤防建设现状等情况，推荐 2010—2011 年采用刘家峡水库封河流量为 550m³/s 控泄方案（方案二），且提出刘家峡水库 2010 年 11 月至 2011 年 3 月逐月平均下泄流量分别为 750m³/s、550m³/s、500m³/s、450m³/s 和 480m³/s。由此，根据历年封开河情况、实时水情和气温变化对河道过流能力的影响，经调整得刘家峡水库 2010—2011 年凌汛期各月、旬推荐泄流计划见表 9-15。

表 9-15　　　　　　2010—2011 年刘家峡水库凌汛期推荐泄流计划表　　　　单位：m³/s

名称	11 月	12 月	1 月	2 月	3 月
上旬	1035	550	500	480	320
中旬	670	540	500	460	350
下旬	550	540	500	400	770
计算推荐值	750	550	500	450	480
黄委会防凌预案值	740	490	460	380	480

（3）方案比较与分析。上述黄委会推荐的 2010—2011 年度兰州断面控制封河流量为 550m³/s 方案下，刘家峡水库凌汛期来水量约 76.78 亿 m³。若将上述水量平均分摊至凌汛期各月，且假设龙羊峡水位期初水位为 2585m，则由水量平衡计算知凌汛期龙羊峡水库发电量为 21.12 亿 kW·h，其余电站（拉、尼、李、直、康、公、苏、积）发电量为 94.25 亿 kW·h，梯级发电量为 115.37 亿 kW·h。将该方案与本研究优化计算所得刘家峡水库控制封河流量 550m³/s 方案相比较，可知：

1）增加黄河上游梯级电站凌汛期发电量的关键是增加刘家峡水库预留防凌库容或者

增加龙刘两库控泄流量，经计算知：上游龙羊峡水库凌汛期出库流量增加 $1m^3/s$，则梯级发电量将增加约 0.20 亿 $kW \cdot h$；刘家峡水库期初水位降低 1m，对应防凌库容将增加约 1 亿 m^3/s，从而梯级发电量可增加约 1.56 亿 $kW \cdot h$。

2）在刘家峡水库封河流量控制 $500m^3/s$ 和 $550m^3/s$ 两种方案下，梯级发电量分别为 113.90 亿 $kW \cdot h$ 和 119.73 亿 $kW \cdot h$，这与 2009—2010 年凌汛期梯级电站发电量 113.00 亿 $kW \cdot h$ 相比，刘家峡封河流量增加 $50m^3/s$，梯级发电量将增加 6.73 亿 $kW \cdot h$，增幅为 6%。

3）与刘家峡水库封河流量控制 $500m^3/s$ 方案相比，封河流量增加 $50m^3/s$，梯级发电量将增加 5.83 亿 $kW \cdot h$，增幅为 5%。

9.3　方案比较与推荐

为进一步挖掘龙刘两库凌汛期联合调度的径流及电力补偿潜力、寻求在满足下游宁蒙河段冬季防凌安全的前提下提高青海电网发电能力的可行方案，本书以 1991—2002 年龙刘两库实际运行资料和建立优化调度模型两种方法，拟定凌汛封河期刘家峡水库控泄流量增加 $50m^3/s$ 和 $100m^3/s$ 两种方案，通过对比分析，总结得不同方法及方案下调节计算呈现如下特点：

（1）不同典型年，龙刘区间来水量差异较大，但由于受多年调节水库龙羊峡的调蓄及凌汛不同分期龙刘两库水量控泄作用的制约，封河期刘家峡水库控泄流量提高相同幅度所带来的梯级电站电量增发效益相差不大。

（2）将封河期刘家峡水库控泄流量提高 $50m^3/s$ 时，两种方法算得龙积梯级电站凌汛期多年平均发电量可增加值分别为 5.16 亿 $kW \cdot h$ 和 6.04 亿 $kW \cdot h$；将封河期刘家峡水库控泄流量提高 $100m^3/s$ 时，两种方法算得龙积梯级电站凌汛期多年平均发电量可增加值分别为 10.29 亿 $kW \cdot h$ 和 11.99 亿 $kW \cdot h$。可见，采用优化模型方法计算时，青海电网凌汛期发电量增幅较明显，体现了所建优化调度模型的可行性和合理性。

（3）通过对现状年 2010—2011 年龙刘梯级调节计算知，采取刘家峡水库封河流量 $550m^3/s$ 方案，比封河流量 $500m^3/s$ 方案梯级发电量可增加 5.83 亿 $kW \cdot h$，比 2009—2010 年凌汛期梯级发电量增加约 6.73 亿 $kW \cdot h$。

由上，综合梯级来水径流规律，对提高黄河上游梯级电站凌汛期发电能力提出建议如下：

（1）不同典型年，龙刘梯级区间来水量差异较大，但将封河期刘家峡水库控泄流量提高相同幅度所带来的梯级电站电量增发效益相差不大。可见，封河期提高刘家峡水库控泄流量的方案选择与流域来水的丰枯变化情况关联不大。

（2）凌汛期龙刘梯级电站联合调度防凌目标优于发电目标，故建议采用保守方法，考虑将封河期刘家峡水库控泄流量增加 $50m^3/s$。由此，根据梯级电站实际运行效果，综合考虑增加封河期刘家峡水库控泄流量带来的下游河段防凌风险及电网电量增发效益，论证并分析进一步增加刘家峡水库控泄流量的可行性和合理性。

9.4 本章小结

青海省地处我国黄河流域上游，省内黄河上游河段是我国水电资源的富矿带，预计至 2030 年，青海黄河上游河段规划建设水电站 23 座，总装机容量达 1953 万 kW。多年调节水库龙羊峡作为黄河上游龙头水库，对下游梯级电站有着较大的径流及电力补偿作用。但由于受下游宁蒙河段冬季防凌需求，龙羊峡水库凌汛期出库流量受到限制，对青海梯级电站发电效益的发挥产生了不利的影响，随着社会经济的发展，这使得青海省"夏季电量富余、冬季电量短缺"的时段性电力供需矛盾日益严重。可见，进一步发挥黄河上游发电效益、缓解青海省冬季缺电矛盾的关键是在满足凌汛期龙刘两库调度规则的基础上，增加龙刘区间梯级电站来水量。经初步研究，取得成果如下：

（1）通过对 1991—2002 年刘家峡水库实际预留防凌库容及调度结果分析知，部分年份刘家峡水库未能充分利用实际预留防凌库容，使刘家峡电站对上游梯级电站发电用水的反调节作用未能充分发挥，由此限制了龙羊峡水库对龙刘区间梯级电站的径流补偿作用；

（2）当以 1991—2002 年龙羊峡、刘家峡梯级电站实际运行结果为基础，拟定将封河期刘家峡控水库下泄流量增加 $50\text{m}^3/\text{s}$ 和 $100\text{m}^3/\text{s}$ 两种方案时，计算得龙—积梯级电站凌汛期发电量多年平均增加值分别为 5.16 亿 kW·h 和 10.29 亿 kW·h，增幅分别为 5.77% 和 11.51%；

（3）建立优化调度模型，以梯级时段最小出力最大化为目标，通过对不同典型年梯级径流资料调节计算知，在封河期刘家峡水库控泄流量增加 $50\text{m}^3/\text{s}$ 和 $100\text{m}^3/\text{s}$ 两种方案下，青海电网所属梯级电站凌汛期发电量分别可增加约 6.04 亿 kW·h 和 11.99 亿 kW·h，增幅分别为 5.79% 和 11.50%；

（4）通过对现状年 2010—2011 年龙刘梯级电站优化计算知，采取刘家峡水库封河流量 $550\text{m}^3/\text{s}$ 方案，比封河流量 $500\text{m}^3/\text{s}$ 方案梯级发电量可增加 5.83 亿 kW·h，比 2009—2010 年凌汛期梯级发电量增加约 6.73 亿 kW·h，有效缓解了青海省冬季缺电局面；

（5）可见，通过上述以龙刘梯级实际运行过程及优化调度方法两种途径分析知，增加封河期刘家峡水库控泄流量，可进一步发挥凌汛期龙羊峡水库对龙刘梯级电站的径流及电力补偿作用，对当前青海省冬季约缺电状况（约 12 亿 kW·h）均有不同程度的缓解。

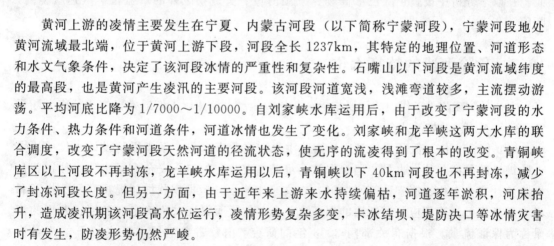

10

宁蒙河段危险河段防凌能力分析

　　黄河上游的凌情主要发生在宁夏、内蒙古河段（以下简称宁蒙河段），宁蒙河段地处黄河流域最北端，位于黄河上游下段，河段全长 1237km，其特定的地理位置、河道形态和水文气象条件，决定了该河段冰情的严重性和复杂性。石嘴山以下河段是黄河流域纬度的最高段，也是黄河产生凌汛的主要河段。该河段河道宽浅，浅滩弯道较多，主流摆动游荡。平均河底比降为 1/7000～1/10000。自刘家峡水库运用后，由于改变了宁蒙河段的水力条件、热力条件和河道条件，河道冰情也发生了变化。刘家峡和龙羊峡这两大水库的联合调度，改变了宁蒙河段天然河道的径流状态，使无序的流凌得到了根本的改变。青铜峡库区以上河段不再封冻，龙羊峡水库运用以后，青铜峡以下 40km 河段也不再封冻，减少了封冻河段长度。但另一方面，由于近年来上游来水持续偏枯，河道逐年淤积，河床抬升，造成凌汛期该河段高水位运行，凌情形势复杂多变，卡冰结坝、堤防决口等冰情灾害时有发生，防凌形势仍然严峻。

　　刘家峡水库凌汛期由黄河防总统一进行防凌水量调度后，在防凌运用上取得了明显效果，但带来一些新问题。总的来讲，刘家峡水库运用以后，宁夏上游河段冰情减轻，内蒙古河段开河期冰坝减少，但内蒙古河段冰情由原来主要在开河期易产生凌灾转为封、开河期都易产生凌灾，尽管开河期凌汛灾害几率有所减小，但封河期冰塞灾害有加剧趋势。

　　防凌中出现问题的原因：

　　（1）宁夏灌区引退水引起的流量波动较大，易造成封河期冰塞灾害。

　　（2）三湖河口封河水位过低导致封冻期内蒙古河段冰下过流能力降低，易造成冰塞灾害。

（3）稳封、开河期刘家峡控制出流，加剧了青海省冬季用电缺口，对青海省社会稳定与发展、人民生活水平提高产生了不利影响。因此，需对宁蒙河段频繁发生凌灾的危险河段过流能力进行分析，优化刘家峡控泄方案，达到上游水库防凌与发电双赢的目的。

10.1 危险河段的确定

危险河段确定原则为：

（1）历史年份上频繁发生凌灾的河段。

（2）河道形态易于导致凌灾的河段。

（3）存在其他致灾因素（如气候、热力、人类活动等）的河段。

由以上原则综合比对，本书中以下所述的危险河段均指黄河内蒙古段巴彦高勒断面至头道拐断面的整个河段。此河段河道形态多变，河底比降较小，其中三湖河口断面附近河段为整个河段纬度最高、封河最早、开河最晚河段，河段中包含的乌达、三盛公、五原、乌拉特前旗、达旗等河段是历史上经常发生凌灾或出现凌灾隐患的河段。石嘴山断面为其上游控制边界，头道拐断面为其下游控制端面。进入 20 世纪 90 年代以来，危险河段上发生的冰坝事件多数集中在昭君坟—头道拐区间的鄂尔多斯达拉特旗段，因此，在以下分析中设置了除巴彦高勒、三湖河口、头道拐之外的章盖营子（达旗境内）断面。

10.2 危险河段的特征水位

水位是防凌防汛工作中的重要指标，相比较流量、流速，人们通常依据水位来判断汛情危急与否。涉及如下几个水位：

（1）保证水位。保证水位又称最高防洪水位或危害水位，系指堤防设计水位或历史上防御过的最高水位，也是中国根据江河堤防情况规定的防汛安全上限水位，往往就是堤防设计安全水位。饶素秋等（2006）在文献中指出，依据现状堤防堤顶高程、堤宽和堤防超高值可计算相应河道断面的保证水位，由各断面保证水位确定的各河道断面的流量称为保证流量。根据有关部门 2003 年的研究，内蒙古各河段保证水位下的流量为 $2100\sim2400\text{m}^3/\text{s}$。

将保证流量 $2400\text{m}^3/\text{s}$ 代入到各控制断面的高水位防汛曲线中得出各控制断面的保证水位。

（2）防凌临界水位。临界水位是指河道中的水位上升到一定高度后对堤防构成严重险情甚至决口威胁的水位值，是水位上升的最高值，也是堤防发生溃堤的最大临界值。据统计，在石嘴山—头道拐这一控制断面上，最高水位距堤顶 $0\sim1.6\text{m}$ 的范围内易发生溃堤决口，考虑现状堤防情况和时间段的影响，并优先考虑最近 10 年的决堤溃坝情况，经过多种加权平均计算后，得出黄河宁蒙段发生决堤的水位一般低于堤顶 $0.85\sim1\text{m}$，然而石嘴山—头道拐一线为特大危险断面，出于安全考虑将各个断面处的堤顶高程减去 1.6m 作为断面的防凌临界水位。

（3）封河水位。封河水位是指进入封冻期气温逐日下降，河流流速变缓，当河的表面被冰覆盖时的河水水位。封河水位的高低直接影响整个封冻期冰下的过流能力，低水位封河会使整个封冻期冰下过水能力降低，遇上游来水不稳定时容易形成冰塞，乃至冰坝；高水位封河则会使开河期控制凌灾的空间减少，一旦出现卡冰结坝，极易在短时间内造成水位超出设计水位，漫滩泛滥。根据统计近10年的封冻期水位资料，可得出各断面的平均封河水位。

（4）开河水位。开河水位是指气温回升冰面开始融化时的水位，开河水位的高低亦牵制上游来水量的多少，高水位开河遇到下游发生凌情时，上游控制水量的空间小，下游发生溢坝、溃堤的压力升高。根据统计近10年的封冻期水位资料，可得出各断面的开河最高水位。

危险河段各控制断面各特征水位见表10-1（章盖营子控制断面上的各特征水位按照距离比例在上下断面间进行了线性内插估算）。由静态水位统计结果来看，多年平均的封、开河最高水位均低于或接近保证水位，说明目前的防凌控泄方案从水位、水量关系上来说，无论封河期、稳封期还是开河期，如果没有由突发因素引起冰塞、冰坝、冰桥等阻碍河水过流进程的事件发生，现状流量下的封开河运行都是绝对安全的，且在水位的调升上留有相当大的空间。

表 10-1　　　　　　　危险河段各控制断面上的特征水位

断面名称	石嘴山	巴彦高勒	三湖河口	章盖营子	头道拐
① 保证水位/m	1088.91	1054.25	1020.65	1004.74	988.83
② 防凌临界水位/m	1091.76	1056.48	1021.91	1006.68	991.45
③ 平均封河水位/m	1087.24	1052.38	1018.47	1001.72	986.75
④ 封河期允许抬高水位/m（②-③）	4.52	3.49	3.44	4.96	4.70
⑤ 封河水位与保证水位差/m（①-③）	1.67	1.87	2.18	3.02	2.08
⑥ 平均开河水位/m	1087.53	1050.99	1018.98	1002.76	987.86
⑦ 开河期允许抬高水位/m（②-⑥）	4.23	5.49	2.93	3.92	3.59
⑧ 开河水位与保证水位差/m（①-⑥）	1.38	3.26	1.67	1.98	0.97
⑥ 冰厚/cm	43	71	68	66	64

10.3　危险河段防凌过流能力估算与分析

河道的过流能力主要依赖于河道槽蓄水增量的大小，在堤防符合防洪标准的前提下，如果某一时段的槽蓄水增量不超出临界槽蓄水增量、滞留时间不超出堤防极限承载力，此河道是安全的。因此，计算各特征水位下各个控制断面区间的槽蓄水增量值，通过对比就能够得知不同控制断面区间的现状槽蓄水增量和可以有效利用的河槽蓄水空间，有利于直观地了解各控制断面区间的容水能力，也有利于在安全的范围内调度上游来水。

10.3.1 估算方法

断面间的槽蓄量采用上下过水断面面积关系法进行计算，采用公式如下：

$$W = \frac{A_i + A_{i+1} + \sqrt{A_i A_{i+1}}}{3} \times \Delta L_i \tag{10.1}$$

式中：A_i 为上游断面的过水面积；A_{i+1} 为下游断面的过水面积；ΔL_i 为上、下断面间的距离。

过水断面面积 A 以实测各控制断面的大断面图为依据，利用数学积分法求得。由于没有多年径流实测资料和大断面资料，本研究通过模拟河道形态和平差的方法确定了章盖营子断面的实际面积。

计算面积时使用不同的特征水位即可得到不同水位下断面间的槽蓄水增量值，分别称其为保证槽蓄水增量、防凌临界槽蓄水增量、平均封河水位下的封河槽蓄水增量、封冻期最高水位下的冻期最高槽蓄水增量、开河槽蓄水增量等，表 10-2 为计算所得的危险河段各控制断面的特征槽蓄水增量值。

表 10-2　　　　　**危险河段各控制断面间的特征槽蓄水增量值**　　　　　单位：亿 m³

名　称	石嘴山—巴彦高勒	巴彦高勒—三湖河口	三湖河口—章盖营子	章盖营子—头道拐	河段总计
① 保证槽蓄水增量	2.62	4.58	2.28	1.64	11.12
② 临界槽蓄水增量	3.5	6.17	5.14	4.6	19.41
③ 封河槽蓄水增量	1.81	2.25	1.98	1.67	7.71
④ 封河容许槽蓄增量（②—③）	1.69	3.92	3.16	2.93	11.7

由表 10-2 分析可知：

（1）整个宁蒙河段总的临界槽蓄水增量为 19.41 亿 m³，而多年平均封河槽蓄水增量仅为 7.71 亿 m³，还有 60% 的空间容纳上游来水。

（2）宁蒙河段发生凌灾并不是因为上游来水过多拥堵河道而造成的，相反，为了防凌需要而降低的控泄流量为宁蒙河段避免凌灾提供了足够的空间。

10.3.2　不同水位情景下的危险河段过流能力分析

按照刘家峡水库运用以后内蒙古河段的来水特点、凌汛情况，以本章计算所得的防凌临界水位下危险河段极限蓄水能力为上限条件，分析和计算不同封冻和开河水位下上游兰州断面的容许的下泄流量。

本书第 5 章中的分析成果表明宁蒙河段封河槽蓄水增量与断面流量呈现出较好的相关关系，通过拟合两者关系曲线得到：

$$W_{槽} = 0.0251 Q_{兰} - 3.9746，相关系数 R = 0.88 \tag{10.2}$$

利用式（10.2）在已知槽蓄水增量后可反推兰州站流量。

10.3.2.1　封河期

现状如下：

平均初封河时间：12月初；

初封断面：三湖河口；

多年平均封河水位：见表6-1；

宁夏冬灌退水开始时间：11月22—24日；

总退水量：3.26亿～4.6亿 m³/s，11月退水约占85%；

刘家峡12月平均下泄流量：490m³/s。

情景假设：各控制断面封河水位分别抬高0.5m、1m、1.5m、1.8m（因抬高至1.8m后，三湖河口断面水位已接近封河期历史最高水位的1020.74m，因此不再继续做抬高假定）。

如表10-2所示，以目前最高封河水位下计算出的整个河段的槽蓄水增量与临界槽蓄水增量相比是绝对安全的。为了提高封冻期冰下过流能力，假设将现状平均封河水位沿河段分别提高0.5m、1m、1.5m和1.8m，计算提高水位后的整个河段槽蓄水增量状况及其所对应的上游兰州断面的控泄流量。

表10-3　　封冻水位抬高0.5m后对应的宁蒙河段槽蓄水增量与上游断面流量

站点	抬高0.5m后的封河水位/m	河段总槽蓄水增量/亿 m³	反演兰州断面流量为/(m³/s)
石嘴山	1087.74		
巴彦高勒	1052.88		
三湖河口	1018.97	8.16	476
章盖营子	1002.22		
头道拐	987.25		

表10-4　　封冻水位抬高1m后对应的宁蒙河段槽蓄水增量与上游断面流量

站　点	抬高1m后的封河水位/m	河段总槽蓄水增量/亿 m³	反演兰州断面流量为/(m³/s)
石嘴山	1088.24		
巴彦高勒	1053.38		
三湖河口	1019.47	8.79	509
章盖营子	1002.72		
头道拐	987.75		

表10-5　　封冻水位抬高1.5m后对应的宁蒙河段槽蓄水增量与上游断面流量

站　点	抬高1.5m后的封河水位/m	河段总槽蓄水增量/亿 m³	反演兰州断面流量为/(m³/s)
石嘴山	1088.74		
巴彦高勒	1053.88		
三湖河口	1019.97	10.86	591
章盖营子	1003.22		
头道拐	988.25		

表 10-6   封冻水位抬高 1.8m 后对应的宁蒙河段槽蓄水增量与上游断面流量

站　点	抬高 1.8m 后的封河水位/m	河段总槽蓄水增量/亿 m³	反演兰州断面流量为/(m³/s)
石嘴山	1089.04		
巴彦高勒	1054.18		
三湖河口	1020.27	12.27	647
章盖营子	1003.52		
头道拐	988.55		

表 10-7   封冻期防凌临界水位下宁蒙河段槽蓄水增量与上游断面流量

站　点	抬高 1.8m 后的封河水位/m	河段总槽蓄水增量/亿 m³	反演兰州断面流量为/(m³/s)
石嘴山	1091.76		
巴彦高勒	1056.48		
三湖河口	1021.21	19.41	932
章盖营子	1006.68		
头道拐	991.45		

由表 10-3～表 10-7 可知:

(1) 各子河段分别提高 0.5m、1.0m、1.5m 后整个危险河段的槽蓄水增量均未超出保证槽蓄水增量。

(2) 提高 1.8m 后危险河段槽蓄水增量超出保证槽蓄水增量 9%,但与临界槽蓄水增量相比仍留有较大空间,意味着上游刘家峡水库可以适当加大下泄流量。将计算所得的槽蓄水增量代入式 (8.2),得出当水位抬高 1.8m 后兰州断面流量将达到 647m³/s。

(3) 加大上游断面控泄流量的同时必须注意以下情况的调控:由于封冻前宁夏冬灌退水汇入石嘴山上游河段的峰值大、历时短,如果在冬灌退水高峰出现以前就开始提升水位,则叠加在石嘴山—巴彦高勒的槽蓄水增量将严重威胁到河道的安全。在宁夏冬灌停水前 7～8 天,即 11 月 12—13 日压减刘家峡水库下泄流量,使灌区退水与河道来水平稳衔接后,兰州断面流量提升到 647m³/s 后,气温起伏不大时,对初封期河道构不成威胁。

现状条件下宁蒙河段封冻期兰州断面的极限流量为 932m³/s。

10.3.2.2　稳封期

控制河道流量不超过封河期的流量,且避免流量忽大忽小。稳封期间控泄流量与上游来水过程有关,应该根据上游来水情况,在控制流量不超过封河期流量的同时,以满足开河期的蓄水要求。

10.3.2.3　开河期

现状如下:

平均初开河时间:3 月初;

初开断面:石嘴山;

多年平均开河水位:见表 10-1;

刘家峡 3 月上中旬平均下泄流量:300m³/s。

情景假设:各控制断面开河水位均抬高 0.5m(因头道拐断面开河水位与保证水位之

差仅为 0.97m)。

如表 10-1 所示,当平均开河水位计算出的整个河段的槽蓄水量与临界槽蓄水量相比是绝对安全的。但是开河期如遇气温不稳定情势时极易造成冰凌灾害,因此本研究在推荐沿用历年开河期刘家峡下泄流量方案的前提下,假设宁蒙河段为平稳开河的理想状态,现状条件下,反演至兰州断面流量为 350m³/s,将现状平均开河水位沿河段均提高 0.5m,考虑冰厚,计算提高水位后的整个河段槽蓄水量状况和兰州断面的对应流量,结果见表 10-8。

表 10-8 开河水位抬高 0.5m 后对应的宁蒙河段槽蓄水增量与上游断面流量

名 称	抬高 0.5m 后的开河水位/m	河段总槽蓄水量/亿 m³	反演兰州断面流量/(m³/s)
石嘴山	1088.03		
巴彦高勒	1051.49		
三湖河口	1019.48	8.21	445
章盖营子	1003.26		
头道拐	988.36		

由表 10-1 可知:

(1)假设水位下全河段槽蓄水量基本上在保证槽蓄水量范围内,而且与临界槽蓄水量相比有较大空间,在平稳开河的状况下,上游刘家峡水库也可以适当加大下泄流量。考虑冰厚的条件下,兰州过境流量达到 445m³/s、刘家峡出库流量为 395m³/s 时,将使下游各控制断面水位抬高 0.5m。

(2)开河期受气温不稳定性等因素的影响较大,不易控制凌情,建议在 3 月上、中旬开河期间刘家峡仍保持现状控泄方案,即出库流量控制为 300m³/s 较为适宜。

10.3.2.4 算法精度检验

为了验证采用式(8.2)计算成果的可信度,使用实测封河槽蓄水增量预测了相应的兰州断面的封河流量,然后用同时段实测到的兰州断面流量做比较,结果见表 10-9。封河时段的预测较为准确,误差平均为 8.7%。

表 10-9 本次算法精度检验表

年 份	实测封河槽蓄量 /亿 m³	预测兰州流量 /(m³/s)	实测兰州流量 /(m³/s)	误差 /%
2001—2002	6.61	422	527	11
2002—2003	8.83	510	478	7
2003—2004	6.27	408	443	8

10.4 影响危险河段凌汛主要人为因素的趋势分析

10.4.1 堤防对凌情的影响分析

有利之处:防治凌洪灾害的重要保障。

不利之处:下游堤防不达标,增加了上游水库的调蓄压力。

从目前收集到的堤防资料来看,黄河内蒙古段堤防大部分是在 1998 年以前开始修筑,虽然大部分河段布置了堤防,但是存在以下显著问题:

(1)防洪标准偏低,现状堤防普遍达不到 50 年一遇标准。由于防御标准低,险工险段多,20 世纪 90 年代以来,大堤决口时有增加,灾害损失也随着经济的发展逐年递增。

(2)堤防质量不高,有相当部分的河段为历史上当地农民自发修建的土堤,即民堤,基本上由沙质土筑成,存在堤线布置不合理,堤身单薄,顶宽狭窄,边坡不足的问题。部分堤段甚至以废旧干渠渠背为堤,透水性大,坝面残缺不全,纵横裂缝较多,鼠洞随处可见,堤防抗冲、抗渗能力都不能满足要求。由于堤防基础薄弱,筑堤土质差,堤基透水性大,每年堤防都要发生渗漏、管涌、流土滑坡等。

黄河内蒙段河道堤防标准低,泥沙淤积使河道防御能力逐渐减弱,造成部分河段水位屡创历史新高,难以抵挡超标准洪水,是导致堤防发生严重险情的根本原因。

近年来,随着国家和当地政府投资力度的加大,堤防除险加固的步伐在加快。黄河宁蒙段近期和未来规划的防洪工程建设中针对堤防工程的项目有:干流堤防加高培厚、断堤修复和新建堤防、支流干沟回水段堤防、穿堤建筑物和合并改建及堤顶铺碎石、堤防植树、堤坡防护等附属工程。表 10-10~表 10-12 分别显示了堤防加高工程、断堤修复及堤防新建工程的安排。黄河宁蒙河段长滩至蒲滩拐,规划新建加高堤防 688km;新建续建险工 19 处;对穿堤构筑物进行合并改建;同时对山洪沟道入黄河口进行治理。

堤防长度的增加和质量的提高可直接提高黄河内蒙古危险河段的凌汛水位高,并可延长槽蓄水增量停留的时间,降低发生凌灾的风险。

表 10-10　　黄河宁蒙河段堤防加高及新建安排分布情况表

岸别	河段	堤防加高培厚安排		断堤修复及堤防新建安排		备注
		起止桩号	长度/km	起止桩号	长度/km	
左岸	下河沿—青铜峡	0+000~1+500	1.5			
		73+500~78+500	5			
		80+500~85+000	4.5			
	小计		11			
	青铜峡—仁存渡	0+000~1+500	1.5			
		25+500~36+500	11			
	小计		12.5			
	仁存渡—头道墩	44+000~46+000	2			
		56+500~58+500	2			
		62+500~66+500	4			
		69+500~102+500	33			
		106+500~109+500	3			
		111+500~116+242	4.742			
	小计		48.742			

续表

岸别	河段	堤防加高培厚安排		断堤修复及堤防新建安排		备注
		起止桩号	长度/km	起止桩号	长度/km	
左岸	头道墩—石嘴山	116+242～118+500	2.258			
		120+500～127+500	7			
		139+500～154+500	16			
		157+500～159+000	1.5			
		162+500～164+500	2			
		166+500～168+500	2			
		182+000～186+000	4			
	小计		34.758			
	三盛公—三湖河口	0+000～52+436	52.436			
		52+541～62+000	9.459			
		77+000～80+000	3			
		86+000～143+378	57.378			
		143+460～153+000	9.54			
		160+300～161+500	1.2			
		162+500～165+000	2.5			
		183+000～199+000	16			
		208+518～214+600	6.082			
	小计		157.595			
	三湖河口—昭君坟	214+600～241+200	26.6			
		244+200～274+300	30.1			
		277+000～307+250	30.25			
	小计		86.95			
	昭君坟—蒲滩拐	307+250～311+937	4.687			
		313+093～317+582	4.489	317+582～317+841	0.259	断堤修复
		317+841～319+858	2.017	319+858～320+219	0.361	断堤修复
		320+219～323+217	2.998			
		323+679～325+169	1.49			
		329+850～332+480	2.63	326+680～327+423	0.743	新建
		332+598～337+634	5.036	337+634～338+634	1	新建
		339+664～354+000	14.336	338+834～339+664	0.83	新建
		388+600～423+000	34.4			
		432+400～443+300	10.9			
		449+800～455+000	5.2			
	小计		88.183		3.193	
	左岸合计		439.728		3.193	

表 10-11 　　　　黄河宁蒙河段堤防加高及新建安排段落分布情况表

岸别	河段	堤防加高培厚安排		断堤修复及堤防新建安排		备注
		起止桩号	长度/km	起止桩号	长度/km	
右岸	下河沿—青铜峡	45+500～47+500	2			
		49+500～50+500	1			
	小计		3			
	青铜峡—仁存渡	24+500～30+500	6			
	仁存渡—头道墩	58+500～60+500	2			
		61+500～63+500	2			
	小计		4			
	乌达桥—三盛公	王元地	7.41			
	三盛公—三湖河口	0+000～2+210	2.21			
		19+415～34+000	14.585			
		40+400～46+050	5.65			
		52+623～58+500	5.877			
		61+500～65+000	3.5			
		85+045～92+500	7.455			
		101+148～103+548	2.4			
		104+148～109+000	4.852			
		111+500～131+500	20			
		132+400～136+132	3.732			
		136+480～139+500	3.02			
		148+500～151+583	3.083			
		151+948～155+786	3.838			
		161+500～164+708	3.208			
		186+250～190+500	4.25			
		193+500～197+800	4.3			
	小计		91.96			
	三湖河口—昭君坟	201+600～215+594	13.994			
		229+530～231+250	1.72	232+600～233+800	1.2	新建
		238+600～250+009	11.409			
		251+351～275+444	24.093			
		276+528～278+300	1.772			
		283+300～284+500	1.2			
		299+500～304+122	4.622			
	小计		58.81		1.2	

续表

岸别	河段	堤防加高培厚安排		断堤修复及堤防新建安排		备注
		起止桩号	长度/km	起止桩号	长度/km	
右岸	昭君坟—蒲滩拐	309+408～324+182	14.774	306+832～309+408	2.576	新建
		324+711～364+860	40.149			
		365+745～376+795	11.05	376+795～378+600	1.805	新建
		379+600～382+670	3.07	406+870～413+105	6.235	新建
		416+244～421+670	5.426	413+413～416+244	2.831	新建
		455+770～467+029	11.259	436+170～440+876	4.706	新建
	小计		85.728		18.153	
	右岸合计		256.908		19.353	
两岸总计			696.636		22.546	

表 10 - 12　　　　　　　险工工程近期安排表

河段	岸别	工程名称	新建工程长度/m		坝、垛数/道	续建工程长度/m		坝、垛数/道
			总长度	其中：护岸		总长度	其中：护岸	
下河沿—仁存渡	左岸	新墩				980		11
		黄庄				800		8
		童庄				900		9
	左岸小计	3				2680		28
	右岸	枣林湾				800		8
		倪滩				1200		12
		细腰子拜				100		1
		蔡家河口（河管所）				360		6
		古城				820		9
		华三				560		6
	右岸小计	6				3840		42
	河段小计	9				6520		70
头道墩—石嘴山	右岸	下八顷				600		6
		六顷地				1500		15
		东来点				1100		11
		黄土梁				2200	740	15
		北崖				1400		14
	右岸小计	5				6800	740	61
乌达公路桥—三盛公	左岸	旧磴口				500		5
	左岸小计	1				500		5

215

河段	岸别	工程名称	新建工程长度/m		坝、垛数/道	续建工程长度/m		坝、垛数/道
			总长度	其中：护岸		总长度	其中：护岸	
三盛公—三湖河口	左岸	西河头				800		8
		谢拉五	800		8			
		杨盖补隆				1300		13
		南吴祥	800		8			
		三湖河口				400		4
	左岸小计	5	1600		16	2500		25
	右岸	毛匠圪旦				600		6
		奎素				500		5
	右岸小计	2				1100		11
	河段小计	7	1600		16	3600		36
三湖河口—昭君坟	左岸	打不素				420		5
		三岔口				500		5
	左岸小计	2				920		10
	右岸	贡格尔				1000		10
		张四圪堵				800		8
	右岸小计	2				1800		18
	河段小计	4				2720		28
昭君坟—蒲滩拐	左岸	三艮才（新河）				500		5
		官地				520		6
		周四和营	600		6			
	左岸小计	3	600		6	1020		11
	右岸	邬二圪梁				600		6
		巨河滩	500	500				
	右岸小计	2	500	500		600		6
	河段小计	5	1100	500	6	1620		17
合计		31	2700	500	22	21760	740	217

10.4.2　上游水库调节对凌情影响分析

有利之处：调控流量、预防凌灾。

不利之处：防凌与发电形成矛盾，影响上游地区冬季电量供应。

在建的海勃湾水库位于内蒙古河段的首部，是国家西部大开发和自治区"十一五"水利发展规划的重点建设项目，也是黄河内蒙古段唯一一座调节控制性水利枢纽。海勃湾水库距内蒙古首封河段三湖河口昭君坟河段仅 309～435km，依据短期（5d 以内）气象预报，配合上游水库凌期的调度，可精准化调控下泄流量，使封、开河期进入内蒙古河段的流量适度、均匀、平稳，从而缓解凌情，减免凌灾。通过海勃湾水库就近、适时、细致地调度更加有利于内蒙河段凌汛期流量的控制，为防凌减灾创造极为有利的条件。

海勃湾水库建成后将配合上游龙羊峡、刘家峡水库的防凌调度，与下游三盛公水利枢纽工程共同构成完善的防凌工程体系，提高黄河内蒙古河段防洪标准，为平稳封河、开河创造良好条件，减轻宁蒙河段防凌负担。

拟开发的黑山峡河段距宁蒙河段近、库容大，且位于黄河上游梯级工程的尾部，防凌运用与梯级发电、供水的矛盾小，在运用时更加灵活自如。黑山峡河段开发后，宁夏河段将成为不封冻河段，原青铜峡库尾冰塞问题不再发生，石嘴山至乌海段冰塞问题基本缓解，石嘴山至巴彦高勒河段将成为不稳定封冻河段，巴彦高勒以下河段为稳定封冻河段，其上段的巴彦高勒至三湖河口段在封冻期的冰厚会有所减小，昭君坟及其以下河段冰情特征日期将不会有明显变化。内蒙古河段上段的流凌、封河日期将有所推迟，巴彦高勒以上河段封河初期易出现冰塞位置可能下移至三湖河口河段，各河段槽蓄水增量、凌峰流量有所减少，将有利于内蒙古河段形成"文开河"。在大柳树水库黑山峡水利枢纽下泄水温的影响下，可基本缓解目前宁夏河段还存在的凌汛问题，开河期石嘴山凌峰流量不明显，青铜峡—石嘴山河段河槽蓄水增量消失、石嘴山—巴彦高勒河段槽蓄水增量削减，这将直接改善目前内蒙古河段的开河形势，缓解龙羊峡、刘家峡水库用于宁蒙河段防凌调度中，涉及的供水、发电等各方用水矛盾。

10.4.3 分凌措施对凌情的影响

有利之处：有效缓解内蒙古河段防凌防洪压力。

不利之处：黄河水量有限的状况下，加剧上下游水量分配的矛盾。

在凌汛期，内蒙古河段冰凌水位普遍超高，并具有瞬间突发性增高的特点。一旦某河段出现卡冰结坝，冰凌水位上涨迅猛，甚至常出现超过千年一遇洪水位的现象。针对黄河宁蒙河段防洪防凌问题，2008 年 12 月，内蒙古自治区编制完成的《黄河内蒙古防凌应急分洪工程可行性研究报告》通过黄委审查。报告提出：当前在加强龙羊峡和刘家峡水库防凌调度和非工程措施的同时，应尽快建设应急分洪工程，减缓凌汛灾害。2009 年国务院批复了《全国蓄滞洪区建设与管理规划》，其附件《黄河流域蓄滞洪区建设与管理规划》提出：解决内蒙古防凌防洪问题，当务之急是按基本建设程序把急需的河防工程规划好、设计好、建设好，以提高堤防防守能力；同时应利用三盛公水利枢纽，借助灌溉引水系统分流冰凌洪水进入灌溉渠系；进一步加大对"十大孔兑"的治理，力争把更多的泥沙拦减在毛乌素沙漠；尽快修建海勃湾水库，对刘家峡水库的下泄流量进行反调节，与上游水库组成黄河上游水沙调控体系，塑造有利于内蒙古河段恢复主河道过流能力和防凌要求的流量过程，更好地协调黄河上游水沙关系，缓解内蒙古河段防凌防洪压力，是目前解决内蒙古河段防凌防洪问题的基本途径。新修编的《黄河流域综合规划》（黄河水利委员会，2010 年 6 月）提出：近期主要是利用龙羊峡、刘家峡水库联合调度控制洪水，研究优化两库的运用方式，改善进入宁蒙河段的水沙关系，加强宁蒙河段防洪工程建设，兴建海勃湾水利枢纽，配合干流水库防凌和调水调沙运用，并加大十大孔兑治理力度，有效减少入黄泥沙。为保障防凌安全，除刘家峡、龙羊峡水库要承担 40 亿 m^3 防凌库容外，在内蒙古河段设置乌兰布和、河套灌区及乌梁素海、杭锦淖尔、蒲圪卜、昭君坟、小白河等应急分凌区，遇重大凌汛险情时，适时启用应急分凌区，分滞冰凌洪水，降低河道水位。此六处应急分洪工程设计分洪量 4.59 亿 m^3。各分洪区分洪量见表 10-13。

表 10-13　　　　　　　　　黄河内蒙古防凌应急分洪区情况表

名　称	乌兰布和	河套灌区及乌梁素海	杭锦淖尔	蒲圪卜	昭君坟	小白河	合计
分洪水位/m	1055.42	1018.50	1017.05	1010.73	1007.73	1005.96	
面积/km^2	230.00	293.00	44.07	13.77	19.93	11.77	612.54
分洪量/亿 m^3	1.17	1.61	0.82	0.31	0.33	0.34	0.46

应急分洪区的启用条件：

（1）发生冰塞、冰坝，造成严重壅水，河道水位达到防凌临界水位、河道槽蓄水增量达到 16 亿 m^3。

（2）堤防已经发生重大险情，特别是有溃堤危险，抢险需要降低水位时。

（3）当预报气温急剧升高导致开河速度加快，槽蓄增量可能集中释放，以致在极短时间内将发生水位超过防凌临界水位、河道槽蓄增量超过 16 亿 m^3 时。

综合以上各因素，降低宁蒙河段危险河段的凌汛风险，控制黄河内蒙段的凌情发展，光靠龙羊峡、刘家峡两库的联合调度过于片面。随着河道堤防标准的提高、其他配套调洪分凌工程的应用，为将来提高刘家峡控泄流量，缓解青海省冬季电荒提供更加可靠的保障条件。

10.5　本章小结

水位是凌汛险情的关键因素。凌汛水位屡创新高是堤防决口的重要原因，因此凌汛水位是防凌调度的一个重要控制性指标。在此给出了宁蒙河段危险河段的几个特征水位的定义和它们的取值方法，计算了每个特征水位下的河段槽蓄水增量，之后根据下游河段槽蓄水增量与上游断面流量的相关关系，估算了宁蒙河段不同特征水位下的兰州断面的流量。从本节的计算结果可以得出这样的结论：

（1）仅从水量过程关系上来说，现行刘家峡防凌控泄方案下封河水量均在安全保证范围内，适当调高封河水位并不会超越河道水量存蓄能力。12 月中下旬封河水位抬高 1.8m，可使上游兰州断面封河下泄流量提高到 647m^3/s，而不超越防凌临界状态，此控泄流量方案运行条件下，石嘴山、巴彦高勒、三湖河口、章盖营子、头道拐河段在水位上距离防凌临界水位仍分别有 2.72m、1.69m、1.64m、3.16m、2.90m 的防御空间。

（2）开河期如果不遭遇卡冰结坝的情形，上游兰州断面的流量为 445m^3/s 时，即刘家峡出库流量为 395m^3/s 时，下游的开河水位将抬高 0.5m，抬高后的水位只有在头道拐断面逼近保证水位，其他断面均未达到保证水位，各断面距离防凌临界水位仍有 3.73m、4.99m、2.43m、3.42m、3.09m 的防御空间。

（3）精准的天气预报、堤防整治、调洪分凌工程的配套是保证调高刘家峡控泄流量顺利实施的关键条件。

11 宁蒙河段历史年份凌灾风险评价

11.1 概述

冰凌是北方河道冬季特有的一种水文现象,其发生、发展和消亡的演变过程受水文气象条件、河道形态与河道走向、河道控泄流量、浮桥及河道建筑物等多种因素的影响。宁蒙河段地处我国黄河流域最北端,冬季严寒漫长,最低气温可达−40℃,河流结冰期长达4~5个月,大部分河段为稳定封河河段。在河流封冻的不同时期,不同凌情影响因素相互制约,加之不同河段所处地理位置的差异及人类活动的影响,宁蒙河段凌情变化呈现出复杂多变性和不确定性。

目前,对宁蒙河段防凌安全的研究主要集中在如下方面:宁蒙河段河道形态演变特点及趋势研究;宁蒙河段冰塞冰坝形成机理、凌情因子特点及相关关系研究;宁蒙河段冰情测报系统研究,如封开河日期预报、气温预报及槽蓄水增量预报等;减小宁蒙河段凌汛威胁的对策研究,如上游刘家峡水库调蓄作用对下游河道凌情的影响分析等。从河道冰情演变过程可以看出,影响冰情变化的主要因素有热力因素、水力因素、河道形态及人类活动影响等,而河道控泄流量是目前唯一人为可控的因素,也是保障防凌期河道安全过流和最大程度上发挥黄河水电优势、缓解青海省缺电状况的焦点之一。多年研究和实践经验表明:凌汛期黄河上游河道水量调节应遵循以下原则:

(1)流凌期应当适当加大河道水量,以推迟封河时间,抬高封河水位,从而增加封冻期冰下过流能力。

(2)封冻期由于冰盖厚度不断增加,自由水面与冰盖下表面之间的自由空间不断减小，导致封冻河段过流能力不断减小。因此，封冻期应保持河道过流平稳，河道流量应略小于或接近封河流量，并随河流的封解状况逐步向开河期流量递减。

（3）在开河期应严格控制上游来水，维持石嘴山至巴彦高勒河段水位缓慢下降，使河道以"文开河"形式解冻。多年实践证明，开河初期应控制刘家峡水库控泄流量在 $300\mathrm{m^3/s}$ 左右，具体时间为石嘴山开河前 5d 开始控泄，内蒙古河段全线开通前 8d 结束限制。

由宁蒙河段历史年份凌情特征研究成果可以看出，刘家峡水库在常规控泄水平下，防凌期河道过流水平并不是影响河段凌灾发生的主要因素。宁蒙河段凌灾风险研究的难点在于建立考虑冰盖影响后，客观准确地模拟河段气温、流量及河道形态等边界特征的精细化冰下水流演进模型。此外，由于宁蒙河段封冻以后关键控制断面（石嘴山、巴彦高勒、三湖河口、头道拐）水位流量关系散点分布紊乱，也在一定程度上加剧了凌灾风险分析的复杂性。常规风险（Risk）概念包括三方面的含义：什么是不利事件、不利事件的发生概率有多大及不利事件导致的损失程度有多大。复杂系统风险分析是研究在某一特定区域、特定时段内可能遭受何种不利事件、该不利事件发生的可能性有多大及其可能导致的损失程度，它由风险识别、风险估计、风险评价、风险决策和风险监控共 5 个子系统组成。

本节在传统复杂系统风险分析的基础上，从系统风险内涵出发，首先在对宁蒙河段凌汛类型和凌情形成机制进行深入分析与归纳的基础上，构建宁蒙河段凌灾风险评估指标体系，并将不确定系统聚类思想引入系统风险评价研究，建立基于投影寻踪聚类思想的宁蒙河段凌灾风险综合评估模型；然后，通过利用上述模型对宁蒙河段历史 1991—2010 年凌汛过程资料进行风险评估，计算不同年份凌汛凌灾风险度；最后，通过与不同年份凌情实际资料进行对比分析，由此对模型计算结果的合理性进行初步论证，从而为合理估计 2011—2012 年刘家峡水库不同控泄方案对应的凌情因子危险性水平，论证和夯实增加防凌期刘家峡水库控泄流量的可行性和合理性、进一步制定和推荐刘家峡水库防凌期控泄计划提供可靠的决策依据和方法指导。

由历史年份凌情资料统计分析可知，刘家峡水库建成以前，宁蒙河段 1951—1968 年共 18 年间，发生冰坝、冰塞等共 214 次。其中，成灾 32 次，年均成灾 1.77 次；成灾 13 年，年成灾频率为 68.42%。刘家峡水库建成以后，宁蒙河段 1969—2010 年共 42 年间，发生冰坝、冰塞等共 132 次。其中，成灾 56 次，年均成灾 1.33 次；成灾 17 年，年成灾频率为 39.53%。可见，水库的修建，改善了凌情、缓解了灾情。同时，考虑建库后资料系列较长，可以反映实际情况。为此，选取建库后 1969—2010 年凌情资料作为凌灾风险分析的基础，即近年宁蒙河段凌情演变为灾情的频率约为 40%，即平均 2.5 年发生 1 次凌灾。

11.1.1 风险分析研究进展

风险是由系统不确定性所致，甚至有人认为风险即不确定性。风险识别、风险估计和风险评价是风险管理理论的重要内容。风险识别是指对尚未发生的、潜在的、客观存在的影响风险的各种因子进行系统地、连续地辨别、归纳、推断和预测，并分析产生不利事件原因的过程；风险估计是指在对不利事件所导致损失的历史资料进行分析的基础上，运用概率统计等方法对特定不利事件发生的概率及风险事件发生所造成的损失做出定量估计的过程；风险评价是在风险识别和估计的基础上，把各种风险因素发生的概率、损失幅度及其他因素的风险指标值综合成单指标值，以表示发生风险的可能性及其损失程度。现有风险管理基本框架是以概率统计、随机分析方法为理论基础，主要研究内容有风险因子的概率分布及其参数识别、风险模型的计算及灵敏度分析、风险标准的确定，以及风险处理方案的设计与优选等。复杂系统风险管理研究的核心问题，是如何有效处理风险管理系统中各种不确定性问题。不确定性主要来源于自然现象本身的随机性、数据资料的不确定性、计算模型的结构识别和参数估计方面的不确定性、人类活动和人类认识带来的不确定性等。

目前，国内外对复杂系统风险管理理论的研究，主要集中在对系统不确定性识别及量化分析的理论及实践研究方面，至今已提出的系统不确定性分析理论方法主要有随机分析、集对分析、未确知数学、小波分析、灰色系统理论、分形与混沌分析、信息论与控制论、模糊集理论等智能方法。上述理论方法的主要不足之处在于，对各种不确定性系统的结构特征、演化机制的物理解析能力较弱，往往只适用于处理某种特定类型的不确定性信息，理论本身不具有普适性。为构建不确定性系统分析的广义途径，许多学者开始尝试多学科交叉的研究途径，采用现代管理科学、复杂性科学、智能科学、信息科学等理论方法进行广泛探索，相继出现了将多种不确定性分析理论方法进行耦合分析的新趋势。复杂系统不确定性研究的难点是如何统一分析和有效处理系统特有的随机性、模糊性、未确知性等主客观不确定性，并解析这些不确定信息的物理内涵、动力学机制以及相互之间影响与转化的物理关系。如采用类似信息熵、互信息熵和相对熵等广义分布函数的泛函—广义熵来统一定义和描述复杂系统不确定信息，建立复杂系统风险决策评价的动态模型，可在很大程度上提高对复杂系统不确定信息的认识和把握，也是未来复杂系统风险管理理论及实践研究的主要趋势之一。

11.1.2　风险分析的主要方法

从目前国内外研究文献看，复杂系统风险分析的主要方法有随机模拟法、模糊数学、灰色理论、神经网络、贝叶斯理论、粗糙集等，上述方法在应用研究中取得了不少创新成果，但各种方法都有不同程度的不足，主要表现为：一是多种方法评价结果的不一致性。目前，基于初步集成的综合评估方法无疑是很好的探索性研究，但它们并没有从方法论角度解决评估结论的非一致性问题。二是理论研究与实践应用环节的脱节。目前，不少研究成果具有一定的理论意义，但理论与实践严重脱节现象也是不争的事实，而且目前针对性强、可操作性良好的风险评估支持软件系统极为罕见。总体而言，复杂系统风险分析途径主要有如下三类：

（1）基于概率统计分析的系统风险建模及评估。采用概率统计理论评估系统风险的方法主要有直方图估计法、最大可能性估计法、区间估计法及经典的贝叶斯估计法等，并借助于蒙特卡洛（Monte Carlo）随机模拟技术，风险率计算结果实质上是对评估系统多次模拟观测的统计风险。

（2）基于模糊集理论的系统风险建模及评估。风险本质上是一个与非利性、不确定性及复杂性有关的三维概念，由于受凌情因子、孕灾环境及承灾体等因素的影响，系统蕴含的风险信息本身就存在多重性、复杂性及不确定性等，因此采用模糊数学方法处理系统风险问题具有独特优势，且凡是基于模糊推理和模糊关系推论所得的风险隶属度结果，均称为模糊风险。

（3）定性、定量相结合的方法。针对系统风险分析的复杂性和集成性，对风险影响因子及作用机制认识不清且损失程度不易估算的风险事件，可采用定性与定量相结合的方法客观上刻画风险事件的不利及损失程度。

11.1.3　凌灾风险定义及特点

风险的概念源于系统工程，不利事件、不利事件发生概率及不利事件导致的损失程度是风险定义的三要素。风险是指系统在规定的工作条件和时间内，不能完成预定功能的概率以及由此产生损失的概率。现有的风险分析研究往往把不利事件与不利事件导致的损失相混淆，这既丢失了风险分析的丰富信息，又偏离了风险的形成机制。对于凌灾风险，目前的研究尚不能对其给出准确、统一的定义。准确定义凌灾风险概念的难点，在于对凌情的内涵认识不清，且不能从成灾机理上找到一个客观反映凌情严重程度的风险识别指标。如对于某河段而言，防凌期槽蓄水增量可以直观地反映该河段遭受凌汛威胁的严重程度，但河段槽蓄水增量大，并不一定表示河段成灾概率就大。其中与开河期河段气温的变化过程有着紧密关系，即使河段槽蓄水增量较大，但如果开河期河段气温缓慢回升、河段槽蓄水增量缓慢、均匀释放，则成灾概率反而很小。

本节对凌灾风险的定义为：防凌期在气温、控泄流量、河道形态、槽蓄水增量等不确定性凌情因子的综合作用下，宁蒙河段由冰坝、冰塞等凌情不利事件导致发生凌灾损失的概率（或频率）。

凌灾风险具有自然和社会双重属性。从自然属性看，凌情年年有，凌情的发生是不可避免的，它具有一定的不确定性，决定了人类可以在深入研究凌情发生发展规律的基础上，识别并评估不同等级凌情发生的可能性；从社会属性看，虽然凌情无法避免，但人类可以通过不断提高河段对凌灾风险的适应和承受能力，从而减少凌灾损失。同时，凌灾风险又具有如下基本特点：

（1）风险的不确定性。主要反映在：区域来水、社会、经济及其环境变化过程的不确定性；河道、气温等外界因素的不确定性；采用的风险评估模型及其参数率定的不确定性；人们认识程度的不确定性等。风险的不确定性，既有客观的，也有主观的，还有主客观相互作用的不确定性。

（2）风险的普遍性。宁蒙河段凌灾风险系统各要素之间是相互联系、相互制约和相互作用的，具有普遍联系性，且对于即使不考虑人类对河道水量调控作用的天然河道，凌汛威胁依然存在。可见，凌灾风险在时间和空间上广泛存在。

（3）风险的动态性。由于风险事件的孕灾环境特征随时间是不断变化的，风险强度与损失程度之间的函数关系随着区域社会经济的发展也是不断变化的。在风险事件的形成过程中，若采取有力措施加强风险的监管力度，可有效控制风险事件的演变趋势；同时，通过采取一系列工程措施强化区域对灾害事件的抵御能力，也可以有效减低风险。可见，风险事件的演变过程具有动态性。

（4）风险的损益性。增加封河期刘家峡水库控泄流量，在可接受的风险范围内，虽然会承担额外增加的下游控制断面凌灾风险，也会增加整个黄河上游梯级电站的出力水平，提高黄河上游水能资源的利用效益。

（5）风险的可知性。系统风险的演变过程具有一定的内在规律性，人类通过长期观测或对历史长系列资料的统计分析，在掌握系统风险变化规律的基础上，保持乐观估计的原则勇于承担可接受范围内的风险，并制定相应的实时风险监测和应对措施，是可以获得可观效益的。

（6）风险的可控性。风险控制的方法主要有两类：降低风险事件发生的可能性或采取一定的工程或非工程措施，减少风险事件所导致的损失。常用的风险控制手段包括风险规避、风险转移、风险承担等。

11.2　宁蒙河段凌汛风险识别

凌灾风险识别（Risk Identification），是在宁蒙河段凌汛不利事件的发生和发展过程中，对尚未发生的、潜在的以及客观存在的影响凌情的各种凌情因子和孕灾环境因素进行系统地、连续地辨别、归纳、推断和预测，分析产生不利事件原因的过程，从而鉴别风险的来源、范围、特性及风险事件的不确定性。风险识别是系统风险分析的起点，在很大程度上界定了凌灾风险的本质特征。宁蒙河段凌灾风险识别的对象包括三类：第一类是由于采取了水库调蓄等（非）工程措施后发生变化的风险影响因素，例如封开河流量等；第二类是河段本身固有的水文、气象及河道因素，例如断面气温及其变幅、断面冲淤及过流能力、河道形态及其演变、槽蓄水增量等。上述因素可能会由于水库的调蓄过程而发生改变或转移，例如由于刘家峡水库的调蓄作用，升高了下游河段水温，使得青铜峡水库坝下40～90km河段也成为了不常封冻河段；第三类是其他部分因素，例如人工分凌、河道防护标准及河道建筑物等影响。综上，宁蒙河段凌灾风险识别主要风险因子如图 11-1 所示。

11.2.1　凌灾风险影响因子分析

影响宁蒙河段凌灾风险的主要因子包括气温及河道形态不确定性、河道过流水平、河道防洪标准、分凌工程及河道建筑物等，宁蒙河段冰坝、冰塞等不利事件的出现是受上述影响因素共同作用的结果。

11.2.1.1　河道形态分析

黄河宁蒙河段自宁夏中卫县南长滩至内蒙古马栅乡，全长 1217km。受两岸地形控制，黄河宁蒙河段形成峡谷河段与宽谷河段相间出现的格局。宁夏河段全长 397km，河道形态呈现"三放两收"形势，流向自西南向东北，地理纬度增加 2°。其中，黑山峡至枣园河段为峡谷型河段，河段坡陡流急，仅极寒年份才能封冻，为非常年封冻河段；枣园以下262km，坡缓流速小，气温低，为常年封冻河段。内蒙古河段干流全长 820km，河宽坡缓，河床自上至下逐渐由深浅变为宽浅。其中，巴彦高勒和托克托区间较大的弯道就有 69

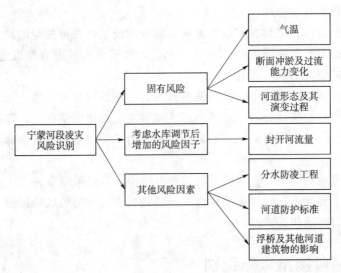

图 11-1　宁蒙河段凌灾风险因子集

处，最大弯道弯曲度达 3.64，冰块常常搁浅，是冰坝灾害等不利事件频发的高危河段。宁蒙河道不同河段河型及河槽宽度等统计特征参数见表 11-1。

表 11-1　　　　　　黄河宁蒙河段河道形态基本特征统计表

项目	河段名称	河型	河长/km	平均宽度/m	主槽宽/m	比降/‰	弯曲度
宁夏	南长滩—枣园	峡谷型	135.0	200~300		0.8~1.0	
	枣园—麻黄沟	过渡性	262.0	500~1000		0.1~0.2	
内蒙古	麻黄沟—乌达公路桥	峡谷型	69.0	400	400	0.56	1.50
	乌达公路桥—三盛公	过渡性	106.6	1800	600	0.15	1.31
	三盛公—三湖河口	游荡性	205.6	3500	750	0.17	1.28
	三湖河口—昭君坟	过渡性	126.2	4000	710	0.12	1.45
	昭君坟—喇嘛湾	弯曲型	214.1	上段 3000 下段 2000	600	0.10	1.42
	喇嘛湾—榆树湾	峡谷型	118.5	—			
合计	南长滩—榆树湾	—	1237				

由表 11-1 分析可知，宁蒙河段断面形态特征演变总体上基本呈冲淤动态平衡趋势，具体表现为：

（1）巴彦高勒站河道断面在 1951—2010 年期间内淤积和冲刷交替发生。在 1972—1975 年间，河床大量淤积，平均抬升 2.64m，平均淤积速率 0.88m/a，最大抬升幅度达 6.7m，年悬移质含沙量由 2.32kg/m³ 增大至 4.03kg/m³。1975—1980 年河床由淤积转为下蚀，河床下降 2.5~4m，平均下切速率为 0.46m/a，年悬移质含沙量降低到 2.87kg/m³。1980—1990 年河床又相继经历了抬升和下切两个过程，但变幅明显减小，同期悬移质含沙量变幅较小。至 1990 年以后，河道形态总体变化不大。

（2）三湖河口站河道断面变化相对较剧烈，河道不断向左侧摆动迁移，具有弯曲河流凹岸侵蚀、凸岸堆积特征。1990 年较 1965 年河道向左岸迁移了 290m，平均迁移速率达11.6m/a，1990 年局部河床高程较 1980 年下降了 3m，平均下切速率为 0.3m/a。但 1990年以后，由于断面来水量的不断减小，河道摆动及河底高程变化趋势不明显。

（3）头道拐站河道断面变化也相对较明显，1970—1975 年，河道向右侧迁移，左侧原河床淤高 2.41m 成为低滩地，右侧低滩地下切 1.85m 成为河床；1975—1990 年，左侧低滩地下切 2.66m，右侧淤高 2.1m。而自 1990 年以后，河道位置及断面形态变化不明显，河道基本处于动态冲淤平衡状态。

可见，特别近 10 年来，宁蒙河段河道形态基本固定，河道形态的微小变化对河段凌灾风险分析影响不大。另外，宁蒙河段河道形态演变是非人力可控的因素，人类只有不断地加大河道形态变化观测和整治力度，清理河道障碍物，增加关键控制断面过水能力，从而减小防凌期出现卡冰结坝的凌灾风险。

11.2.1.2 气温不确定性分析

河道冰凌是低温的产物，太阳辐射量的多少决定了大气温度，大气与河流水体的热交换，使水温升高或减低、冬季气温转负，负气温使水体冷却产生冰凌。冬季气温高低决定封冻的冰量和冰厚。春季气温转正、气温的高低不仅影响开河的速度，同时也能改变开河的形势。可见，防凌期气温变幅决定着河流封冻的冰量和冰质，是影响河道结冰、封冻和解冻开河的主要因素。

为直观上衡量宁蒙河段防凌期气温与凌灾风险事件及凌情严重程度之间的影响程度，选取宁蒙河段历年防凌期封冻天数及石嘴山—头道拐区间最大槽蓄水增量为凌情衡量指标。以巴彦高勒站累计负气温为例，绘制宁蒙河段历年防凌期平均气温（由石嘴山、巴彦高勒、三湖河口及头道拐四个断面历年旬气温过程资料统计所得）与河道封冻天数过程线，以及宁蒙河段石嘴山—头道拐区间历年最大槽蓄水增量与巴彦高勒站累计负气温过程线，如图 11-2、图 11-3 所示。

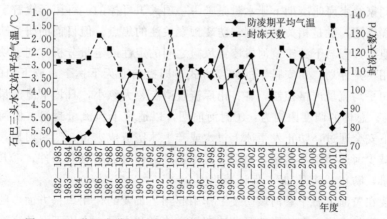

图 11-2　黄河宁蒙河段历年防凌期平均气温与封冻天数过程线图

由图 11-2、图 11-3 分析可知：

（1）受全球气候变暖因素的影响，宁蒙河段防凌期平均气温也呈上升趋势，但河段逐

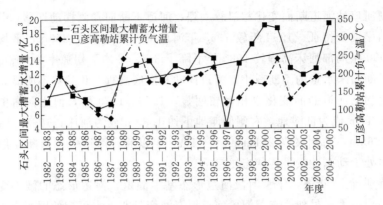

图 11-3　宁蒙河段石嘴山—头道拐区间最大槽蓄水增量与巴彦高勒站累计负气温过程线图

注：图中气温资料是由石嘴山、巴彦高勒、三湖河口及头道拐四个断面历年旬气温资料统计得

年封冻天数变化趋势不明显。

（2）宁蒙河段防凌期平均气温与封冻天数相关关系明显，表现为气温高则封冻天数短、气温低则封冻天数长。

（3）近 30 年宁蒙河段凌汛期平均气温最低为 1983—1984 年，为−5.8℃。封冻天数最长为 2009—2010 年，达 134 天。宁蒙河段槽蓄水增量与河段累计负气温的变化趋势呈现出一定的同步性，宁蒙河段石嘴山—头道拐区间历年最大槽蓄水增量总体上呈增加趋势，巴彦高勒站累计负气温也呈现增加趋势。

综上所述，在全球气温升高的背景下，宁蒙河段防凌期平均气温呈上升趋势，但极端气温过程却不断加剧，即河段负气温过程持续时间不断增加，在一定程度上造成宁蒙河段最大槽蓄水增量不断增加，加剧了宁蒙河段凌情及凌汛不利事件发生的概率。同时，也说明气温是影响宁蒙河段凌情发展趋势的重要风险因子之一。

11.2.1.3　刘家峡水库控泄流量影响分析

当前，刘家峡水库防凌期下泄水量是唯一一项人工可控的、可用于缓解宁蒙河段防凌压力的非工程措施，也是相关部分制定防凌预案关注的焦点。但目前的研究缺乏对刘家峡水库防凌期泄流过程与下游宁蒙河段凌灾风险之间的定性或定量分析。刘家峡水库防凌期水量调度采用"月计划、旬安排"的调度方式，即提前五天下达下月或下旬的调度指令，下泄水量按旬平均流量严格控制，各日出库流量避免忽大忽小，日均下泄流量较指标偏差不得超过 5%。总体的调度原则为：①封河前期，以适宜下泄流量封河，使河段封河后水量能从冰盖下安全通过，防止发生冰上过水或产生冰塞造成灾害；②封河期，控制水库均匀下泄，以减少河道槽蓄水增量，稳定封河冰盖，为开河创造有利条件；③开河期，严格控制下泄流量，防止"武开和"，保证凌汛安全。

水库防凌在黄河上游宁蒙河段防凌工作中起到了重要的作用。一方面，随着上游龙羊峡、刘家峡水库的运用，直接影响了防凌期河道流量和水温，水库下泄的高温水使得沿程一定距离内的河道水温不断升高，下游 100km 左右河段不再封冻；另一方面，大型水库在年内不同时期对水量的调节，也改变了河道的天然属性，使得河道形态发生了一定变化，间接影响了河段过流水平及凌情演变趋势。总体上，水库调节对宁蒙河段凌情的影响主要表现在如下两个方面：

（1）水库运用对封、开河日期的影响。以 1968 年刘家峡水库及 1986 年龙羊峡水库投入运行为界，统计历年 1950—2010 年不同时段、不同断面流凌、封河、开河平均日期，见表 11-2。

表 11-2　　　　　黄河宁蒙河段多年平均流凌、封河、开河日期统计表

站　名	流凌日期/（月/日）			封河日期/（月/日）			开河日期/（月/日）		
	1950—1967 年	1968—1986 年	1987—2010 年	1950—1967 年	1968—1986 年	1987—2010 年	1950—1967 年	1968—1986 年	1987—2010 年
石嘴山	11/25	11/30	12/09	12/26	1/03	1/14	3/08	3/06	2/22
巴彦高勒	11/21	11/27	12/03	12/07	12/11	12/22	3/16	3/20	3/09
三湖河口	11/19	11/18	11/19	12/02	12/01	12/09	3/18	3/25	3/17
头道拐	11/20	11/18	11/20	12/21	12/08	12/12	3/23	3/25	3/17

由表 11-2 分析可知：

1）刘家峡水库 1968 年运用以后，相对水库运行之前，平均封河日期石嘴山站推迟 8 天、巴彦高勒站推迟 4 天、三湖河口站变化不明显、头道拐站提前 13 天。平均开河日期石嘴山站、头道拐站变化不明显，巴彦高勒、三湖河口站推迟 4～7 天。

2）龙羊峡水库 1986 年运用以后，相对水库运行之前，平均封河日期石嘴山、巴彦高勒站推迟 11 天、三湖河口站推迟 8 天、头道拐站推迟 4 天。平均开河日期石嘴山站提前 13 天、巴彦高勒站提前 11 天、三湖河口、头道拐站提前 8 天。

可见，随着龙羊峡、刘家峡水库的投入运用，总体上推迟了宁蒙河段的封河时间，缓解了河段承担的防凌压力。

（2）关键控制断面水位流量关系特点。宁蒙河段开始流凌时间一般在 11 月中下旬，封河时间一般在 11 月下旬到 1 月上旬，开河时间一般在 3 月上旬。受河道形态弯曲度及河势的影响，首封地点多发生在昭君坟至头道拐河段，然后向上下两端逐渐发展。其中，受冰盖形态及厚度变化的影响，宁蒙河段不同时期断面水位流量关系呈现如下特点：

1）畅流期水位流量关系均较好、基本上呈单一曲线。

2）流期凌和封冻初期水位流量关系相对复杂，尤其是流凌期水位流量关系曲线变化无常，散点分布较紊乱。

3）稳定封冻期水位流量关系较稳定，基本上为单值曲线，且水库运用后比水库运用前更有规律。

4）1968 年刘家峡水库建成以前，宁蒙河段为天然河道；1968—1986 年，刘家峡水库的运用使得河床得到适当冲刷，相同流量水位比 1968 年以前降低约 1m；1986 年龙羊峡水库建成以后，由于黄河上游来水较枯，加上宁蒙河段引水量的增加，河道得不到有效冲刷，致使河道再次淤积、萎缩，至 20 世纪 90 年代同流量水位又上升到了建库（1968 年）以前的水平。2005 年以来，由于来水量的不断增加，宁蒙河段总体呈现冲淤平衡的趋势。

11.2.1.4　其他因素对凌灾风险的影响分析

（1）河道防洪标准。黄河宁蒙河段干流堤防较连续的大段主要分布在下河沿至青铜峡

水库之间的两岸川地、青铜峡以下至石嘴山的左岸、青铜峡至头道墩的右岸、三盛公以下的平原河道两岸。其余不连续段主要分布在头道墩至石嘴山右岸及石嘴山至三盛公库区两岸。其中，宁夏河段干流堤防长约435km，均为土堤，设计防洪标准为二十年一遇（下河沿站流量5620m³/s），堤防工程级别青铜峡至仁存渡河段标准为3级，其余为4级，中水整治流量青铜峡以上2500m³/s，以下2200m³/s，建有坝垛379座，穿堤建筑物375座；内蒙古黄河干流共有堤防长976km，其中二级堤防530km，其余为三级堤防；防御洪水标准为50年一遇汛期洪水（防御巴彦高勒站洪峰流量5920m³/s）。有险工段92处，经初步治理的河道整治工程48处，长约76km，建有丁坝及坝垛844座，平顺护岸工程15处，穿堤建筑物329座。

（2）分凌工程。针对当前黄河内蒙古河段河道、工程现状及防护形式，在紧急情况下利用应急分洪工程削减洪峰、分蓄冰凌洪水，是避免或最大程度减少凌灾损失的重要措施。目前，在内蒙古河段沿黄河两岸共布设6处应急分洪区。封开河期，当河段可能出现冰塞或冰坝等严重凌情时，启用临时分凌等工程措施，结合人员巡堤、查险、抢险等非工程措施，可进一步应对并处理险情。

1）河套灌区及乌梁素海分洪区：利用三盛公水利枢纽，通过总干渠、沈乌干渠及8条输水干渠分引黄河凌水，向乌梁素海及灌区周边小型湖泊分滞洪水。最大分洪量1.61亿 m³，其中乌梁素海分洪1.05亿 m³。且当黄河内蒙古河段槽蓄水增量超过龙刘水库联合调度以来多年均值（1987—2008年均值为13.8亿 m³）的20%，即16.6亿 m³时，可启用河套灌区及乌梁素海分洪区。

2）乌兰布和分洪区：位于黄河左岸巴彦淖尔市磴口县粮台乡境内，面积230km²。

3）杭锦淖尔分洪区：位于黄河右岸鄂尔多斯市杭锦淖尔乡境内，面积44.07km²，最大分洪量8243万 m³。

4）蒲圪卜分洪区：位于黄河右岸鄂尔多斯市达拉特旗恩格贝镇境内，面积13.77km²，最大分洪量3090万 m³。

5）昭君坟分洪区：位于黄河右岸内蒙古鄂尔多斯市达拉特旗昭君镇境内，面积19.93km²，最大分洪量3296万 m³。

6）小白河分洪区：位于黄河左岸包头市稀土高新区万水泉镇和九原区境内，面积11.77km²，最大分洪量3436万 m³。河套灌区及乌梁素海分洪区和乌兰布和分洪区负责黄河内蒙古全河段的防凌任务；杭锦淖尔、蒲圪卜、昭君坟和小白河分洪区负责相关河段的应急分凌任务。

（3）河道建筑物。截至目前，黄河宁蒙河段三盛公—喇嘛湾区间共建有固定式铁路桥梁4座（3座已建，1座在建）、公路桥梁10座（6座已建，4座在建）、跨河式浮箱12座（8座交通运输桥，4座施工便桥）。上述河道建筑物大都修建在河段弯道或河面较窄处，水流受浮桥两岸引桥、跨河大桥桥墩阻水影响，河道水流集中，河面窄，过流能力减低。由于流速减小，封河期易在此河段首先封冻，并使同等水力和热力条件下封河时间提前。首封后，上游产生的大量冰花下泄，极易在浮桥和跨河大桥处形成冰花下泄受阻，导致冰下断面减小、行凌不畅，严重时发生冰塞，使断面过流能力长期不能有效恢复，导致槽蓄水增量下泄不畅，抬高封、开河水位。开河期，冰盖破碎，大量的冰块下泄，同样容易在河道控导工程等河面狭窄处形成冰塞，造成水位壅高，堤防偎水，严重时造成溃堤垮坝，严重威胁防凌安全。

11.2.2　风险因子的识别提取

由上述分析可知，影响宁蒙河段凌情发展变化的风险因子较多，包括确定性因素和不确定性因素、可控因素和不可控因素以及工程因素和非工程因素等。相对而言，宁蒙河段河道形态演变、堤防防护标准及河道建筑物在近年年际之间变化不大，为此将其视为确定性因素，通过采取一系列工程及非工程措施（如河道整治、河障清除、浮桥拆除等），可降低其对宁蒙河段凌灾风险的影响程度。综上所述，影响宁蒙河段凌灾风险的主要风险因子主要包括水力、热力因素两类，分述如下：

（1）水力因素。水力因素主要是指宁蒙河段封河期河道来水量，而封河期河道来水量的大小由于上游刘家峡水库封河期的泄流过程关系密切。现行水量调度过程中，封河期刘家峡水库的控泄原则为：封河初期应适当加大水库出库流量，以使下游河段高水位封河，增加稳封以后河道的行凌能力；河道封冻以后应维持水库下泄水量平稳、均匀，以保证下游河道行凌安全，防止发生冰上过水。为此，水力因素（封河期刘家峡水库泄流过程）对宁蒙河段凌灾风险的影响从如下两方面阐述：封河流量的大小和封冻期水库下泄水量的平稳程度。

（2）热力因素。热力因素对宁蒙河段凌灾风险的影响主要体现在封河期低温天气过程的持续时间，即封冻断面累计负气温。若断面累计负气温较大，低温持续时间较长，则河道封冻冰盖厚度越大，封河形势越不利，从而河段承受的凌灾风险越大。

11.3　宁蒙河段凌灾风险评估

宁蒙河段凌汛灾害的发生、发展和演变过程受到大量的水文、气象、自然、社会等确定的、不确定的、直接的、间接的因素影响，且不同因素之间交互关系错综复杂，因此凌情（冰坝或冰塞）的发展过程是此消彼长的动态变化过程。传统的基于风险率的系统风险分析方法对数据量需求大，即通过对历史灾害数据进行统计、分析、观测、提炼，寻找灾害的演化规律，以达到预测和评估未来灾害风险的目的。基于系统理论的风险分析方法以系统理论为依据，通过筛选风险评估指标体系并建立评估模型，由此反映风险事件的发生概率和不利程度。鉴于宁蒙河段凌灾风险分析的特殊性和复杂性，本节以复杂系统聚类评价理论为基础，通过定性与定量相结合的方法，描述凌情的发展变化过程。

为此，本节通过建立客观反映宁蒙河段凌情因子变化特征的评价指标体系，将系统聚类评价模型（投影寻踪聚类评估方法）引入到宁蒙河段凌灾风险评价研究中，建立基于投影寻踪聚类思想的宁蒙河段凌灾风险综合评估模型。

11.3.1　凌灾风险评价指标体系构建

通过上述对宁蒙河段凌情影响因素的辨识及关键风险因子的提取，可知影响宁蒙河段凌灾风险的首要因素的热力因素，包括河段气温状况及低温持续过程等；其次是河道水力条件，包括刘家峡水库封河流量及封冻期河道过流的平稳程度等。此外，还包括受水力、热力因素共同影响的河段年最大槽蓄水增量、封冻长度、封冻天数、最大冰厚等。为此，结合系统风险评价指标选取的典型性、可视性等原则，初步建立的宁蒙河段凌灾风险综合评估指标体系如图11-4所示。

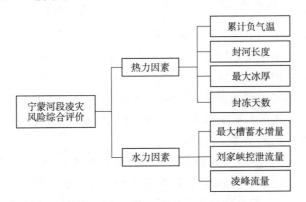

图11-4 黄河宁蒙河段凌灾风险综合评估指标体系

11.3.2 凌灾风险评价模型建立

由于宁蒙河段凌汛灾害发生的复杂性和多变性，现有方法尚不能通过单一的函数关系确定凌灾风险与上述三者之间的函数关系。如11.3.1节所述，宁蒙河段凌灾风险评估包括风险估计和风险评价两部分内容，即在系统建立凌灾风险评价指标体系的基础上，确定宁蒙河段某年度防凌期凌情不利事件的风险程度。建立宁蒙河段凌灾风险评估模型的关键是构建评价指标体系、确定指标权重及选择评价模型等。传统的复杂系统风险评价是在评价指标及标准体系建立的基础上，通过确定评价样本不同风险指标隶属于不同风险等级的隶属度，由此确定评价年份所处的风险等级。鉴于当前对凌灾风险评估研究较少、风险评估缺乏规范的评价指标及标准体系的现状，本节将常用于灾害区划的聚类评价方法（投影寻踪聚类方法）引入到宁蒙河段凌灾风险评估研究中，建立了一种基于投影寻踪聚类思想的宁蒙河段凌灾风险综合评价模型。通过模型求解，可实现对评价指标权重的客观选取，在确定评价样本所处风险等级隶属度的基础上，实现对历史年份风险等级的聚类划分，进而通过修正检验，建立宁蒙河段凌灾风险评价的等级标准。

1. 投影寻踪聚类评估方法

投影寻踪（Projection Pursuit，PP）是将高维数据投影到低维空间，通过分析低维空间的投影特性，进而刻画、分析高维数据统计特征的一种多因素相关统计方法。投影寻踪聚类模型则是依据投影寻踪思想建立的一种用于反映高维数据分类信息的综合评价模型，目前已被广泛应用于水质评价、环境监测、复杂系统风险评估、水资源评价及气候区划等诸多领域。投影寻踪聚类模型应用的关键，是如何根据实际问题数据特征，制定评价系统原始数据的无量纲化规则，以及方案集投影值离散度及集中度的约束规则。然而，投影寻踪聚类模型还有很多有待进一步完善的地方，如密度窗宽参数的合理取值问题、投影寻踪聚类模型运算结果的再分析问题等。针对上述问题，本节将投影寻踪原理与聚类方法有机结合，建立了基于投影寻踪聚类思想的宁蒙河段凌灾风险综合评估模型，该模型可直接输出评价方案所处的风险隶属度及聚类等级。

2. 基于投影寻踪聚类思想的凌灾风险综合评价模型

宁蒙河段凌灾风险综合评价是制定凌灾风险等级区划的基础，它通常是建立在河段某年度防凌期凌情演变系统风险因子危险性、孕灾环境脆弱性及承载体易损性指标数据已知的基础上，相对整个防凌期而言，估计凌情不利事件的发生的风险等级。进而，通过对宁蒙河段历史年份凌汛过程的风险评价，从而挖掘系统蕴含的风险等级聚类信息。其中，基于投影寻踪聚类思想的凌灾风险综合评估模型的建立过程包括如下步骤：

步骤1：评价系统指标数据的归一化处理。归一化处理的目的是消除不同指标量纲不一致的因素，目前对高维立体数据无量纲化处理方法有三种：标准序列法、全序列法和增量序列法。采用全序列法能充分保留评价系统原始数据的结构特点，因此本书采用全序列法对原始数据进行归一化处理。

假设现有宁蒙河段 m 个年份防凌期的凌汛过程资料，记作 $S=\{s_i \mid i=1\sim m\}$。河段凌灾风险评估指标体系由 n 个指标组成，记作 $R=\{r_j \mid j=1\sim n\}$。其中，i，j，m，n 均为正整数。因此，可将宁蒙河段凌灾风险评估系统指标数据集记作 $X=\{x_{ij} \mid i=1\sim m$，$j=1\sim n\}$，$x_{ij}$ 表示第 i 年份样本凌汛过程第 j 个指标的指标值。为消除不同评价指标量纲影响并统一指标作用范围，采用全序列法进行极值归一化处理。其思路是将同一指标在各个时点的数据集中到一起，使不同指标在评价系统发挥同方向作用，处理方法如下：

对于越大越优型指标：

$$y_{ij}=\frac{x_{ij}-\min_i(x_{ij})}{\max_i(x_{ij})-\min_i(x_{ij})} \tag{11.1}$$

对于越小越优型指标：

$$y_{ij}=\frac{\max_i(x_{ij})-x_{ij}}{\max_i(x_{ij})-\min_i(x_{ij})} \tag{11.2}$$

式中：i，j 为样本序号和指标序号；$\min_i(x_{ij})$、$\max_i(x_{ij})$ 为第 j 个指标在所有年份样本方案评价指标值中的最小值和最大值。

步骤2：线性投影。投影寻踪聚类模型就是将高维数据集 $\{x_{ij} \mid i=1\sim m, j=1\sim n\}$ 综合成以 $W=\{w_j \mid j=1\sim n\}$ 为最佳投影方向的一维投影值 $U=\{u_i \mid i=1\sim m\}$。即

$$u_i=\sum_{j=1}^{n}w_j x_{ij}(i=1\sim m, j=1\sim n) \tag{11.3}$$

式中：u_i 为宁蒙河段第 i 年内凌汛过程的风险等级特征值；$W=\{w_j \mid j=1\sim n\}$ 为指标投影方向，且满足归一化条件 $\sum_{j=1}^{n}w_j=1$；m，n 分别为样本和指标总数。

步骤3：投影指标函数的构造。这是投影寻踪聚类模型建立的关键，其宗旨是采用聚类的思想反映并提取宁蒙河段历史年份凌汛过程数据蕴含的风险等级及分类信息。

首先，设 $l(u_a, u_b)(a, b=1\sim M)$ 为任意两个年份凌灾风险等级特征值之间的绝对值距离，即 $l(u_a, u_b)=|u_a-u_b|$；将宁蒙河段凌灾风险等级聚类区域划分为 M 类，用 $Q_h(h=1\sim M)$ 表示第 h 类凌灾风险区域集合，即：

$$Q_h = \{u_a \mid d(A_h - u_a) \leqslant d(A_t - u_a), h, t, a = 1 \sim M, t \neq h\} \qquad (11.4)$$

式中：$d(A_h - u_a) = |u_i - A_h|$，$d(A_t - u_a) = |u_i - A_t|$；$A_h$ 和 A_t 分别为第 h 类和第 t 类风险等级聚类中心，其初始值生成公式为

$$A_h^0 = h \times \frac{\max(u_i) - \min(u_i)}{M+1} + \min(u_i) \qquad (i = 1 \sim m, h = 1 \sim M) \qquad (11.5)$$

重复上述各步骤，直至 $\sum\limits_{h=1}^{M} \left[\dfrac{A_h^k - A_h^{k-1}}{A_h^k}\right] \leqslant 3$。其中，$k$ 为迭代次数，ε 是充分小的允许误差值。

其次，同一类凌灾风险等级内样本的邻近程度用类内聚集度 $d_d(\boldsymbol{a})$ 表示为：

$$d_d(\boldsymbol{a}) \sum_{h=1}^{M} \left[\sum_{u_a, u_b \in Q_h} l(u_a - u_b) \right] \qquad (11.6)$$

显然，$d_d(\boldsymbol{a})$ 愈小则类内样本的聚集程度越高。

然后，不同评估样本间的离散程度用类间分散度表示为：

$$l_l(\boldsymbol{a}) = \sum_{u_a, u_b \in U} l(u_a - u_b) \qquad (11.7)$$

显然，$l_l(\boldsymbol{a})$ 愈大则样本离散程度越高。

最后，根据宁蒙河段凌灾风险评估投影值"类内聚集、类间拉开"的要求，投影指标函数可表示为：$Q_Q(\boldsymbol{a}) = l_l(\boldsymbol{a}) - d_d(\boldsymbol{a})$。显然，当 $Q_Q(\boldsymbol{a})$ 取得最大值时，就同时实现了类间样本尽量散开、类内样本尽量集中的聚类目的。

步骤 4：优化投影指标函数。当宁蒙河段历史年份凌汛过程样本方案集给定时，投影指标函数 $Q_Q(\boldsymbol{a})$ 只随投影方向 W 的变化而变化。不同的投影方向反映不同的数据结构特征，最佳投影方向就是最大可能暴露高维数据分类特征结构的投影方向。可通过求解投影指标函数最大化问题来估计最佳投影方向，即：

$$\max Q_Q(a) = l_l(a) - d_d(a)$$
$$\text{其中} \sum_{j=1}^{n} w_j = 1 \qquad (11.8)$$

以 $W = \{w_j \mid j = 1 \sim n\}$ 为优化变量的复杂系统非线性优化问题，本书采用模拟生物优胜劣汰进化规则与群体内部染色体信息交换机制的加速遗传算法（AGA）求解上述模型。AGA 具体计算过程可参见文献。

以上步骤即为基于投影寻踪聚类思想的宁蒙河段凌灾风险综合评价模型的建立过程，根据上述步骤，编写 Visual C++ 计算机程序，通过对优化模型的不断迭代计算，即可实现对宁蒙河段 1991—2010 年凌汛过程的凌灾风险综合评估。通过对模型计算结果进行合理性分析，对 2011—2012 年宁蒙河段防凌期不同控泄方案凌情分析进行综合评估，通过计算不同方案凌灾风险度，在可接受风险范围内、寻求最大程度发挥黄河上游水能效益的控泄方案，为增加封河期刘家峡控泄流量、制定宁蒙河段防凌预案提供科学的指导依据。

11.3.3 凌灾风险度等级划分

传统的复杂系统风险评价等级均按三级划分，依次为风险 1 级（轻险）、风险 2

级（中险）、风险3级（重险）。具体对于宁蒙河段凌灾风险评价，由历史年份凌情实测资料统计分析知，宁蒙河段在刘家峡水库建成以后1969—2010年共42年间，发生冰坝及冰塞等凌情不利事件132次，其中成灾56次，成灾年数为17年，即宁蒙河段不同程度凌情演变为灾情的频率约为40%。上述数据可基本反映自龙刘梯级水库建成以后，宁蒙河段凌情与灾情之间转化的年频率。因此，从风险与频率（概率）的关系分析可知，宁蒙河段由凌情演变为凌灾的频率约为40%。为此，凌灾风险度等级划分依据为：

（1）将凌灾风险度0.40作为凌灾风险可接受与不可接受风险划分节点，并确定凌灾风险度大于0.40时，对应凌灾风险等级为3级（重险）；

（2）考虑实际凌灾的发生概率，根据0.618黄金分割法，在可接受凌灾风险范围[0，0.40]内，对应的黄金分割点恰为0.2472。为此，将凌灾风险度为0.25作为轻险与中险的划分节点，即凌灾风险度$d \in$[0，0.25]时，对应风险等级为1级（轻险）、凌灾风险度$d \in$[0.25，0.40]时，对应风险等级为2级（中险）。

综上所述，建立宁蒙河段不同凌灾风险等级凌灾风险度划分结果见表11-3。

表11-3　　　　　　　　　宁蒙河段凌灾风险度等级划分表

风险等级	1级（轻险）	2级（中险）	3级（重险）
凌灾风险度	[0，0.25]	[0.25，0.40]	0.40以上

11.3.4　历史年份凌灾风险评价

上述建立的基于投影寻踪聚类思想的宁蒙河段凌灾风险综合评价模型计算结果，其本质是反映宁蒙河段评价年份不同凌灾风险因子组合条件下，河段出现凌灾损失的一综合性量化指标，称为凌灾风险度。凌灾风险度越大，表明评价年份发生冰坝、冰塞等不利事件的概率（可能性）越大，即所在年份凌情越严重。为进一步验证上述建立的基于投影寻踪聚类思想的凌灾风险综合评价模型计算结果的合理行，如下将利用上述模型对宁蒙河段1991—2010年凌汛过程进行风险评价，并将计算结果与所在年份实际情况相比较。

1. 模型初始化设置

复杂系统优化问题建立求解的关键是寻找一种执行效率高、运算速度快、计算精度高的智能优化算法，对优化模型进行求解计算。本节采用模拟生物优胜劣汰进化机制和群体染色体交换规律的改进遗传法对模型进行求解，算法求解的主要步骤包括初始父代群体随机生成、个体适应度评价、选择、杂交、变异、加速迭代等操作。其中，初始群体数目取400、计算迭代次数取20次，采用轮盘选择、线性杂交及均匀变异的方式进行算法迭代循环，使优秀个体不断向最优区域靠近。关于算法具体计算过程详见文献。

2. 评价指标标准化处理

本节建立的宁蒙河段凌灾风险评价模型选取的评价指标包括：防凌期刘家峡控泄流量、气温过程、凌峰流量、河段年最大槽蓄水增量、封冻天数、封河长度、最大冰厚。对于宁蒙河段河道形态演变对凌灾风险的影响，由于河道形态在年际之间变化不大，以此为准则，不予考虑。凌灾风险评价的前提是对评价指标进行标准化处理，根据上述评价指标对凌灾风险作用方向的不同，对其分述如下：

（1）稳定型过程指标。由于防凌期刘家峡水库泄流过程对宁蒙河段凌灾风险具有一定影响，为此将刘家峡水库下泄流量过程定义为影响河段凌灾风险程度的一过程型指标。宁蒙河段多年封开河经验表明：封河初期（12月上旬）适当加大上游刘家峡水库下泄流量，以使下游河段高水位封河，可增加封冻之后河道的冰下过流能力；稳定封冻期，随着封冻河段冰盖形态的不断变化，封冻河段的冰下过流能力不断减弱。期间应严格控制上游刘家峡水库下泄流量，使其平稳、均匀泄流，可在很大程度上减小封冻河段发生冰上过水及冰塞、冰塞等不利事件的可能性。为此，对于防凌期刘家峡水库泄流过程，本节从以下两方面表证其对凌灾风险的影响程度。其一，封河流量（宁蒙河段首封日期对应的刘家峡水库日均下泄流量）按越大越优型指标考虑，以使下游河段高水位封河；其二，封河期泄流平稳程度，以封河期刘家峡水库逐日泄流过程序列标准差表示，计算公式如下：

$$S_i = \sqrt{\frac{\sum_{j=1}^{n}(x_{ij}-\overline{x_i})^2}{m-1}} \quad (i=1,2,\cdots,m) \tag{11.9}$$

式中：S_i 为宁蒙河段凌灾风险评价第 i 个评价年份封河期刘家峡水库逐日泄流过程序列的标准差；x_{ij} 为第 i 年封河期刘家峡水库第 j 个时段下泄流量；$\overline{x_i}$ 为第 i 年封河期刘家峡水库逐日泄流过程均值；m 为评价年份总数。为此，标准差 S_i 越小，则第 i 年封河期刘家峡水库下泄流量稳定性越好。

（2）越大越优型指标。如上所述，刘家峡水库封河流量（即宁蒙河段首封日期对应的刘家峡水库下泄流量）越大，则封河形势越好，越有利于提高稳定封冻之后河道的行凌能力，从而减小冰塞、冰坝等不利事件出现的概率。为此，将刘家峡水库封河流量按越大越优型指标考虑，并按式（11.1）对其进行标准化处理。

（3）越小越优型指标。对于上述除过程型指标和越大越优型指标之外的其余指标，均按越小越优型指标考虑，并按式（11.2）进行标准化处理。此外，本节研究计算所得的不同年份凌灾风险等级是对整个河段而言的，而目前对上述凌情指标的观测和评定大部分是以水文站或气象站作为控制点。为此，需对上述指标的标准化处理过程说明如下：

1）累计负气温：宁蒙河段防凌期不同控制断面气温过程对凌灾风险的影响以断面累计负气温表示，不同控制断面累计负气温是指从所在断面气温转负日期到封河日期逐日气温的累计值。可见，累计负气温的观测和分析均是对河段流凌期和封河初期的气温条件而言的，即累计负气温的高低与河段的封冻形势关系密切。若累计负气温较大，则河段低温天气过程持续时间较长，河道封冻冰盖厚度越大，越不利于稳封之后的河道行凌。此外，若从另一角度看，河段首封地点的封冻状况也对稳封之后河道的行凌能力有着重要的制约和影响作用。若河段首封断面冰盖厚度大、封河形势不利，则会形成过流的卡结或阻塞断面，进而可能会造成后期行凌不畅，导致出现冰塞灾害。可见，宁蒙河段首封断面的累计负气温对稳封之后的河道行凌安全及凌灾风险程度具有较大的影响。因此，为从整体上表证河段累计负气温对封河形势的影响程度，选取不同年份防凌期首封断面对应的累计负气温作为衡量整个河段封河期气温不利程度的状态变量，即首封断面累计负气温越小，则对整个河段当年的封河形势越有利，河段发生凌灾风险的程度越低。

2）凌峰流量：凌峰流量是指宁蒙河段控制断面开河期最大流量。受气温回升过程影响，宁蒙河段开河是从上游向下游逐渐进行的。开河时，随着河段槽蓄水增量的不断释放，河段流量沿程不断叠加，导致下游断面开河凌峰流量较大，增加了凌汛安全压力。宁蒙河段 1954—2010 年石嘴山、巴彦高勒、三湖河口及头道拐断面的多年平均凌峰流量依次为 795m³/s、766m³/s、1234m³/s、2227m³/s。此外，由于宁蒙河段开河期最容易出现冰坝灾害的河段是下游昭君坟—头道拐区间。为此，以不同年份开河期头道拐断面凌峰流量的大小表证河段的开河形势，即头道拐断面开河凌峰流量越小，则开河形势越有利，从而出现冰坝等不利事件的风险越小。

3）河段年最大槽蓄水增量：河段年最大槽蓄水增量的计算方法是以河段首封日至全河段开通日为计算时段，以上断面逐日水量（错开传播时间）减去下断面相应的逐日水量，然后将逐日计算结果累加，取最大值即为该河段年最大槽蓄水增量。本节以评价年份石嘴山—头道拐区间年最大槽蓄水增量表证整个宁蒙河段的槽蓄水增量情况，其值越小，表明所在年份所承受的凌情威胁越小。

4）封冻天数：封冻天数为河段开河日期与封河日期之差。

5）封河长度：封河长度为宁蒙河段不同区间封冻长度之和，若年度为几封几开，则以封冻长度最大一次为准。

3. 评价方案集的建立

依据上述已建的宁蒙河段凌灾风险评价指标体系，以宁蒙河段历史 1991—2010 年防凌期凌情指标为基础，每年凌汛过程对应一评价方案，由此建立 20 组凌灾风险综合评价方案，见表 11-4。

表 11-4　　　　　宁蒙河段历史年份凌灾风险评价方案集

序号	年度	封河流量/(m³/s)	年最大槽蓄水增量/亿 m³	首封日期/(月/日)	开河日期/(月/日)	封冻天数/d	备注
1	1991—1992	603	11.18	12/12	3/26	104	成灾
2	1992—1993	588	13.20	12/16	3/24	98	成灾
3	1993—1994	755	12.37	11/17	3/27	130	成灾
4	1994—1995	610	15.39	12/15	3/23	98	成灾
5	1995—1996	577	14.31	12/8	3/30	112	成灾
6	1996—1997	522	4.56	11/17	3/18	121	成灾
7	1997—1998	691	13.55	11/17	3/12	115	成灾
8	1998—1999	553	16.35	12/4	3/15	101	成灾
9	1999—2000	556	19.13	12/9	3/26	107	成灾
10	2000—2001	676	18.70	11/16	3/24	128	成灾
11	2001—2002	491	12.85	12/6	3/14	98	未成灾
12	2002—2003	446	11.85	12/9	3/28	109	未成灾

序号	年度	封河流量 /(m³/s)	年最大槽蓄水增量 /亿 m³	首封日期 /(月/日)	开河日期 /(月/日)	封冻天数 /d	备注
13	2003—2004	423	12.77	12/7	3/15	98	未成灾
14	2004—2005	485	19.39	11/28	3/30	122	成灾
15	2005—2006	510	13.00	12/4	3/24	110	未成灾
16	2006—2007	468	13.00	12/4	3/23	109	未成灾
17	2007—2008	470	18.00	12/11	3/26	105	成灾
18	2008—2009	472	17.00	12/8	3/25	107	未成灾
19	2009—2010	527	16.20	11/18	3/31	133	未成灾

注　表中封河流量指所在年份宁蒙河段首封日期对应的刘家峡水库日均出库流量，m³/s；累计负气温指所在年份首封断面对应的累计负气温，℃；凌峰流量指下游头道拐断面开河凌峰流量，m³/s；最大槽蓄水增量指河段石嘴山—头道拐区间年最大槽蓄水增量，亿 m³；备注项成灾与否以所在年份是否产生凌灾损失（受灾人数、淹没土地面积、经济损失等）考虑。

4. 计算结果

利用上述建立的基于投影寻踪聚类思想的凌灾风险综合评估模型对宁蒙河段 1991—2010 年凌汛过程进行风险综合评估。当优化算法进化迭代 20 次后，优化目标函数已基本趋于稳定，如图 11-5 所示。由此可得，宁蒙河段凌灾风险等级不同评价指标投影向量为 $\omega = \{0.01, 0.02, 0.01, 0.03, 0.01, 0.29, 0.02, 0.06, 0.29, 0.15, 0.11\}$，经标准化处理后不同年份凌灾风险度及所属风险等级见表 11-5。

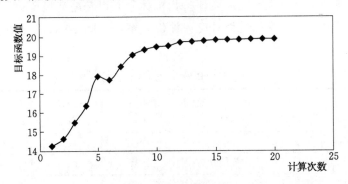

图 11-5　宁蒙河段凌灾风险评价优化目标函数变化趋势图

表 11-5　　　　　宁蒙河段 1991—2010 年凌灾风险评价结果表

序号	年度	凌灾风险度	风险等级	序号	年度	凌灾风险度	风险等级
1	1991—1992	0.2803	2 级（中险）	7	1997—1998	0.2943	2 级（中险）
2	1992—1993	0.2721	2 级（中险）	8	1998—1999	0.2927	2 级（中险）
3	1993—1994	0.4318	3 级（重险）	9	1999—2000	0.2725	2 级（中险）
4	1994—1995	0.5050	3 级（重险）	10	2000—2001	0.2660	2 级（中险）
5	1995—1996	0.4179	3 级（重险）	11	2001—2002	0.0953	1 级（轻险）
6	1996—1997	0.3059	2 级（中险）	12	2002—2003	0.2872	2 级（中险）

序号	年度	凌灾风险度	风险等级	序号	年度	凌灾风险度	风险等级
13	2003—2004	0.0700	1级（轻险）	17	2007—2008	0.4300	3级（重险）
14	2004—2005	0.3800	2级（中险）	18	2008—2009	0.3000	2级（中险）
15	2005—2006	0.2200	1级（轻险）	19	2009—2010	0.3200	2级（中险）
16	2006—2007	0.2333	1级（轻险）				

由上述结果可知，风险1级（轻险）年份均未发生凌灾损失，3级（重险）年份凌情严重，且均成灾、发生凌灾损失。同时，为进一步反映宁蒙河段历史年份凌灾风险的变化情况，历史1991—2010年不同年份凌灾风险度散点分布如图11-6所示。依据宁蒙河段历史年份凌灾风险等级划分结果，可知历史年份3级（重险）年份有4年，所占比例为21%；风险2级（中险）年份有11年，所占比例为58%；风险1级（轻险）年份有4年，所占比例为21%。

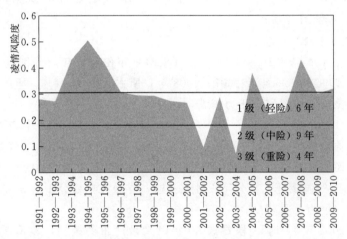

图11-6　宁蒙河段1991—2010年凌灾风险等级特征值散点分布图

11.3.5　结果分析

上述对宁蒙河段历史1991—2010年份凌灾风险等级评价结果给出了不同年份凌灾风险度及其所属风险等级。本节将从不同年份凌情程度出发、通过将模型计算结果与所在年份实际凌情进行对比分析，进一步阐明所建风险评价模型及其计算结果的合理性。

1. 风险1级（轻险）年份

由上述分析知，凌灾风险等级为1级（轻险）的年份有4年，所占比例为21%。上述年份凌灾风险等级较低，主要是因为防凌期宁蒙河段气温过程对封河形势有利。

（1）2001—2002年、2003—2004年、2005—2006年、2006—2007年，该年度主要特点是冬季气温异常偏高，首凌日期、首封日期偏晚，封河速度快，冰盖薄；开河期气温高，开河速度快。

（2）2001—2002年度，内蒙古河段三个气象站（磴口、包头、托克托）防凌期平均气温比历年同期偏高2.7～3.4℃，为1986以来宁蒙河段出现的第16个明显暖多年，且河段首次出现两封两开现象。

2. 风险 2 级（中险）年份

宁蒙河段历史 1991—2010 年共 19 年中，风险 2 级（中险）年份有 11 年，所占比例为 58%。下面从气温与来水两方面分析不同年份凌灾风险变化情况。

（1）气温过程：总体而言，与轻险年份相同，受全球气候变暖因素的影响，宁蒙河段 1991—2000 年度冬季气温比以前明显偏高，特别是 1995 年以后气温持续升高，1998 年 11 月—1999 年 2 月碛口、包头、托克托三站平均气温分别达到 −2.9℃、−4.8℃和 −4.5℃。可见，上述年份冬季气温过程对宁蒙河段凌灾风险依然有利。

（2）上游来水：20 世纪 90 年代宁蒙河段凌情因素变化的一个重要特点是防凌期上游来水量偏少，特别是 1995 年以后，上游来水明显偏枯。防凌期 11 月至次年 3 月，兰州站 1990—1998 年月平均流量与多年均值（1970—1989 年平均流量）偏小 10% 以内。但 1995—1998 年，月平均流量比多年均值偏小幅度达 13%～25%。特别是 1996—1997 年、1997—1998 年防凌期 11 月至次年 3 月平均流量创 1970 年以来同期最低值，防凌期总水量分别偏少了 31.6% 和 31.7%。

3. 风险 3 级（重险）年份

宁蒙河段历史 1991—2010 年风险 3 级（重险）年份有 4 年，分别是 1993—1994 年、1994—1995 年、1995—1996 年及 2007—2008 年，所占比例为 21%。重险年份凌情较重，且均成灾，对宁蒙河段防凌安全压力较大，分述如下：

（1）1993—1994 年、1994—1995 年及 1995—1996 年凌灾风险等级较高，主要是由于防凌期气温突变原因造成。如以 1993—1994 年为例，由于流凌期由于气温骤降，导致内蒙古巴彦高勒—昭君坟区间日均气温由 5℃下降至 −14℃，降幅近 20℃，封河速度快；至 12 月 6 日，又由于气温骤升，部分河段融化开通，导致在三盛公下游 3～5km 处形成严重冰塞体，河道过流能力严重减少。

（2）2007—2008 年，宁蒙河段遭遇 40 年以来最严重的凌情，凌情严重主要表现为：分段封河、首封位置下移；河段封冻冰盖偏厚，封河长度达 940km，创近 40 年封河之最；河段槽蓄水增量偏大，达 18 亿 m³，主要集中在三湖河口—头道拐区间，三湖河口开河水位创历史最高；内蒙古河段槽蓄水增量达 16 亿 m³，较多年均值（11.2 亿 m³）偏多约 43%，居历史第 3 位。

（3）上述年份凌灾风险等级较高，凌灾损失严重，且同一年内发生多次险情和灾情。如 1993—1994 年，内蒙河段因封河水位高，在封河、开河期均出现了 8 次不同程度的险情和灾情。其中以 12 月上旬发生的三盛公闸处冰塞最严重，直接经济损失达 4500 万元；1994—1995 年，由于气温变化频发，致使部分河段反复封开，造成冰凌下潜，年内凌灾损失达 2147 万元。

11.4 本章小结

风险是反映系统对外界环境因素改变而造成的不利响应程度的一个状态变量，风险评价即是在深入分析系统致灾因子高位数据结构特征的基础上，通过系统转化，确定系统面临的风险指数或风险等级。风险评价结果的优劣在很大程度上取决于对致灾因子不确定性及其对风险不利事件影响程度的定性或定量分析。宁蒙河段凌灾风险是受水力、热力等大量不确定因素共同作用的结果，其产生、发展和消亡都是一个动态演变的渐变过程。传统的系统风险分析理论，需在对冰坝或冰塞的产生及演变机理进行深入分析的基础上，运用统计学理论寻求不同致灾因子对凌情不利事件的联合概率分布函数，进而确定凌灾风险率。基于系统理论的风险分析方法将致灾因子对风险不利事件的作用作为系统输入，风险程度作为系统对外界环境的响应，通过采用一系列复杂系统评价方法，确定系统风险度或风险等级。鉴于宁蒙河段凌灾风险因子的不确定性和不可估量性，本节将模糊聚类思想引入到复杂系统风险分析研究中，首先在对宁蒙河段凌灾风险进行定义并对凌灾因子进行初步分析的基础上，构建了宁蒙河段凌灾风险评估指标体系。其次，将传统投影寻踪方法与模糊聚类理论相结合，建立了基于投影寻踪聚类思想的宁蒙河段凌灾风险综合评估模型。最后，应用上述模型对宁蒙河段 1951—2010 年凌汛过程进行了凌灾风险综合评估，通过与实际情况对比，验证并阐明了所建优化模型计算结果的合理性，为刘家峡水库防凌期不同控泄方案下宁蒙河段凌灾风险度的计算及防凌预案的制定奠定坚实的技术。综上，本章取得的主要研究成果如下：

（1）在综合分析当前系统风险不同定义的基础上，认为系统风险应包括系统不利事件及不利事件的发生概率。为此，将宁蒙河段凌灾风险定义为：在防凌期河段气温、控泄流量、河道形态边界条件、河段槽蓄水增量等不确定凌情影响因子的综合作用下，宁蒙河段由冰坝、冰塞等凌情不利事件导致发生凌灾损失的概率（频率）。凌灾风险具有自然和社会双重属性。从自然属性看，凌情的发生是不可避免的，它具有一定的不确定性；从社会属性看，虽然凌情无法避免，但人类可以通过提高河段凌灾风险的适应和承受能力，从而减少凌灾损失。

（2）在深入分析宁蒙河段不同凌情因子与凌灾风险相关关系的基础上，构建了宁蒙河段凌灾风险评估指标体系，提出了宁蒙河段凌灾风险评价指标主要包括防凌期刘家峡水库泄流过程、河段累计负气温、凌峰流量、河段最大槽蓄水增量、封冻天数、封河长度、最大冰厚等。

（3）将复杂系统模糊聚类理论与传统投影寻踪方法相结合，建立了基于投影寻踪聚类思想的宁蒙河段凌灾风险综合评估模型。应用上述模型对宁蒙河段 1991—2010 年防凌期凌汛过程进行风险评估，结果表明：历史年份凌灾风险 3 级（重险）年份有 4 年，所占比例为 21%；风险 2 级（中险）年份有 11 年，所占比例为 58%；风险 1 级（轻险）年份有4 年，所占比例为 21%。上述评价结果与宁蒙河段实际凌情资料相符，验证了所建模型计算结果的合理性，为宁蒙河段防凌预案的风险分析和制定提供了重要理论与技术支撑。

参 考 文 献

[1] 白涛，哈燕萍，马盼盼，等. 黄河宁蒙河段过流能力 [J]. 中国沙漠，2018，38 (5)：1093 - 1098.

[2] 白涛，黄强，畅建霞. 防凌期宁蒙河段流量演进的分期分河段混合算法研究 [J]. 华北水利水电大学学报 (自然科学版)，2014，35 (2)：15 - 20.

[3] 蔡琳，卢杜田. 水库防凌调度数学模型的研制与开发 [J]. 水利学报，2002 (6)：57 - 71.

[4] 蔡琳. 黄河防凌工作 50 年 [J]. 人民黄河，1996 (12)：1 - 4.

[5] 蔡琳. 中国江河冰凌 [M]. 郑州：黄河水利出版社，2008.

[6] 陈赞廷，可素娟. 建立黄河下游冰情数学模型优化三门峡水库防凌调度的研究 [J]. 冰川冻土，1994 (3)：211 - 217.

[7] 陈赞廷，孙肇初，蔡琳，等. 论三门峡水库的调节在黄河下游防凌中的作用 [J]. 人民黄河，1980 (5)：63 - 67.

[8] 段肖华，赵金明，郑永恒. 黄河上游梯级水库防凌调度问题浅析 [J]. 西北水利发电，2004，20 (1)：85 - 87.

[9] 范小黎，师长兴，白建斌，等. 黄河宁蒙段河道输沙率研究 [J]. 泥沙研究，2015 (6)：27 - 33.

[10] 冯国华，朝伦巴根，闫新光. 黄河内蒙古段冰凌形成机理及凌汛成因分析研究 [J]. 水文，2008，28 (3)：74 - 76.

[11] 冯国华. 黄河内蒙古段冰凌特征分析及冰情信息模拟预报模型研究 [D]. 呼和浩特：内蒙古农业大学，2009.

[12] 冯国娜. 黄河内蒙段冰情预报模型与凌汛洪水风险研究 [D]. 天津：天津大学，2014.

[13] 付钰，吴晓平，叶清，等. 基于模糊集和熵权理论的信息系统安全风险评估研究 [J]. 电子学报，2010，38 (7)：1489 - 1494.

[14] 贺顺德，王玉峰，段高云. 黄河内蒙古河段防凌防洪需求初步研究 [J]. 水文，2009 (4)：40 - 43.

[15] 黄崇福. 自然灾害风险分析 [M]. 北京：北京师范大学出版社，2001.

[16] 黄强，李群，张泽中，等. 龙刘两库联合运用对宁蒙河段冰塞影响分析 [J]. 水力发电学报，2008，27 (6)：142 - 147.

[17] 黄强，沈晋，李文芳，等. 水库调度的风险管理模式 [J]. 西安理工大学学报，1998，14 (3)：230 - 235.

[18] 蒋卫国，李京，李忠武，等. 洪水灾害人口风险模糊评价 [J]. 河海大学学报 (自然科学版)，2008，35 (9)：84 - 87.

[19] 金菊良，王银堂，魏一鸣，等. 洪水灾害风险管理广义熵智能分析的理论框架 [J]. 水科学进展，2009，20 (6)：894 - 900.

[20] 金菊良，魏一鸣，付强，等. 洪水灾害风险管理的理论框架探讨 [J]. 水利水电技术，2002，33 (9)：40 - 42，75.

[21] 金菊良，丁晶. 水资源系统工程 [M]. 成都：四川科学技术出版社，2002.

[22] 康玲玲，王云璋，陈发中，等. 黄河上游宁蒙河段气温变化对凌情影响的分析 [J]. 冰川冻土，2001，23 (3)：318 - 322.

[23] 可素娟，吕光圻，任志远. 黄河巴彦高勒河段冰塞机理研究 [J]. 水利学报，2000 (7)：66 - 69.

[24] 可素娟，钱云平，杨向辉，兰华英. 1999～2000 年度黄河宁蒙河段及万家寨水库凌情分析 [J]. 人

民黄河，2000，22（5）：11-12.

[25] 可素娟，王玲，杨向辉. 1997～1998年度黄河内蒙古河段凌汛特点及成因分析 [J]. 人民黄河，1998，20（12）：24-26.

[26] 可素娟，王玲. 万家寨水库防凌调度模型研究 [J]. 人民黄河，2002，23（3）：40-41.

[27] 可素娟，王敏，饶素秋，等. 黄河冰凌研究 [M]. 郑州：黄河水利出版社，2002.

[28] 李会安，黄强，沈晋. 黄河上游水库群防凌优化调度研究 [J]. 水利学报，2001（7）：51-56.

[29] 李磊. 区域旱情风险评估 [D]. 南京：河海大学，2010.

[30] 梁志勇，张德茹. 水沙条件对黄河下游河床演变影响的分析途径——兼论水沙于断面形态的关系 [J]. 水利水运科学研究，1994（1）：19-25.

[31] 廖厚初，肖迪芳，栾建，等. 冰坝与冰塞 [J]. 东北水利水电，2010（6）：65-67.

[32] 刘克琳. 水库分期汛限水位调整与风险研究 [D]. 南京：南京水利科学研究院，2006.

[33] 刘子平. 水库防凌调度对黄河内蒙河段河床演变的影响 [D]. 西安：西安理工大学，2019.

[34] 路秉慧，郭德成，张亚彤，等. 黄河宁蒙河段凌汛特点分析 [J]. 内蒙古水利，2005（4）：15-16.

[35] 罗党，贾惠迪. 基于VIKOR扩展法的黄河冰凌灾害风险评估模型 [J]. 华北水利水电大学（自然科学版），2017，38（3）：52-57.

[36] 马丽萍，陶乐. 基于MVC模式的黄河宁夏段防洪防凌调度决策会商系统设计 [J]. 内蒙古水利，2021，226（6）：62-64.

[37] 茅泽育，吴剑疆，张磊，等. 天然河道冰塞演变发展的数值模拟 [J]. 水科学进展，2003，14（6）：700-705.

[38] 茅泽育，赵升伟，相鹏，等. 冰盖下水流垂线流速分布规律研究 [J]. 水科学进展，2006，17（2）：209-215.

[39] 蒙东东. 基于凌情变化的黄河上游宁蒙河段防凌流量研究 [D]. 西安：西安理工大学，2020.

[40] 倪长健，崔鹏. 投影寻踪动态聚类模型 [J]. 系统工程学报，2007，22（6）：634-638.

[41] 彭梅香，王春青，温丽叶，等. 黄河凌汛成因分析及预测研究 [M]. 北京：气象出版社，2007.

[42] 钱宁，麦乔威. 多沙河流上修建大型水库后下游游荡性河道的演变趋势及治理 [M]. 郑州：黄河水利出版社，1995.

[43] 秦毅. 黄河上游河流环境变化与河道响应机理及其调控策略——宁蒙河段为对象 [D]. 西安：西安理工大学，2009.

[44] 冉本银，吴成国. 基于风险分析的刘家峡水库防凌调度控制指标设置 [J]. 电网与清洁能源，2017，33（11）：91-96.

[45] 冉立山，王随继. 黄河内蒙古河段河道演变及水力几何形态研究 [J]. 泥沙研究，2010，（4）：61-67.

[46] 饶素秋，高治定，霍世青，等. 黑山峡水利枢纽在宁蒙河段防凌中的运用研究 [J]. 人民黄河，2006（10）：16-17，22.

[47] 沈洪道. 河冰研究 [M]. 郑州：黄河水利出版社，2010.

[48] 盛骤. 概率论与数理统计 [M]. 北京：高等教育出版社，2008.

[49] 史庆增. 流冰撞击力研究 [J]. 冰凌研究，1984（10）：282-286.

[50] 孙文才. 黄河下游凌汛成因分析及防凌措施 [J]. 冰川冻土，1987（S1）：117-122.

[51] 万立，严宝文. 黄河防凌预案中的刘家峡水库调度 [J]. 水利与建筑工程学报，2007，5（3）：89-91.

[52] 王栋，潘少明，吴吉春. 洪水风险分析的研究进展与展望 [J]. 自然灾害学报，2006，15（1）：103-109.

[53] 王进学. 黄河上游梯级水库对宁蒙河段防凌的作用分析 [J]. 西北水电，2004（3）：56-57，83.

[54] 王魁，王军，张防修. 黄河内蒙古段开河流量预测 [J]. 南水北调与水利科技（中英文）.

[55] 王仲梅, 任艳粉, 杨丹. 黄河宁蒙河段凌汛灾害预警指标体系研究 [J]. 人民黄河, 2021, 43 (7): 45 – 50.

[56] 魏向阳, 蔡彬. 黄河下游凌汛成因和防凌对策研究 [J]. 人民黄河, 1997 (12): 15 – 18.

[57] 杨中华. 黄河冰凌灾害遥感动态监测模式及冰情信息提取模型研究 [D]. 北京: 中国地质大学 (北京), 2006.

[58] 姚惠明, 秦福兴, 沈国昌, 等. 黄河宁蒙河段凌情特征研究 [J]. 水科学进展, 2007, 18 (6): 893 – 899.

[59] 尤联元. 影响河型发育的几个因素的初步探讨 [C] //第二届河流泥沙国际学术讨论会论文集. 北京: 水利电力出版社, 1983.

[60] 余明辉, 申康, 张俊宏, 等. 黄河宁蒙河段河道岸滩特性及入黄泥沙来源初步分析 [J]. 泥沙研究, 2014 (6): 39 – 43.

[61] 张傲姐. 黄河内蒙段冰情特点及预报模型研究 [D]. 呼和浩特: 内蒙古农业大学, 2011.

[62] 张学成, 可素娟, 潘启民, 等. 黄河冰盖厚度演变数学模型 [J]. 冰川冻土, 2002, 24 (2): 203 – 205.

[63] 张泽中, 徐建新, 彭少明, 等. 黄河宁蒙河段冰塞增多冰坝减少的成因分析 [J]. 人民黄河, 2010, 32 (10): 1 – 33.

[64] 张志红, 张浩, 高治定. 水库防凌调度在冰凌洪水调度运用中的探讨 [J]. 水文, 2007 (3): 29 – 30, 49.

[65] 郑广兴, 罗义贤. 黄河上游水库对宁蒙河段防洪防凌及灌溉的影响与对策 [J]. 人民黄河, 1998, 20 (6): 4 – 12.

[66] Ashworth P J, Best J L, Jones M A. The relationship between channel avulsion, flow occupancy and aggradation in braided rivers: insights from an experimental model [J]. Sedimentology, 2007, 54 (3): 497 – 513.

[67] Brandon S. W., Apurba D., Peter J., et al. Measuring the skill of an operational ice jam flood forecasting system [J]. International Journal of Disaster Risk Reduction, 2021, 52, 102001.

[68] Chang Jianxia, Meng Xuejiao, Wang ZongZhi, et al. Optimized cascade reservoir operation considering ice flood control and power generation [J]. Journal of Hydrology, 2014, 519: 1042 – 1051.

[69] Debele B, Srinivasanb R, Yves P J. Accuracy evaluation of weather data generation and disaggregation methods at finer timescales [J]. Advances in Water Resources, 2007, 30 (5): 1286 – 1300.

[70] Fan H, Huang H J, Zeng Thomas Q, et al. River month bar formation, riverbed aggradation and channel migration in the modern Yellow River delta, China [J]. Geomorphology, 2006, 74: 124 – 136.

[71] Hung Tao Shen. River ice processes – state of research [C]. Proceedings of The 13th International Symposium on Ice, Beijing China. 1996.

[72] Lindenschmidt K. – E., Maurice S., Carson R., et al. Ice Jam Modelling of the Lower Red River [J]. Journal of Water Resource and Protection, 2012, 4 (1): 1 – 11.

[73] Lindenschmidt K. – E., RIVICE—A Non – Proprietary, Open – Source, One – Dimensional River – Ice Model [J]. Water, 2017, 314 (9): 1 – 15.

[74] Lindenschmidt K. – E., Rokaya P., Das A., et al. A novel stochastic modelling approach for operational real – time ice – jam flood forecasting [J]. Journal of Hydrology, 2019, 575: 381 – 394.

[75] Loukas A, Vasiliades L, Dalezios N R. Climatic impacts on the runoff generation processes in British Columbia, Canada [J]. Hydrology and Earth Systems. Science, 2002, 6 (2): 211 – 227.

[76] Mahabir C., Hicks F. E., Robinson A., Fayek Transferability of a neuro – fuzzy river ice jam flood forecasting model [J]. Cold Regions Science and Technology, 2007 (48): 188 – 201.

［77］ Nicola S，Massimo R. Morphological response to river engineering and management in alluvial channels in Italy ［J］. Gromotphology，2003（50）：307－326.

［78］ Olsson J. Evaluation of a scaling cascade model for temporal rainfall disagregation ［J］. Hydrology and Earth System Sciences，1998，2（1）：19－30.

［79］ Sun Wei. River ice breakup timing prediction through stacking multi－type model trees ［J］. Science of the Total Environment，2018，644：1190－1200.

［80］ Tao Bai，Jian Wei，Rong Ma，Chuan－Hui Ma，and Qiang Huang. CHANGING FLOW CAPACITY IN THE UPPER YELLOW RIVER BY USING A STANDARDIZED DIKE ［J］. Journal of Marine Science and Technology，2018，26（5），721－730.

［81］ Wang G Q，Wu B S，Li T J. Digital yellow river model ［J］. Journal of Hydro－environment Research，2007，1（1）：1－11.

［82］ Wu B S，Wang G Q，Xia J Q. Case study：delayed sedimentation response to inflow and operation at Sanmenxia Dam ［J］. Journal of Hydraulic Engineering，2007，133（5）：482－494.

［83］ Yang Shengquan，Liu Xiaohong. Cold wave analysis and river freeze forecast in the lower reaches of the Yellow River. Proceedings of The 13th International Symposium on Ice，Beijing，China，1996.